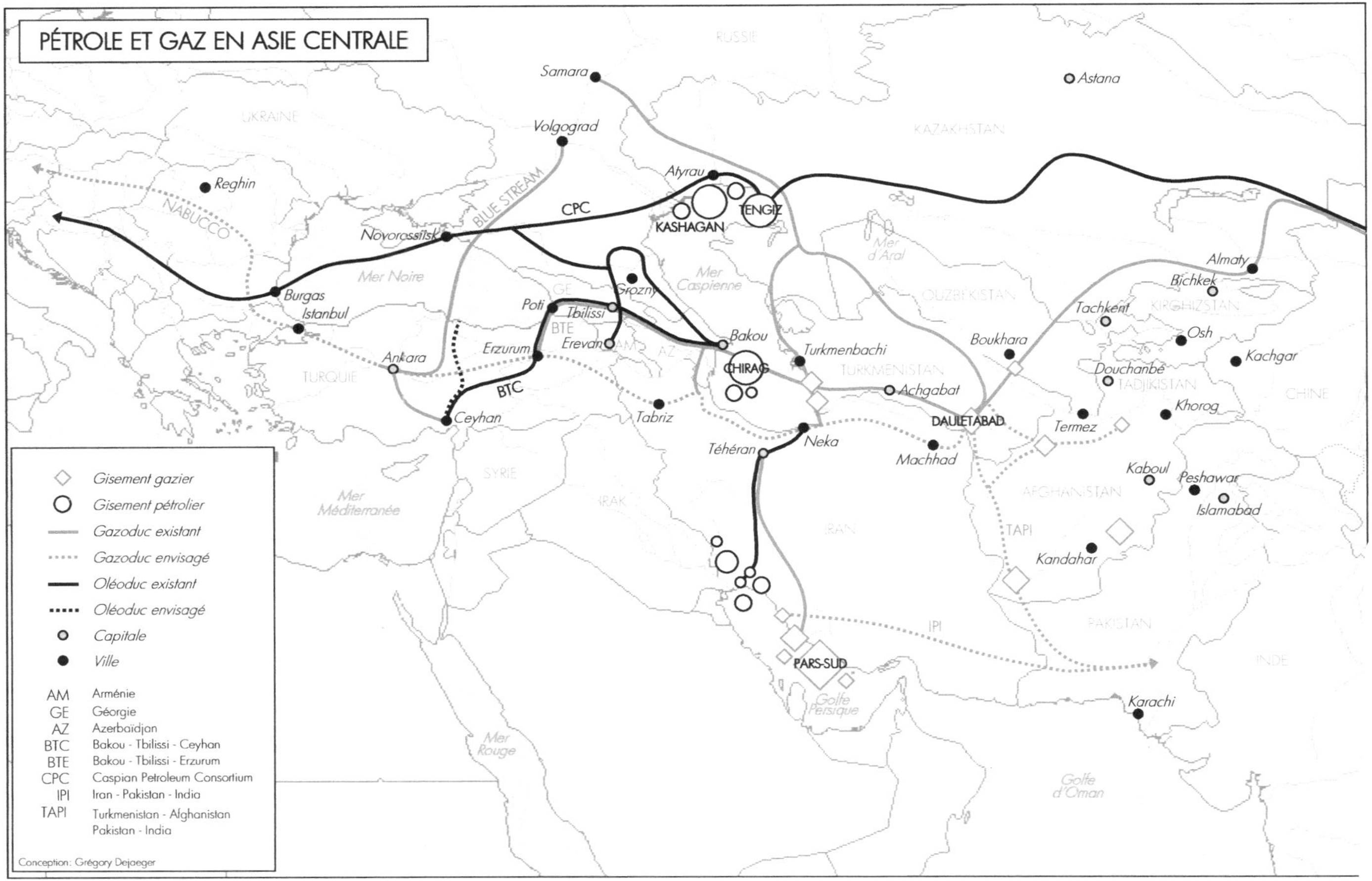

PÉTROLE ET GAZ EN ASIE CENTRALE
RUSSIE
UKRAINE
KAZAKHSTAN
OUZBEKISTAN
TURKMENISTAN
KIRGHIZSTAN
TADJIKISTAN
AFGHANISTAN
PAKISTAN
INDE
CHINE
IRAN
IRAK
SYRIE
TURQUIE
GE
AM
AZ
Mer Noire
Mer Caspienne
Mer d'Aral
Mer Méditerranée
Mer Rouge
Golfe Persique
Golfe d'Oman
Samara
Volgograd
Astana
Reghin
Atyrau
KASHAGAN
TENGIZ
CPC
BLUE STREAM
NABUCCO
Novorossiisk
Burgas
Istanbul
Ankara
Grozny
Poti
Tbilissi
BTE
Erevan
Erzurum
BTC
Ceyhan
Bakou
CHIRAG
Tabriz
Turkmenbachi
Achgabat
Téhéran
Neka
Machhad
DAULETABAD
Boukhara
Tachkent
Bichkek
Almaty
Osh
Kachgar
Douchanbé
Khorog
Termez
Kaboul
Peshawar
Islamabad
TAPI
Kandahar
IPI
PARS-SUD
Karachi
Gisement gazier
Gisement pétrolier
Gazoduc existant
Gazoduc envisagé
Oléoduc existant
Oléoduc envisagé
Capitale
Ville
AM Arménie
GE Géorgie
AZ Azerbaïdjan
BTC Bakou - Tbilissi - Ceyhan
BTE Bakou - Tbilissi - Erzurum
CPC Caspian Petroleum Consortium
IPI Iran - Pakistan - India
TAPI Turkmenistan - Afghanistan Pakistan - India
Conception: Grégory Dejaeger

Asie centrale
le nouveau Grand Jeu

Lutz Kleveman

Asie centrale
le nouveau Grand Jeu

*Traduit de l'anglais par Grégory Dejaeger*

# Du même auteur

*Der Kampf um das Heilige Feuer. Wettlauf der Weltmächte am Kaspischen Meer*, Berlin, Rowohlt, 2002.

*Kriegsgefangen*, Münich, Siedler Verlag, 2011.

© L'HARMATTAN, 2013
5-7, rue de l'École-Polytechnique ; 75005 Paris

http://www.librairieharmattan.com
diffusion.harmattan@wanadoo.fr
harmattan1@wanadoo.fr

ISBN : 978-2-336-29204-5
EAN : 9782336292045

# Introduction

L'après-midi du 16 décembre 2001, un avion de transport C-17 noir de l'US Air Force entame sa descente vers les plaines de l'Asie centrale. À son bord, le général Christopher Kelly, cinquante ans, a pour mission d'établir une base aérienne américaine dans la petite république du Kirghizstan. Pour la première fois de leur histoire, des troupes américaines se déploient sur un territoire de l'ex-Union soviétique dans le cadre d'une mission de combat. Celle-ci a pour cible les poches de résistance du réseau terroriste Al-Qaida et autres combattants talibans retranchés à plus de six cents kilomètres au sud, dans les montagnes de l'Afghanistan. À 15h32 précises, heure locale, le C-17 se pose sur le tarmac de l'aéroport civil de Manas, près de la capitale kirghize Bichkek. Deux jours plus tôt, une tempête de neige, la plus terrible qu'ait connu le pays depuis des décennies, a tout dévasté sur son passage. Toute la nuit, les ouvriers de l'aéroport ont travaillé à coups de pelles pour déblayer la piste d'atterrissage. *« Qui aurait cru, à l'époque de la guerre froide, que je mettrais un jour les pieds ici ? »*, glisse Kelly, vingt-huit années de service dans l'US Air Force, en observant les énormes monticules de neige. Dans quelques semaines, une base de 3 000 hommes devra être établie sur l'aéroport. *« Fini de rire. Cette fois-ci, les choses sérieuses commencent ! »*, lance-t-il.

La venue du général Kelly est le fruit de l'alliance conclue peu de temps auparavant entre les États-Unis et l'ancienne république soviétique, dans le cadre d'un partenariat qui aurait été impensable il y a quelques années seulement. Les attaques terroristes du 11 septembre 2001 et la campagne américaine en Afghanistan qui a suivi ont placé l'Asie centrale, une région aussi méconnue que les Balkans il y a dix ans à peine, au centre de toutes les attentions. Ce territoire immense, situé entre les rives orientales de la mer Noire et les sommets de la chaîne du Pamir, était jusqu'alors considéré comme le « trou noir du monde ». Durant plus de soixante-dix années que dura l'occupation soviétique, la région entourant la mer Caspienne, le plus grand lac intérieur du monde, fut isolée de l'Occident et pratiquement inaccessible aux étrangers.

Suite à la chute de l'Union soviétique en 1992, huit républiques du Caucase et d'Asie centrale – la Géorgie, l'Arménie, l'Azerbaïdjan, le Kazakhstan, le Kirghizstan, l'Ouzbékistan, le Turkménistan et le Tadjikistan – obtinrent leur indépendance et ouvrirent leurs frontières avec leurs voisins méridionaux et la Chine, dans le but d'établir de nouvelles relations politiques et économiques visant à faciliter leur transition vers le capitalisme. Aujourd'hui, pourtant, la plupart des ex-républiques soviétiques de la région caspienne sont encore dirigées par d'anciens communistes et généraux du KGB obligés d'adopter une rhétorique nationaliste pour assurer leur contrôle dictatorial sur des États en quête d'identité. La plupart de ces républiques sont en effet le produit des politiques staliniennes, peu soucieuses du bariolage des peuples qui caractérise les territoires en question et est à l'origine des nombreux conflits ethniques ravageant actuellement la région. Ces nouveaux États, qui n'ont souvent d'indépendants que le nom, tentent en outre de se défaire du joug hégémonique de Moscou en recherchant des alliances nouvelles. Si la guerre contre Al-Qaida a attiré l'attention de la communauté internationale sur l'importance stratégique de la région caspienne, la campagne d'Afghanistan n'en constitue pas moins qu'un des nombreux épisodes, aussi important fût-il, d'un conflit bien plus étendu encore : le nouveau Grand Jeu. Ce terme, utilisé pour la première fois au début des années 1990, sert à désigner le pendant moderne du premier Grand Jeu qui, au XIXe siècle, opposa l'Empire britannique à la Russie tsariste pour le contrôle de l'Asie centrale, une page de l'histoire retracée par Rudyard Kipling dans son roman *Kim* \*.

Lorsque les armées du tsar conquirent le Caucase et subjuguèrent les tribus nomades du Turkestan, Londres et Calcutta y virent une menace envers la colonie des Indes, joyau de la couronne britannique. Le gouvernement russe de Saint-Pétersbourg craignait de son côté que les Britanniques n'incitent les tribus musulmanes d'Asie centrale à se révolter contre lui. Les deux empires se disputèrent ainsi le contrôle de l'Afghanistan, qui, de par sa position centrale stratégique, offrait la meilleure base possible pour lancer une invasion qui de l'Inde, qui du Turkestan. Lord George Nathaniel Curzon, vice-roi des Indes en 1898, connaissait parfaitement les enjeux du Grand Jeu pour les Britanniques : « *Le Turkestan, l'Afghanistan, la Transcaspienne, la Perse, pour beaucoup de gens ces mots n'évoquent que des contrées lointaines, ou le souvenir d'étranges vicissitudes et de romantisme moribond. Pour moi, j'avoue que ce sont les pièces d'un échiquier où l'on joue pour dominer le monde* †. »

De nos jours, un siècle plus tard, de grands empires se positionnent à nouveau pour contrôler le cœur du continent eurasien, laissé à l'abandon après la chute du régime soviétique. Les acteurs d'aujourd'hui ne sont plus ceux d'antan et les règles du jeu néocolonial beaucoup plus complexes qu'il y a un siècle ; les États-Unis ont ainsi remplacé les Britanniques et, aux côtés des Russes, toujours bien présents, on trouve maintenant des puissances régionales telles que la Chine, l'Iran, la Turquie et le Pakistan, ainsi que des sociétés transnationales dont les budgets dépassent de beaucoup ceux de la plupart des pays d'Asie centrale et qui poursuivent leurs propres intérêts stratégiques. Ce qui distingue le Grand Jeu actuel, ce sont les

---

\* L'expression "nouveau Grand Jeu" fut utilisée pour la première fois par le journaliste pakistanais Ahmed Rashid. Voir *L'ombre des talibans*, Editions Autrement, 2001.
† *Ibid.*, p. 188.

enjeux. Alors qu'à l'époque victorienne, Londres et Saint-Pétersbourg se disputaient l'accès aux richesses de l'Inde, à l'heure actuelle, ce sont les ressources énergétiques de la Caspienne, principalement le pétrole et le gaz, qui suscitent la convoitise des protagonistes. Les côtes et les profondeurs de la Caspienne renferment en effet les plus grandes réserves inexploitées de combustible fossile de la planète. Selon les estimations, celles-ci sont comprises entre 50 et 110 milliards de barils de pétrole et entre 5 et 13 billions de mètres cube de gaz naturel. Le département américain de l'énergie avance un taux de probabilité confortable de 50% sur des réserves totales de 243 milliards de barils de pétrole. À eux seuls, l'Azerbaïdjan et le Kazakhstan détiennent des réserves estimées à plus de 130 milliards de barils de pétrole, soit trois fois plus que les réserves américaines. Seule l'Arabie saoudite, avec 262 milliards de barils, possède des réserves plus importantes. L'été 2000 vit en outre la découverte, le long des côtes kazakhes, du gisement pétrolier géant de Kashagan, considéré comme l'un des cinq plus grands au monde [*].

La présence de pétrole et de gaz dans la région caspienne est connue depuis des siècles. Au Moyen Âge déjà, des adeptes du culte zoroastrien se rendaient en pèlerinage sur la péninsule d'Apchéron, située dans l'Azerbaïdjan actuel, afin de vénérer les flammes gazifières qui s'en échappaient – ce qui est encore le cas de nos jours – et qu'ils considéraient comme des feux sacrés. Aujourd'hui, sociétés énergétiques transnationales, États littoraux et autres grandes puissances mondiales se disputent ce même feu sacré dans la quête désespérée d'alternatives au golfe Persique, qui détient toujours plus de deux-tiers des réserves en pétrole que compte le globe. Ce qui pourrait fort bien s'avérer être la dernière ruée vers l'or de la planète a provoqué l'euphorie dans les ministères de l'énergie des puissances industrielles, les gouvernements démocratiques ne s'embarrassant guère de la corruption qui ronge les potentats caspiens et les sociétés transnationales, contrats lucratifs en poche, investissant plus de 30 milliards de dollars dans de nouvelles facilités de production. De nouveaux investissements portant sur quelque cent milliards de dollars supplémentaires sont également à l'étude. Contrairement aux gisements pétroliers de la Russie postcommuniste et de l'État saoudien, qui n'offrent que peu d'opportunités de coparticipations, le boom de la Caspienne se révèle être une véritable aubaine pour les compagnies pétrolières. Les officiers russes et britanniques, déguisés pour la plupart en explorateurs et cartographes, dont les chemins se croisaient sur l'antique Route de la soie au XIXe siècle ont aujourd'hui fait place à des aventuriers d'un genre nouveau, géologues et autres ingénieurs pétroliers. Les courageux participants au « tournoi des ombres », comme le baptisa le comte Karl Robert Nesselrode, ministre des affaires étrangères du tsar, ont laissé la place aux majors, aux bureaucrates et aux forces armées.

---

[*] Les meilleures sources pour les statistiques énergétiques sont l'Agence internationale de l'énergie, Paris (*www.iea.org*) et le département américain à l'énergie (*www.eia.doe.gov*)

*« Je ne me souviens pas avoir assisté un jour à l'émergence si soudaine d'une région aussi stratégiquement vitale que la Caspienne »*, déclarait en 1998 Dick Cheney, alors qu'il était PDG de la société d'exploitation pétrolière Halliburton *, dans un discours adressé à des industriels du pétrole à Washington D.C. Aujourd'hui, le vice-président Cheney est l'un des hommes les plus influents de l'entourage du président George W. Bush, lui-même ancien magnat texan du pétrole qui, en 1999, écrivait dans sa biographie : « L'industrie du pétrole me fascine. Tous mes amis ont, d'une façon ou l'autre, travaillé dans ce secteur ». Peu de temps après son investiture, l'administration Bush faisait de l'industrie pétrolière le nouveau cheval de bataille des États-Unis, qui, avec seulement 4% de la population planétaire, représentent pourtant plus du quart de la consommation énergétique mondiale. En mai 2001, Cheney présentait un rapport sur la politique énergétique nationale dans lequel il expliquait comment répondre à la demande énergétique américaine pour les vingt-cinq années à venir. Pour ce faire, Cheney avait rencontré en toute discrétion de nombreux businessmen américains ; étrangement, l'administration Bush décida de tenir secrète l'identité des participants et les procès-verbaux de ces rencontres, une mesure normalement prise uniquement lorsque la sécurité nationale est en jeu. Les auteurs officiels du rapport, membres d'une commission incluant le secrétaire d'État Colin Powell, recommandèrent au Président « de faire de la sécurité énergétique une priorité de notre politique étrangère et commerciale ». Tout en reconnaissant que les producteurs pétroliers du Moyen-Orient demeureraient la clé de voûte de la sécurité pétrolière mondiale et que le Golfe resterait le principal centre d'intérêt de la politique internationale des États-Unis en matière d'énergies, le rapport ajoutait que « nos engagements se feront à l'échelle mondiale, se concentrant sur les régions déjà établies sans toutefois oublier les zones émergentes qui seront amenées un jour à peser lourd dans la balance énergétique mondiale ». On y décrit également le bassin de la Caspienne comme étant « une nouvelle zone d'approvisionnement à croissance rapide », le rapport préconisant l'intensification « du dialogue commercial avec le Kazakhstan, l'Azerbaïdjan et les autres États caspiens pour permettre l'établissement d'un climat d'affaires solide, transparent et stable, en matière d'énergie et de projets infrastructurels afférents. † »

En réalité, et contrairement aux premières estimations, la zone caspienne contient moins de pétrole que la région du Golfe. Avec une production pétrolière ne dépassant pas les six millions de barils par jour, celle-ci pourrait représenter tout au plus 5 à 8% de la production mondiale, une part plus ou moins égale à celle de la mer du Nord. La majeure partie de la production pétrolière continuera à provenir du Moyen-Orient, et c'est exactement pour cette raison que la Caspienne joue aujourd'hui un rôle majeur dans la volonté américaine de se défaire de sa dépendance au cartel de l'Organisation des pays exportateurs de pétrole (OPEP), à dominance arabe, organisme qui, depuis la crise pétrolière de 1973, s'est servi de sa

---

* The Guardian, 23 octobre 2001, p.19.
† *www.whitehouse.gov/energy*

position de quasi-monopole comme d'un levier contre les pays industrialisés. Les dangers de la dépendance pétrolière au Golfe se sont encore accrus en août 1990, lorsque le dictateur irakien Saddam Hussein envahit le Koweït, contrôlant ainsi l'espace d'un instant un cinquième des réserves mondiales. C'est au prix d'un énorme effort militaire et financier qu'une coalition internationale emmenée par les États-Unis parvint à déloger les troupes irakiennes du Koweït. Des troupes américaines sont depuis stationnées dans la région instable du Golfe et la cinquième flotte de la marine américaine patrouille le détroit d'Ormuz, véritable tendon d'Achille de l'économie mondiale. Le coût de cette présence militaire permanente, qui a fait de mini-États arabes tels que le Koweït de simples protectorats américains, est estimé à quelque 50 milliards de dollars par an. L'invasion de l'Irak par l'administration Bush en 2003, qui permit de se débarrasser du régime de Saddam Hussein et de l'hypothétique menace qu'il faisait peser sur cette région riche en hydrocarbures, coûta au contribuable américain 80 milliards de dollars supplémentaires.

Ces efforts trahissent les intérêts stratégiques américains au Moyen-Orient, leur plus grand fournisseur de pétrole devant le Canada, le Venezuela et le Mexique. La région du Golfe fournit à peu près un cinquième des quelque onze millions de barils de brut que les États-Unis importent chaque jour et qui leur permettent de répondre à la moitié de leurs besoins énergétiques. Dans la mesure où l'on estime que la production nationale américaine de brut devrait chuter de 12% au cours des dix prochaines années, la part de ces importations devrait couvrir les deux-tiers de leurs besoins énergétiques d'ici 2020. En outre, le boom économique que connaissent actuellement des pays tels que la Chine et l'Inde devrait se traduire par une augmentation de la consommation pétrolière mondiale de 73 millions de barils par jour actuellement à 90 millions en 2020, selon les estimations de l'Agence internationale de l'énergie. Comme la plupart des puits de pétrole situés en dehors du Moyen-Orient sont presque vides, la part détenue par l'OPEP dans le marché mondial devrait bientôt dépasser les 60%, ce qui ne manquera pas d'accroître l'influence politique des cheikhs du pétrole saoudiens, qui à eux seuls possèdent un quart des réserves mondiales et peuvent de ce fait se permettre de dicter leurs prix à l'Occident. L'Arabie Saoudite est le seul pays au monde qui puisse se permettre de jouer le rôle de producteur résiduel puisqu'elle est capable, en quelques semaines à peine, de faire passer sa production de 8 à 10,5 millions de barils par jour afin de compenser d'éventuelles pertes de production, telles que celles occasionnées par les crises politiques récurrentes au Venezuela. Ils peuvent au contraire décider de ne pas agir si la flambée soudaine des prix joue en leur faveur.

Cette mainmise saoudienne met beaucoup de monde mal à l'aise à Washington, où le royaume du désert est de plus en plus considéré comme un allié encombrant et potentiellement dangereux ; le fait que les attaques du 11 septembre 2001 aient été perpétrées en grande majorité par des terroristes saoudiens est encore venu renforcer cette impression. Le risque que des groupes islamistes radicaux fassent chuter une dynastie saoudienne considérée par beaucoup comme corrompue est de plus en plus réel. S'inspirant d'Oussama Ben Laden, qui a accusé les troupes américaines stationnées sur le territoire saoudien depuis la guerre du Golfe en 1991 d'avoir commis « le plus grand hold-up de tous les temps » en maintenant les cours du pétrole artificiellement bas, ces groupements radicaux pourraient très bien paralyser le flux de pétrole vers les « infidèles » occidentaux. Une telle interruption de l'apport en hydrocarbures pourrait provoquer un chaos sans nom, tel qu'on a pu le constater lors des « émeutes du pétrole » en Grande-Bretagne à l'automne 2000, lorsque des dizaines de milliers de personnes descendirent dans les rues pour protester contre la pénurie de carburant.

Même s'il n'a pas eu à subir une révolution antioccidentale comme celle qu'a connue l'Iran en 1979, provoquant la disparition inopinée de 4,3 millions de barils de brut des marchés mondiaux, le pétrole saoudien est contaminé idéologiquement. Dans le but de se prémunir des tensions politiques, le régime corrompu en place à Riyad finance la puissante secte wahhabite, soutien des talibans afghans et responsable d'actions antiaméricaines partout à travers le monde. Afin de mettre un frein à leur dépendance au pétrole des cheiks saoudiens, les États-Unis poursuivent depuis plusieurs années une politique de diversification des approvisionnements énergétiques, une stratégie visant à s'accaparer et à contrôler des ressources pétrolières situées en dehors d'un Moyen-Orient jugé trop instable. Bill Richardson, secrétaire d'État à l'énergie sous la présidence Clinton, a ainsi précisé le rôle que jouait la zone caspienne dans une telle stratégie : « *Seule une diversification de nos sources en pétrole et en gaz à travers le monde pourra garantir la sécurité énergétique de l'Amérique. Pour ne pas laisser le champ libre à ceux qui ne partagent pas nos valeurs, nous essayons de gagner les pays nouvellement indépendants à la cause de l'Occident et préférons les voir se préoccuper des intérêts commerciaux et politiques occidentaux plutôt que de ceux des autres. Notre investissement politique dans la zone caspienne est loin d'être négligeable et il est très important que le tracé de l'oléoduc et les conditions politiques nous soient favorables.\** »

L'oléoduc auquel Richardson fait référence est l'un des éléments les plus controversés du nouveau Grand Jeu, cause de conflits et de guerres incessants au Caucase et en Asie centrale depuis plus d'une décennie. Les gisements de la mer Caspienne, étendue d'eau endoréique, se trouvent à plus de 1 500 kilomètres des ports de haute-mer les plus proches, d'où des pétroliers se chargent d'acheminer le brut vers les marchés internationaux. De nouveaux oléoducs, véritables cordons ombilicaux du monde industriel, doivent dès lors être construits. Mais quel tracé doivent-ils suivre ? A l'époque communiste, les infrastructures des républiques soviétiques étaient dirigées vers Moscou et la grande majorité des oléoducs traversaient de ce fait le territoire russe. Aujourd'hui, la Russie insiste pour que les nouvelles conduites suivent le même trajet mais les États-Unis, soucieux d'assurer l'indépendance stratégique des nouvelles républiques face à Moscou, tentent de tenir le précieux liquide à l'écart de l'emprise russe tout en essayant de déjouer les projets qui traverseraient l'Iran. C'est pour cette raison que Washington a soutenu

---

\* New York Times, 14 octobre 1998.

au milieu des années 1990 le projet du groupe pétrolier américain Unocal visant à construire un oléoduc à travers le Turkménistan et un Afghanistan alors sous contrôle des talibans. De plus, les États-Unis soutiennent un nouveau projet gigantesque visant à relier la capitale azérie Bakou avec le port méditerranéen de Ceyhan par une conduite qui traverserait le Caucase méridional.

La campagne afghane emmenée par les États-Unis a grandement bouleversé les données géopolitiques en Asie centrale, région sur laquelle se concentre désormais toute la politique extérieure américaine. Ce qui soulève la question suivante : existe-t-il un lien entre la ruée vers le pétrole caspien et la guerre antiterroriste menée en Asie centrale ? Même si officiellement la présence militaire américaine en Afghanistan est destinée avant tout à combattre le terrorisme international, il serait naïf de présumer que les décisionnaires washingtoniens ne poursuivent pas d'autres intérêts stratégiques en Asie centrale. En 1997 déjà, Strobe Talbott, sous-secrétaire d'État sous la présidence Clinton, déclarait que si la région caspienne tombait aux mains d'extrémistes religieux ou politiques, *« les États-Unis ne pourraient ignorer le fait qu'il s'agit d'une région riche de plus de deux cents milliards de barils de pétrole.*[*] *»* Les réserves énergétiques de la Caspienne ne constituent sans doute pas un motif de guerre en soi mais, assurément, à tout le moins un enjeu dans la guerre contre le terrorisme instrumentalisée actuellement par l'administration Bush pour étendre l'influence américaine en Asie centrale.

Mon métier de journaliste m'a souvent amené à observer comment la course aux matières premières pouvait être source de guerres et de conflits. J'ai étudié pour la première fois ce lien létal en Afrique de l'ouest, dans les mines de diamants de la Sierra Leone et les gisements d'hydrocarbures du Nigéria. La confrontation amère entre le géant de l'énergie Shell et les tribus nigérianes à propos du pétrole du delta du Niger m'a convaincu que la présence de ressources fossiles est souvent un cadeau empoisonné pour un État et sa population. Ce livre est le résultat de plusieurs voyages de recherche et d'interviews dans les pays de la zone caspienne, du Caucase et d'Asie centrale. Parcourant les différentes lignes de front de ce nouveau Grand Jeu, je suis parti à la rencontre de ses acteurs, de ses observateurs et de ses victimes. Dirigeants pétroliers, chefs de guerre, diplomates, réfugiés, travailleurs pétroliers, politiciens, agents et généraux, tous m'ont accompagné lors de ce périple de plusieurs milliers de kilomètres, des sommets du Caucase à l'Hindou Kouch afghan et au Cachemire en passant par les steppes de l'Asie centrale.

Mon voyage débuta à Bakou, capitale de l'Azerbaïdjan, à la fois centre névralgique du boom pétrolier caspien et point de départ d'un oléoduc géant reliant la côte méditerranéenne de la Turquie et soutenu par les États-Unis. Suivant son tracé probable, j'ai ensuite traversé la Géorgie, pays où les investisseurs

---

[*] H. Dekmejian et Hovann H. Simonian, *Troubled Waters: The Geopolitics of the Caspian Region*, Palgrave MacMillan, 2001, p.30.

occidentaux sont confrontés à une corruption rampante et sont sous la menace constante d'attaques militaires russes. Après un détour en hélicoptère dans la république sécessionniste d'Abkhazie, j'ai franchi les montagnes du Caucase pour rejoindre la Tchétchénie, où les oléoducs jouent également un rôle déterminant dans le conflit opposant les forces russes aux rebelles tchétchènes. Après un bref retour à Bakou, où j'assistai à un invraisemblable retournement de situation, je me suis envolé vers le Kazakhstan, nouvel eldorado pétrolier où les plus grandes découvertes de gisements de ces trente dernières années ont été entachées par d'énormes affaires de corruption dans lesquelles trempent diverses entreprises énergétiques américaines. De là, j'ai rendu visite aux Ouïghours musulmans du Xinjiang, la plus occidentale des provinces de la Chine, pays dont les projets d'oléoducs visant à amener le pétrole kazakh jusque Shanghaï pourraient bien en faire un des rivaux les plus acharnés des États-Unis dans le nouveau Grand Jeu. L'Iran en constitue un autre. C'est dans ce pays, faisant partie de l'« axe du Mal » de George W. Bush, que des dirigeants pétroliers m'ont fait part de leur volonté d'anéantir le projet d'oléoduc américain en mettant le réseau pétrolifère iranien à la disposition des États de la Caspienne.

Traversant ensuite la mer Caspienne par bateau, de nuit, j'ai gagné le Turkménistan, un des États les plus isolés au monde, dont le dictateur excentrique érige des statues en or à son effigie et tente de monter les Américains et les Russes les uns contre les autres. M'enfonçant ensuite en Asie centrale, j'ai rejoint l'Ouzbékistan, nouvel allié despotique de Washington, et assisté à l'arrivée des troupes antiterroristes américaines, des milliers d'hommes étant ainsi stationnés à une journée de marche des richesses pétrolières de la Caspienne. Après une visite aux troupes américaines stationnées dans une autre nouvelle base au Kirghizstan et à leurs adversaires potentiels, les forces russes résidant dans le Tadjikistan voisin, je me suis rendu sur le dernier champ de bataille du Grand Jeu, l'Afghanistan post-talibans. Dans le cadre de mes recherches sur un nouveau projet de construction d'oléoduc à travers les régions contrôlées par les États-Unis, j'y ai rencontré des chefs de guerre, des membres du gouvernement et des officiers américains. Mon long périple a ensuite pris fin au Pakistan, berceau du terrorisme et principal moteur du projet d'oléoduc afghan, à la rencontre de militants islamistes qui se sont promis de mettre un terme violent à l'occupation américaine de la région.

Les populations et régions diverses qui hantent ces pages jouent un rôle de premier plan dans ce nouveau Grand Jeu. Si les acteurs ne sont plus les mêmes qu'à l'époque de Kipling, la folie mortelle des hommes y est toujours présente et ce sont presqu'invariablement les populations civiles qui en sont les victimes innocentes. Plus que toutes autres, elles savent pourquoi le pétrole est également appelé « les larmes du diable ».

# Question de conduites

La méfiance se lit dans le regard de Vagif Gousseinov lorsque notre chauffeur gare sa Volga noire dans la cour intérieure de son quartier général, près d'un monument d'où le marteau et la faucille ont certes disparu mais sur lequel s'étale encore, en lettres cyrilliques, la devise *« Longue vie aux ouvriers du pétrole ! »* Gousseinov est un colosse, et la main droite qu'il nous tend machinalement une véritable patte d'ours ornée de quatre ou cinq bagues en or. Il se demande sans doute pourquoi, alors que la chose aurait été impensable auparavant, ses patrons de l'administration centrale m'ont aujourd'hui accordé la permission de visiter son domaine de Sandy Island. Cet ensemble d'une vingtaine de plates-formes pétrolières situées en face de la côte azerbaïdjanaise, un des plus grands de la mer Caspienne, était autrefois considéré comme secret d'État et il était impossible de franchir, sans autorisation préalable, le barrage de quatre kilomètres reliant cette île artificielle au continent. Au début des années 1950, des ingénieurs soviétiques y avaient construit un amas sans fin d'oléoducs, de stations de pompage et de tours de forage sur pilotis s'étendant loin dans la mer, au-delà de Sandy Island, et reliés entre eux par douze kilomètres de routes, elles aussi sur pilotis. Aujourd'hui, ce site gigantesque appartient à la Socar, la compagnie pétrolière nationale de l'Azerbaïdjan, ancienne république soviétique indépendante depuis dix ans.

Vagif Gousseinov, directeur-général de Socar à Sandy Island, compte plus de trente-cinq ans de carrière dans l'industrie pétrolière caspienne. Comme il est aujourd'hui de bon ton pour les fonctionnaires azerbaïdjanais, pas moins de huit photographies du président Gueïdar Aliev ornent son bureau. L'un des portraits de cet ancien général du KGB, datant de 1976, porte la mention « Fils rayonnant du peuple » inscrite en azéri. Six téléphones de couleurs différentes sont alignés devant lui. Le bâtiment depuis lequel Gousseinov dirige Sandy Island est une simple baraque en bois construite à la hâte par ses ouvriers. S'avançant vers la fenêtre, il pointe du doigt une maison située à quelque cinq cents mètres de là, à moitié submergée par les flots, avant d'expliquer : *« Mes anciens bureaux. Nous les avons construits trop près de la côte. Personne n'avait prévu alors que le niveau de la Caspienne monterait tellement ! »*

Gousseinov m'autorise à visiter les plates-formes de forage mais seulement à mes propres risques. *« Les installations sont très anciennes, attention où vous mettez les pieds ! »* De fait, le site de production, situé au large, se révèle être une véritable ruine. Les routes menant à la mer semblent avoir été la cible d'un intense pilonnage d'artillerie. Notre chauffeur doit manœuvrer sa Volga avec d'infinies précautions pour éviter les trous béants à travers lesquels nous apercevons les vagues noircies de pétrole s'écraser contre les pilotis vermoulus. La rouille recouvre les oléoducs et les réservoirs, et les tours de forage en bois et en fer qui penchent au loin ne sont pas sans rappeler les premiers puits de pétrole qui commencèrent à fleurir en Pennsylvanie dans les années 1870. Au loin, les gratte-ciel de Bakou jalonnant la côte tentent de percer le brouillard.

Nous nous arrêtons en face de ce qui semble être une tour de forage abandonnée. Quelques marches en bois ne menant nulle part pendent à des rails de métal. Sur la plate-forme, au milieu de débris épars, trône l'arbre de Noël, ainsi que les ingénieurs pétroliers surnomment la valve centrale du puits. *« Les investisseurs occidentaux n'ont pas encore vraiment montré beaucoup d'intérêt pour Sandy Island*, commente Gousseinov d'un air sec. *Des Russes travaillant pour Lukoil sont venus une fois, ils ont regardé un peu autour d'eux et ne sont jamais revenus. »* La production actuelle de 150 000 tonnes par an ne représente qu'une mince fraction de ce qu'elle était auparavant. Pourtant, Sandy Island offre encore du travail à 1 600 personnes. *« Ces gens ont besoin de travail, point à la ligne. C'est pourquoi nous ne fermerons jamais les plates-formes, même si les puits sont vides. »* Les tuyaux qui entourent l'arbre de Noël se mettent soudain à siffler et à gargouiller. Un des ingénieurs qui nous accompagnent ouvre alors une des valves, qui vomit un liquide brunâtre et gluant à l'odeur doucereuse : du pétrole brut. Ces quelques litres d'un total estimé entre 50 et 110 milliards de barils reposant sous le sol de la Caspienne forment rapidement une flaque grandissante à nos pieds. Lorsque l'ingénieur se décide enfin à refermer la valve, plusieurs litres se sont déjà échappés et s'écoulent dans le sol et dans l'eau de mer.

Avant notre départ, Gousseinov insiste pour que nous partagions son repas à la cantine. Chemin faisant, chaque ouvrier que nous croisons enlève son chapeau et s'incline respectueusement devant le boss. Des femmes s'écartent anxieusement à notre passage, soucieuses de ne pas nous gêner. *« C'est jour de paye »*, grogne Gousseinov sans s'arrêter. Dans une pièce à l'écart, trois garçons nous servent de la *solianka* et des canards noirs abattus la veille au-dessus de l'île par quelques ouvriers. Gousseinov ne tarde pas à commander trois bouteilles de vodka russe. Après en avoir rempli nos verres, il propose d'une voix gutturale un toast à l'aîné de la table - le chauffeur de notre Volga - suivi aussitôt d'un second dédié aux liens d'amitié profonds et inaliénables entre l'Allemagne et l'Azerbaïdjan. S'ensuit un troisième à la coopération internationale et plusieurs autres, proposés dans un nébuleux jargon socialiste de paix, de compréhension mutuelle et de *druzhba* (amitié). Sans doute inspiré par la renaissance islamique que connaît le Caucase depuis l'effondrement soviétique, Gousseinov lève les yeux au plafond et murmure quelques mots avant chaque gorgée. *« Je demande à Allah de bien vouloir fermer les yeux quand je bois »*, explique-t-il avec le sourire. Un des ingénieurs propose un toast – le septième ou huitième – au directeur-général, *« le plus sage, le plus humain, le plus juste et le plus prévoyant des patrons »* qu'ait connu Sandy Island. Gousseinov a l'air ému. Une fois mon tour venu, je propose un toast à toutes les sociétés internationales qui forent dans la Caspienne. L'air hésitant, les ingénieurs se tournent vers Gousseinov, qui se racle la gorge et déclare de façon courtoise : *« Il est bon que les Américains investissent leur argent en Azerbaïdjan. »* Silence. Soudain, notre chauffeur, qui n'a pas dit un mot de la journée, lance : *« Les Américains n'ont aucune culture ! »* Sous le regard approbatif de ses collègues, l'un des ingénieurs ajoute : *« Si seulement ils pouvaient nous aider à gagner la guerre contre l'Arménie. »* Gousseinov intervient : *« Allons, allons, camarades ! Trêve de politique, c'est là l'affaire du président ; après tout, nous ne sommes que de simples ouvriers du pétrole. »*

Il fait déjà noir lorsque nous regagnons Bakou. Une brise fraîche souffle du large, amenant avec elle une forte odeur de naphte. La veille, le vent du sud, soufflant des plaines de Perse, portait la promesse d'un printemps précoce ; aujourd'hui, la Sibérie se rappelle à notre mauvais souvenir. Une lune blafarde éclaire les rues désertes, troublées seulement par quelque Mercedes de luxe ou 4x4 roulant à tombeau ouvert. Des rangées d'acacias ornent le devant des maisons aisées de la classe moyenne du début du siècle, dont les oriels et les balcons en fer forgé évoquent Paris ou Marseille. Le jour, les rues sont remplies de groupes d'hommes en veste de cuir noir et de femmes en talons aiguilles faisant du lèche-vitrine dans les boutiques Cartier ou Versace. La présence de nouveaux riches et d'avenues commerçantes ne parvient cependant pas à faire oublier que la ville champignon qu'est Bakou, ce nouvel eldorado de la Caspienne, n'est guère plus qu'un patelin haut de gamme. Les bâtiments étincelants, les boutiques hors de prix et les minarets photogéniques de la vieille ville ne peuvent masquer l'âcre odeur de pétrole qui se répand partout, jour et nuit, même quand le vent vient de la mer. L'écrivain Fitzroy Maclean, diplomate britannique en poste à Moscou, qui effectua un voyage à Bakou à la fin des années 1930, posa un regard fort similaire sur la ville : *« Avant même d'atteindre Bakou, les tours de sondage et la pénétrante odeur du pétrole vous avertissent que la ville approche. Le pétrole est la vie de Bakou. La terre en est imprégnée et, sur plusieurs kilomètres alentour, les eaux de la mer Caspienne sont couvertes d'une pellicule huileuse* \*. *»*

Pis encore, le nouveau maire de Bakou joue les gardiens de la morale publique tendance coranique ; les cafés de rue ont été sommés de fermer leurs portes et il se murmure que la police arrête les cadres étrangers surpris en compagnie de prostituées locales. Cela ne fut pas toujours le cas. Bakou était autrefois une ville riche en promesses. En témoignent les imposants palais Gründerzeit aux façades richement décorées et ornées de colonnes pseudo-classiques qui bordent l'avenue des Travailleurs pétroliers (Neftciler prospekt) longeant la promenade marine. C'était l'époque du premier boom pétrolier, il y a plus d'un siècle, lorsque les meilleurs architectes européens convergeaient vers la ville et que plus de la moitié du pétrole mondial provenait de la région.

---

\* F. Maclean, *Diplomate et Franc-Tireur*, Gallimard, 1952, p.31.

Depuis des centaines d'années, le précieux liquide jaillit du sol aride de la péninsule d'Apchéron, promontoire s'étirant dans la Caspienne. Lors de son voyage en Chine au XIII$^e$ siècle déjà, Marco Polo mentionna la présence, dans les environs de Bakou, d'un puits dont le liquide était impropre à la consommation et s'embrasait très facilement. Il rapporta également que cette matière gluante lui fut d'une grande efficacité pour nettoyer les plaies de son chameau. L'Azerbaïdjan était auparavant appelé le « pays du feu » en raison des flammes d'origine naturelle, nourries par le gaz s'échappant du sol, qui brûlaient sur la péninsule d'Apchéron. Il est possible, de nos jours, d'observer un spectacle similaire dans un petit village situé au nord de Bakou. Un chemin de terre cahoteux mène ensuite au Yanar Dag, la « montagne de feu », où l'odeur de gaz imprègne l'air et des flammes de plusieurs mètres s'échappent d'une falaise calcaire tapissée de suie. Les villageois, ayant disposé quelques tables et bancs près du feu, s'y installent une fois la nuit tombée pour boire de la vodka. De temps en temps, l'un d'eux lance une pierre en direction de la roche calcaire, faisant naître de nouvelles flammes. Dès le début du Moyen Âge, des pèlerins zoroastriens originaires de Perse, considérant le feu comme un signe divin, se rendirent sur ces falaises et construisirent des pyrées autour de ces flammes mystérieuses. L'un de ces temples du feu (*atashgah*), situé au nord de Bakou, existe toujours. Alexandre Dumas fait également mention de l'atashgah qu'il visita lors de son voyage dans le Caucase au milieu du XIX$^e$ siècle : *« Nous descendîmes à la porte, tout empanachée de flamme, et nous pénétrâmes dans l'intérieur. L'intérieur se compose d'une vaste cour carrée, au milieu de laquelle s'élève un autel surmonté d'une coupole. Au centre de l'autel brûle le feu éternel\*. »* L'afflux de gaz naturel en direction de l'autel, situé dans la cour intérieure du temple, s'étant tari depuis bien longtemps, une banale conduite de gaz municipale approvisionne de nos jours les flammes éternelles.

C'est au début du XIX$^e$ siècle, alors que la ville n'était encore qu'un duché récemment annexé par les Russes, qu'on découvrit du pétrole à Bakou, où les personnes travaillant la terre à mains nues étaient obligées d'écoper l'huile qui en suintait. Dans les années 1870, un entrepreneur russe fut le premier à s'aider de machines pour forer le brut et, dès 1873, une vingtaine de raffineries crachaient leurs fumées noirâtres dans le ciel de Bakou. Cette année-là, un chimiste suédois du nom de Robert Nobel arrive à Bakou. Frère aîné des industriels Ludwig et Alfred Nobel, qui avaient bâti leur fortune sur la production d'armes et de dynamite à Saint-Pétersbourg et Paris, Robert a déjà torpillé plusieurs de ses sociétés et travaille alors avec son frère Ludwig, qui l'envoie dans le Caucase avec la somme de 25 000 roubles afin d'y acheter du bois de noisetier russe pour la production de crosses de carabines. À peine a-t-il mis les pieds en ville que Robert est pris par la fièvre du pétrole et, sans même consulter son frère, se porte acquéreur d'une petite raffinerie †. Ludwig rejoint bientôt Robert à Bakou et les deux frères fondent la

---

\* A. Dumas, *Voyage au Caucase*, Hermann, 2002.
† D. Yergin, *Les hommes du Pétrole*, Stock, 1991.

Nobel Brothers Petroleum Producing Company. En quelques années seulement, celle-ci supplante la Standard Oil de John D. Rockefeller comme principal fournisseur mondial de brut. Les frères Nobel deviennent alors les rois du pétrole à Bakou, leurs ouvriers allant même jusqu'à se faire appeler fièrement les « nobélites ».

À la fin des années 1880, les puits des Nobel produisent en Russie 23 millions de barils de brut chaque année, soit près des quatre-cinquièmes de la production américaine. À l'époque déjà, l'acheminement du liquide des côtes fermées de la Caspienne vers l'Europe pose un problème majeur. Il faut d'abord lui faire traverser la Caspienne par bateau avant de remonter la Volga et de l'acheminer ensuite par train vers sa destination finale, un processus à la fois compliqué et onéreux. En 1883, une ligne ferroviaire directe est construite qui, traversant les monts du Caucase, relie Bakou au port de Batumi sur la mer Noire, récemment ravi à l'Empire ottoman par les troupes russes. Le projet est financé par une famille de banquiers français, les Rothschild. Ceux-ci, à la recherche de brut à bon marché pour leurs raffineries européennes, deviennent bien vite les principaux concurrents des frères Nobel. Une fois la ligne achevée, toutefois, il s'avère que les locomotives ne sont pas assez puissantes pour tracter plus de six wagons-réservoirs à la fois au-delà d'un des cols traversés, dans les montagnes de Géorgie. En 1889, les Nobel trouvent la solution. S'aidant de 400 tonnes de dynamite envoyée de Paris par Alfred, ils creusent un tunnel dans la montagne et y glissent un tuyau en métal de 70 kilomètres de longueur. Le premier oléoduc de la région, car c'est bien de cela qu'il s'agit, marque ainsi le début de la guerre des marchés mondiaux du pétrole entre les Rockefeller, les Nobel et les Rothschild, querelle qui semble aujourd'hui bien innocente en regard des luttes géopolitiques actuelles pour le pétrole caspien.

On trouve encore à Bakou des traces de ce premier boom pétrolier. La villa Nobel, un manoir blanc tout en verre et en bois, domine toujours une colline surplombant le port, dans une zone industrielle baptisée la « ville noire ». De la terrasse de leur domaine, les Nobel pouvaient embrasser du regard des centaines de cheminées de raffinage crachant leur fumée âcre et noire dans le ciel. À quelques kilomètres de « Black City », encore appelée ainsi aujourd'hui, la côte est jonchée de centaines d'anciens puits de forage rouillant au milieu de flaques géantes, mélange de vase noire et luisante et d'eau rosâtre. Plusieurs derricks grincent au vent de façon plaintive tandis que des déchets s'accumulent en tout lieu. Cette scène fantomatique n'est pas sans rappeler les photographies de la Grande Guerre prises sur les champs de bataille d'Ypres ou de Passendale. Impossible d'apercevoir la moindre plante verte ou touffe d'herbe sur des kilomètres à la ronde. Près de l'un des derricks, deux travailleurs, le visage noirci par le cambouis et les bottes trouées, s'acharnent à faire revivre une pompe défectueuse. Malgré le froid mordant, c'est à mains nues qu'ils tentent vainement de desserrer une vis gelée de la taille d'une pomme. Autour d'eux, les collines ondulantes s'ouvrent sur des lacs noircis entourés de sable jaune terne. Il y a un siècle, les vannes, cédant sous la pression du sous-sol, provoquèrent ici d'énormes déflagrations qui projetèrent de véritables geysers de pétrole haut dans le ciel, geysers que les gens du coin affublèrent de surnoms tels qu'« Infirmière mouillée » ou « Bazar du diable » ; la plus terrible d'entre elles, une déflagration qui se produisit au milieu des années 1880 appelée « Druzhba », vomit du pétrole pendant cinq mois à raison de 43 000 barils par jour. La majeure partie du liquide s'infiltra dans le sol, écorchant la terre.

Bakou ne fut pas seulement le berceau des premiers barons du pétrole en Russie mais également celui de son mouvement socialiste. Lorsque le régime tsariste commença à vaciller au début du XXᵉ siècle, les travailleurs pétroliers de Bakou entamèrent plusieurs grèves pour protester contre leurs conditions de travail. Un de leurs leaders, un jeune agitateur géorgien du nom de Joseph Djougachvili, connaîtrait plus tard la notoriété sous le nom de Staline. En 1901, celui-ci se faisait encore appeler Koba, « l'Irrépressible », et était responsable de l'organisation de grèves contre les Rothschild à Batoumi, ce qui lui valut d'être arrêté. Après être parvenu à s'échapper d'un camp de détention en Sibérie, il revint à Bakou pour y reprendre ses activités révolutionnaires secrètes. Il écrivit plus tard : *« J'ai découvert pour la première fois ce que cela signifiait que de mener de grandes masses de travailleurs. C'est ainsi que là, à Bakou, j'ai reçu mon second baptême du combat révolutionnaire. C'est là que je suis devenu un compagnon de la révolution* \*. *»* En 1903, Staline fut impliqué dans une énorme révolte de travailleurs qui, de Bakou, s'étendit à toute la Russie et déclencha la toute première grève générale que connut l'Empire. Deux ans plus tard, lors de la première révolution russe, les travailleurs sabotèrent délibérément les sites industriels, mettant le feu à plusieurs puits de pétrole. Des conflits ethniques sanglants éclatèrent entre Azéris et Arméniens. En 1905, deux-tiers des puits de pétrole de Bakou étaient détruits et le marché de l'exportation s'effondrait. Les investisseurs étrangers fuirent la ville, un exode dont la production ne se remit jamais. À la veille de la Première Guerre mondiale, le pétrole russe ne représentait plus que 9 % du marché mondial. Le boom pétrolier de Bakou était bel et bien fini.

La Grande Guerre devint le premier conflit de l'histoire au cours duquel les réserves pétrolières décidèrent de la victoire et de la défaite. De fait, si l'Empire allemand finit par perdre la guerre d'usure, c'est parce que sa machine de guerre était tombée en panne d'essence dans les tranchées du front occidental. Début 1918, la situation militaire semblait pourtant sourire aux forces du Reich. En mars, les révolutionnaires russes, qui s'étaient débarrassé du tsar Nicolas II et avaient besoin de troupes pour combattre les forces loyalistes, avaient signé le traité de Brest-Litovsk. Le négociateur bolchévique, Vladimir Ilitch Lénine, céda aux Allemands les territoires baltes, la Finlande et l'Ukraine. Erich Ludendorff, général en chef des armées allemandes, en voulait plus, le pétrole de Bakou en particulier. Les troupes turques, alliées des Allemands, s'avançaient déjà vers les puits de pétrole de la Caspienne. Ludendorff offrit de retenir les Turcs en échange de

---

\* *Ibid.*, p.162.

livraisons de pétrole directes au Reich. Lénine ayant accepté, Staline envoya un télégraphe à la commune de Bakou, qui avait chassé les barons du pétrole et pris le contrôle de la ville, leur ordonnant de commencer à pomper du brut. Les communards refusèrent. En juillet et août 1918, les Turcs assiégèrent Bakou et s'emparèrent de plusieurs champs de pétrole. Leur victoire fut cependant de courte durée car un petit détachement britannique en provenance de Perse libéra la ville, privant ainsi Ludendorff des réserves de pétrole dont il avait un besoin urgent. Lorsque les Britanniques abandonnèrent la ville à l'armée turque en septembre, il était déjà trop tard pour les Allemands, qui capitulèrent le 11 novembre 1918. Lord Curzon, membre du cabinet de guerre britannique et futur premier ministre, déclara quelques jours plus tard : « *La cause alliée a flotté jusqu'à la victoire sur une vague de pétrole* [*]. »

Le pétrole de la Caspienne jouera également un rôle décisif pour les Allemands pendant la Seconde Guerre mondiale. Début 1942, Adolf Hitler envoyait son armée dans le Caucase dans le cadre d'Opération bleue. La Wehrmacht avait un besoin pressant du pétrole de la Caspienne pour permettre à ses unités motorisées de continuer leur guerre-éclair à l'Est et de mettre l'Union soviétique à genoux. L'offensive allemande tomba littéralement à court de carburant dans les montagnes du Caucase, les véhicules étant souvent bloqués pendant des jours dans l'attente de ravitaillement. Comme leurs camions-citernes étaient également à sec, ils n'eurent d'autre choix que de faire transporter des bidons d'essence à dos de chameaux. Lorsque la Sixième Armée fut encerclée par les troupes soviétiques à Stalingrad pendant l'hiver 42-43, Hitler refusa tout d'abord de retirer ses forces du Caucase. Le dictateur ne cessait de répéter au maréchal Erich von Manstein : « *Il s'agit de s'emparer de Bakou (...) Si nous n'avons pas le pétrole de Bakou, la guerre est perdue* [†]. » Finalement, en janvier 1943, les unités caucasiennes recevaient l'ordre de se replier. Deux ans plus tard, les tanks soviétiques entraient dans Berlin.

La fin de la Seconde Guerre mondiale marque le début d'une ère nouvelle pour l'industrie pétrolière caspienne. Les ingénieurs soviétiques construisent les premières plates-formes en mer, juste en face de Bakou. C'est à ce moment que débute la carrière de Khochbakht Youssefzadeh, chef de file des barons du pétrole de Bakou. À 72 ans, celui-ci est le vice-président de Socar, la toute-puissante compagnie pétrolière nationale azerbaïdjanaise. Son quartier général, un imposant palais blanc situé sur Neftciler prospekt, était, jusqu'à l'éclatement de l'URSS, le siège de l'administration pétrolière soviétique pour toute la région caspienne. Le chemin qui mène à son bureau traverse des couloirs de verre reliant entre elles les différentes parties du bâtiment. Le vice-président est au téléphone et les deux secrétaires nous demandent de bien vouloir patienter un instant dans l'antichambre. À travers la porte, une voix grave et tonitruante se fait entendre, suivie d'un éclat de rire soudain et rauque. Une main s'abat lourdement sur un

---

[*] *Ibid.* p.223.
[†] *Ibid.* p.414.

bureau. Les secrétaires sourient, gênées, et haussent les épaules. Quelques instants plus tard, Youssefzadeh me fait appeler. Assis derrière un bureau sur lequel s'amasse une montagne de documents, il a l'apparence d'un *don* espagnol. Ses cheveux ne sont pas encore tout à fait gris mais les années ont creusé de profonds sillons sur son visage. D'énormes poches soulignent deux yeux vifs et ardents. De grandes cartes de géographie sur lesquelles s'étale presque toute la Caspienne couvrent les murs. En haut d'une armoire s'alignent une douzaine de fioles contenant des échantillons de pétrole brut. *« Cela fait quarante-neuf ans que je suis dans le métier et que je vis pour le pétrole*, déclare Youssefzadeh en avalant une gorgée de thé vert. *Les Roches Huileuses et moi, nous avons grandi ensemble. »* Les Roches Huileuses est le nom du projet offshore le plus osé de l'Union soviétique après la Grande Guerre Patriotique, ainsi que les Russes appellent la Seconde Guerre mondiale. Les géologues avaient, à quelque quarante kilomètres des côtes, trouvé des preuves de la présence de vastes réserves en hydrocarbures. *« Nous les voulions, bien sûr, mais le problème, c'est que nous n'avions aucune expérience des forages sous-marins. »* Les ingénieurs rassemblèrent alors sept vieilles barques et les relièrent entre elles à l'aide de pontons en acier. De ces bricolages du début, la plate-forme pétrolière devint une véritable cité marine. Bientôt, plus d'une centaine de kilomètres de routes relièrent 600 puits de pétrole, et des blocs d'appartements accueillirent les milliers de travailleurs. Après ses études de géologie, Youssefzadeh passa les douze premières années de sa carrière sur les Roches Huileuses. *« Il s'agissait pour nous d'une ère complètement nouvelle. Nous étions des pionniers, des explorateurs. Après le travail, nous allions au café ou au cinéma. Et puis, de nombreuses femmes travaillaient aussi dans les laboratoires ou à la cantine. »*

Youssefzadeh commença alors à gagner de l'argent, engrangeant, après de nombreuses années de misère, ses premières économies. Ayant grandi sans son père, tué durant les purges staliniennes des années 1930, c'est sa mère qui s'était chargée seule de son éducation et de celle de ses deux autres enfants. *« On m'a ensuite permis d'aller à l'université. Aux Roches Huileuses, je gagnais 2 900 roubles, parfois 5 000 avec les primes. À l'époque, c'était une somme considérable ! »* Le jeune homme grimpa ensuite les échelons de la hiérarchie, devenant géologue en chef pour toute la région caspienne dans les années 1970. Cette nomination coïncida avec une décision des pouvoirs soviétiques de privilégier les ressources stratégiques de Sibérie et du Kazakhstan au détriment de celles de la région caspienne. Malgré ce changement de politique, M. Youssefzadeh continua à effectuer des forages d'essai à la recherche de nouveaux champs pétroliers le long de la côte caspienne. *« C'est moi qui ai découvert la majeure partie des champs pétroliers de la côte kazakhe qui font tant de bruit aujourd'hui. »* Sautant de sa chaise, il se dirige vers une armoire et l'ouvre, faisant tomber une masse de cartes enroulées. S'emparant de l'une d'entre elles, particulièrement racornie, il balaye d'un revers de la main la moitié nord de la mer Caspienne, un sourire triomphal aux lèvres : *« Que lisez-vous là ? Kashagan, n'est-ce pas ? »*

À l'été 2000, les géologues découvrirent une bulle pétrolière géante à Kashagan, d'une contenance estimée à trente milliards de barils, soit l'un des cinq plus grands champs de pétrole au monde. La découverte fit sensation sur les marchés pétroliers du monde entier et est à l'origine de tous les débats sur les oléoducs de la région caspienne. *« Je savais déjà à l'époque qu'il y aurait beaucoup de pétrole là-dessous. »* Le problème de Youssefzadeh, c'est que le site se trouvait dans une réserve naturelle et que seul le ministère de la pêche à Moscou était habilité à délivrer une dérogation de forage. *« Je me suis donc envolé pour la capitale et ai demandé une autorisation pour effectuer un forage d'essai à Kashagan. La camarade colonel en charge du dossier m'opposa un refus catégorique. 'Jamais de la vie !' me dit-elle. Aujourd'hui, la pauvre est morte et les sociétés étrangères forent à Kashagan. Plus personne ne se préoccupe de l'environnement. »*

À la chute de l'Union soviétique fin 1991, l'Azerbaïdjan, petite nation de sept millions d'habitants, devient une république indépendante et sombre presqu'immédiatement dans le chaos. Plusieurs gouvernements se succèdent au rythme des coups d'État tandis que l'armée azerbaïdjanaise, totalement démoralisée, perd contre l'Arménie une guerre sanglante dans l'enclave du Nagorno-Karabakh, à majorité arménienne. En 1993, le pays, amputé de 15% de son territoire, est sur le point de tomber à nouveau sous la coupe de Moscou. C'est à cette époque que Gueïdar Aliev remonte sur le devant de la scène politique. Ex-général brillant du KGB et ancien membre du Politburo, l'Azéri a été pendant plusieurs décennies l'un des leaders les plus puissants de l'Union soviétique. Surnommé « le renard » par ses amis et ses ennemis, Aliev remarque alors que les rênes du pouvoir sont, dans la plupart des ex-républiques soviétiques, détenues par d'anciens officiels communistes de haut rang. C'est donc sans réelle surprise qu'en octobre 1993, l'habile tacticien se fait élire à la présidence de son pays natal. Aliev se rend bien vite compte que sa seule chance de consolider l'indépendance azerbaïdjanaise – et, par la même occasion, de rester au pouvoir – repose sur le marché des hydrocarbures. Il nomme son fils Ilham, playboy notoire, second vice-président de Socar. Le marché du pétrole étant fermement dans les mains de la famille présidentielle, aucune décision affectant la société n'est prise sans l'assentiment direct de la famille Aliev.

Dans le bureau de Youssefzadeh, tout comme dans celui de Vagif Gousseinov, ne se trouvent pas moins de sept portraits d'Aliev. Durant ses huit années de règne, le président autocrate a mis en place un véritable culte de la personnalité. Les effigies d'Aliev, hâlé et hiératique, ornent chaque bureau du pays. Les peintures portant la mention « Fils rayonnant du peuple » montrent un Aliev rajeuni de façon extraordinaire émettant des rayons de lumière rouges et jaunes, alors qu'en vérité, le président octogénaire souffre d'un cancer et a depuis longtemps choisi son fils Ilham comme successeur.

Après sa prise du pouvoir, Aliev cherche à défaire son pays de l'emprise méprisante du Kremlin, qui, eu égard au passé de l'homme, s'attendait en vérité plutôt à une politique pro-russe. Mais l'Azéri a d'autres idées en tête. Son pays manque des capitaux et des technologies nécessaires à l'exploitation de ses richesses maritimes. Il décide donc d'ouvrir l'Azerbaïdjan aux investisseurs étrangers, s'assurant ainsi que les gouvernements occidentaux, les États-Unis en particulier, aient un intérêt à garantir l'indépendance de son pays. C'est pourquoi, dès le printemps 1994, Aliev nomme une équipe d'experts emmenée par son fils Ilham et chargée de négocier un accord satisfaisant avec les sociétés pétrolières intéressées.

Youssefzadeh, ami de longue date d'Aliev, prit part aux négociations. *« Nous avons lancé un appel d'offres et six, puis douze sociétés se sont montrées intéressées, principalement la compagnie américaine Amoco et la British Petroleum. »* Il fallait trouver un endroit approprié pour les négociations mais, à l'époque, Bakou ne comptait aucun hôtel de classe occidentale. Il y avait également des inquiétudes concernant la sécurité des cadres pétroliers. *« Beaucoup de personnes en Azerbaïdjan s'opposaient à un accord avec des étrangers. Les Russes y étaient évidemment farouchement opposés. »* À Moscou, on lisait les rapports des agents russes en poste à Bakou avec une anxiété grandissante. Au lieu d'utiliser ses anciens liens soviétiques, Aliev s'était transformé du jour au lendemain en un farouche nationaliste azéri bien décidé à priver Moscou des matières premières de son pays. La rumeur d'un coup d'État fomenté par Moscou se répandit dans Bakou.

Les négociateurs se mirent tout d'abord d'accord pour se rencontrer à Istanbul à l'été 1994. *« Nous étions tous très excités,* se souvient Youssefzadeh. *Après tout, c'était la première fois qu'une délégation se rendait à l'étranger sans accompagnement russe, chose impensable auparavant. »* La première réunion fut cependant marquée par une méfiance accrue de chaque côté. *« En face de nous, de l'autre côté de la table, se trouvaient les mêmes personnes qui avaient été nos ennemis capitalistes à peine quelques années auparavant,* déclare Youssefzadeh avant de partir d'un rire sonore. *Au début, nous n'étions pas très confiants, nous avions de nombreux doutes. Ces pontes du pétrole américains n'étaient pour nous que des cow-boys qui sauteraient sur la moindre occasion pour nous berner. »*

Youssefzadeh avait déjà eu à faire à des Américains avant cette réunion : *« L'idée que je me faisais d'eux était toujours fortement influencée par toute la propagande. Une fois, dans les années 1970, une délégation américaine vint en visite à Bakou et j'ai été surpris de voir qu'ils étaient tout à fait normaux et sympathiques. Ils m'ont même offert une bouteille de whisky Buffalo. »* Un deuxième cadeau couvre toujours un des murs du bureau de Youssefzadeh : une carte du monde de plusieurs mètres carrés ne représentant aucune frontière politique.

Après les premiers contacts, les négociations se poursuivirent à Houston, Texas, capitale officieuse de l'industrie pétrolière américaine. *« Ces gratte-ciel de verre, tout ce luxe dans la ville, c'était fort différent de chez nous »,* se souvient Youssefzadeh. La délégation de Bakou fut logée dans un hôtel cinq étoiles. Youssefzadeh insiste sur le fait que, malgré des rumeurs de corruption, pas un seul cadeau ne fut offert aux Azéris en vue d'influencer leur décision. *« J'aurais bien aimé que quelqu'un me donne de l'argent ! Mais tout ce que j'ai reçu, ce sont des souvenirs, des stylos et autres choses du genre. »* Youssefzadeh admet qu'il en a peut-être été autrement pour d'autres membres de son équipe mais il n'a pas eu connaissance de fautes professionnelles. Ce qui préoccupait la délégation, ce n'était pas tant la corruption que l'ordre intimé par Moscou aux Azéris de ne conclure aucun traité tant que les droits de propriété de la mer Caspienne n'étaient pas résolus. Aliev était résolu à ne pas vaciller. « *Il voulait ce traité à n'importe quel prix*, se souvient Youssefzadeh. *Nous avions des instructions claires de notre président : ne pas revenir des États-Unis les mains vides.* » Pourtant, les négociations furent d'une extrême difficulté car aucune des deux parties n'avait d'expérience dans la conclusion d'un accord de partage de production dans un État de l'ex-Union soviétique.

Après quarante-sept jours éreintants, un accord fut trouvé. Le 20 septembre 1994, c'est un Aliev triomphant qui rencontra les PDG de l'Azerbaijan International Operating Company (AIOC), un consortium international d'une douzaine de majors pétrolières, pour signer ce qu'on allait appeler « le contrat du siècle ». Pour la première fois depuis le dépouillement et l'expulsion des barons étrangers du pétrole lors de la révolution d'octobre 1917, des sociétés étrangères se voyaient accorder la permission d'investir dans l'industrie pétrolière à Bakou. Plusieurs milliards de dollars, provenant en majeure partie de la société américaine Amoco, furent alloués à la construction de nouvelles facilités de production. British Petroleum, au départ actionnaire de second rang, fit plus tard l'acquisition d'Amoco et devint ainsi la plus grande société en place à Bakou.

La Russie et l'Iran émirent de vives protestations à l'encontre du contrat, accusant Aliev de distribuer des concessions pour des champs pétroliers que l'Azerbaïdjan ne possédait sans doute pas. Il n'existe de fait aucun accord entres les cinq nations péricaspiennes – la Russie, le Kazakhstan, le Turkménistan, l'Azerbaïdjan et l'Iran – sur la répartition territoriale de la mer Caspienne. L'Iran et le Turkménistan compliquèrent encore la donne en réclamant des droits sur des champs pétroliers dont l'exploitation avait été confiée au consortium occidental. En Russie, il est fort probable que c'est au *bolshaya igra* (« Grand Jeu ») que Sergei Karaganov, principal conseiller en politique étrangère du président Boris Eltsine, faisait référence lorsqu'il dit du contrat qu'il faisait partie d'un *« jeu séculaire »*. Plusieurs mois auparavant, le 21 juillet 1994, Eltsine avait signé la directive secrète 396 sur « la protection des intérêts de la Fédération de Russie en mer Caspienne », qui stipulait clairement que celle-ci se devait de conserver une sphère d'influence dans les républiques du Caucase et d'Asie centrale*. Les élites politiques de Moscou voyaient d'un fort mauvais œil le fait que leur ancienne colonie d'Azerbaïdjan puisse gagner le gros lot pétrolier alors que la Russie resterait les mains vides.

Dès le départ, les investisseurs occidentaux en place à Bakou furent confrontés au problème de l'acheminement des hydrocarbures d'une mer Caspienne

---

* M. P. Arminey, *Towards the Control of Oil Resources in the Caspian Region*, Palgrave MacMillan, 2000, p.127.

endoréique vers les marchés du monde industriel. Bien décidés à conserver les précieuses matières premières hors de portée de la Russie, les États-Unis rejetèrent d'emblée tout projet d'une route méridionale passant par l'Iran. Zbigniew Brzezinski, conseiller à la sécurité nationale du président Jimmy Carter, détailla quels étaient, et sont toujours, les enjeux : « *La vulnérabilité de l'Azerbaïdjan a eu de graves conséquences régionales, car la situation géographique de ce pays en fait un pivot géopolitique. On peut le comparer à un « bouchon » d'importance vitale, permettant ou empêchant l'accès à la « bouteille » qui contient les richesses du bassin de la mer Caspienne et d'Asie centrale. Un Azerbaïdjan indépendant, turcophone, équipé de pipelines allant de son territoire jusqu'à la Turquie, pays avec lequel il partage des liens ethniques et qui lui apporte son soutien politique, empêcherait la Russie de détenir un monopole sur l'accès à la région et la priverait, par conséquent, d'une influence stratégique décisive dans les décisions politiques des nouveaux États d'Asie centrale* \* ».

Le gouvernement américain fait pression depuis le milieu des années 1990 en vue d'une troisième option : un gigantesque oléoduc en direction de l'ouest, couvrant une distance de 1768 kilomètres, reliant la capitale azérie Bakou au port méditerranéen de Ceyhan en Turquie, en passant par la Géorgie voisine. Contrairement à Novorossiisk, Ceyhan est un port de grande profondeur qui peut accueillir des navires-citernes d'une capacité de 300 000 tonnes. Craignant un accroissement du nombre de pétroliers en provenance de la mer Noire et les risques d'accidents que cela pourrait entraîner dans le détroit du Bosphore, avec des conséquences catastrophiques pour Istanbul, le gouvernement turc fut le premier à proposer le projet de Ceyhan. Celui-ci avait également l'avantage d'accroître l'importance géostratégique de la Turquie, en baisse depuis la fin de la guerre froide, vis-à-vis de l'Occident. De leur côté, les États-Unis ne demandaient pas mieux que de promouvoir la Turquie, modérément islamique, en tant qu'acteur régional. Avec Bill Clinton dans le rôle de médiateur, les chefs d'État de l'Azerbaïdjan, de la Géorgie et de la Turquie se rencontrèrent à Istanbul le 18 novembre 1999 pour signer un traité autorisant la construction du pipeline méditerranéen de Bakou à Ceyhan.

Avant de rencontrer l'ambassadeur américain Ross Wilson, le diplomate le plus important de Washington dans la région caspienne, à Bakou, je dois passer plusieurs fois par un détecteur de métaux qui n'arrête de se déclencher qu'une fois tous mes stylos sortis de mes poches. Ceux-ci sont alors démontés par les gardes de sécurité et tous mes objets électroniques, y compris mon agenda portatif, sont confisqués.

« *Comme vous pouvez l'imaginez, cette région est devenue encore plus importante pour Washington* », me lance l'ambassadeur Wilson, un natif du Minnesota, alors que nous nous asseyons dans un sofa sous les portraits du président George W. Bush et du secrétaire d'État Colin Powell. « *Nous n'estimons pas faire partie d'un quelconque*

---

\* Z. Brzezinski, *Le Grand Échiquier*, Hachette, 2000, p.168.

*Grand Jeu avec la Russie, à fortiori un jeu à somme nulle. Nous avons nos intérêts propres, les Russes ont les leurs et ils ne sont pas forcément toujours contradictoires.* » D'après lui, le pipeline méditerranéen ne témoigne pas d'une tentative américaine de contrer l'influence russe dans la région mais bien « *de la volonté d'amener le pétrole de la Caspienne sur les marchés.* » Le diplomate élabore : « *Bien sûr, les Azéris tentent de monter les Russes et les Américains les uns contre les autres mais ils comprennent également que les États-Unis sont les garants de leur indépendance.* » Et lorsque Wilson déclare, d'une voix ferme, que « *le pétrole ne passera jamais par la Russie* », cela a toutes les allures d'une décision.

Afin d'éloigner les investisseurs du pipeline de Ceyhan et ainsi mettre à mal le projet, la Russie n'a pas hésité à déstabiliser le Sud-Caucase, en particulier la Géorgie. « *Et puis, Moscou s'est retrouvé avec un petit problème appelé la Tchétchénie et se montre aujourd'hui beaucoup plus prudent.* » Wilson déclare cependant qu'en général, la coopération avec Moscou sur les questions caucasiennes est plutôt bonne.

En ce qui concerne l'Iran, le voisin méridional de l'Azerbaïdjan, les commentaires de l'ambassadeur Wilson se font moins amènes : « *L'Iran fait concurrence à l'Azerbaïdjan et tente de contrôler la mer Caspienne. Régulièrement, des navires iraniens pénètrent dans les eaux territoriales azéries et des avions iraniens violent son espace aérien.* » Pour toute réponse, les États-Unis ont donné deux nouveaux bateaux de patrouille aux douanes azéries.

Malgré le rapprochement timide avec Téhéran lors de la guerre contre les talibans afghans, le département d'État américain refuse de voir le pétrole caspien acheminé dans un oléoduc qui traverserait un pays contrôlé par des mollahs chiites. « *L'Iran soutient le terrorisme et cherche à tout prix à acquérir des armes de destruction massive*, explique Wilson. *C'est pourquoi nous devons les empêcher par tous les moyens de se procurer l'argent qui leur permettrait de financer ces activités.* » Le Congrès américain a imposé des sanctions économiques contre l'Iran dans le cadre de l'Iran-Libya Sanctions Act, empêchant les sociétés américaines de faire des affaires avec ce pays. La loi, malgré l'opposition de nombreux élus républicains inquiets pour le commerce, fut renouvelée en 2001. Quelques semaines à peine après mon entrevue avec l'ambassadeur Wilson, le président Bush allait inclure l'Iran, aux côtés de l'Irak et de la Corée du Nord, dans son « axe du Mal » international.

C'est un consortium emmené par Socar et BP Amoco qui est chargé de la construction du pipeline méditerranéen. Au départ, cependant, le projet géopolitique favori de Washington fit l'objet d'un certain scepticisme de la part des milieux d'affaires. Les cadres pétroliers considéraient l'oléoduc trop long et, avec un coût de construction de 2,9 milliards de dollars, beaucoup trop cher. En outre, le fait qu'il traverse des pays politiquement instables – le Sud-Caucase et la Turquie orientale, à majorité kurde – rend tout investissement fort risqué.

La première partie du trajet, à travers l'Azerbaïdjan et la Géorgie, est celle qui inquiète le plus les chefs de projet. Depuis la chute de l'Union soviétique, la région a été le théâtre de nombreux conflits ethniques et luttes de pouvoir. Au début des années 1990, des troupes arméniennes se sont emparées de l'enclave du Nagorno-Karabakh, peuplée principalement d'Arméniens mais située en Azerbaïdjan, occasionnant la mort de dizaines de milliers de personnes et la fuite de près d'un million de citoyens azéris. Suite à de nombreux massacres ethniques, des centaines de milliers d'Arméniens fuirent Bakou, ville jusque-là multiethnique et cosmopolite. De nombreux Russes firent de même. À cette époque, les provinces géorgiennes d'Abkhazie et d'Ossétie du Sud font sécession, provoquant la mort de milliers de personnes, et le pays sombre dans le chaos. Ces conflits, qui n'ont toujours pas été résolus, couvent encore malgré les négociations diplomatiques et la présence des forces de maintien de la paix des Nations-Unies. Si on ajoute à cela la guerre en Tchétchénie et le fait que le tracé proposé du pipeline méditerranéen n'est qu'à une journée de marche de toutes ces zones de conflit, l'acheminement de la moindre goutte de pétrole vers Ceyhan devient plus que douteuse.

Plus que quiconque à Bakou, Vahid Moustafaïev sait combien le Caucase est une zone potentiellement dangereuse. Ce journaliste de télévision de trente-cinq ans a été amené à visiter la plupart des théâtres d'affrontements dans le Caucase, du Nagorno-Karabakh à l'Abkhazie et l'Ossétie du Sud en passant par la Tchétchénie. Il fut souvent le seul à proposer des images en provenance des lignes de combat les plus dangereuses. Lorsqu'il se rendit compte combien, en dépit des risques du métier, les journalistes indépendants locaux étaient mal rémunérés par les chaînes de télévision étrangères, Moustafaïev fonda l'Azerbaijan News Service (ANS). Il est aujourd'hui le PDG du seul réseau de télévision et de radio du pays capable de survivre financièrement tout en maintenant son indépendance face aux autorités.

Notre rencontre a lieu dans ses studios situés dans les collines au sud de la ville. Le journal de la mi-journée vient d'être produit et les caméras sont éteintes. Moustafaïev, vêtu d'un costume noir de coupe impeccable, d'une cravate d'un jaune éclatant et de chaussures de cuir italiennes, me fait faire le tour des studios, équipés du matériel audiovisuel occidental le plus sophistiqué. Il déclare fièrement : *« Nous avons mis tout cela en place ces dernières années, malgré l'opposition du gouvernement, qui ne nous a pas donné un seul dollar. Aujourd'hui, ces microphones sont les seuls dans le pays que le gouvernement ne contrôle pas et nous avons plus de spectateurs et d'auditeurs que n'importe quelle autre station. »* Moustafaïev n'a plus le temps de partir caméra à l'épaule mais il connaît bien les causes sous-jacentes des conflits qu'il a couverts. *« Toutes les guerres du Caucase sont, au moins en partie, causées par le pétrole. Les Russes tentent d'empêcher la construction du grand oléoduc entre Bakou et Ceyhan. »* Dans les années 1990, les Russes tentèrent de déstabiliser le Sud-Caucase en s'assurant que les crises et conflits y dureraient indéfiniment. *« La Russie considère toujours l'Azerbaïdjan comme faisant partie intégrante de son empire. Si elle le perd, elle perd tout le Caucase. »* Afin d'éloigner les Américains, la Russie a même fait alliance avec son ancien rival du sud, l'Iran. À eux deux, ils ont pris l'Azerbaïdjan en tenaille pour tenter de limiter ses négociations avec l'Occident. *« Il y a plus d'agents et d'espions que d'hommes d'affaires à Bakou ; la plupart sont russes ou iraniens. »*

Moustafaïev demande à sa secrétaire d'apporter une carte du Caucase. À l'encre rouge, il dessine le tracé proposé du pipeline vers Ceyhan. *« Les Russes sont des gens bien, jusqu'à ce qu'ils voient une carte et se mettent à boire de la vodka. Alors, ils deviennent fous. Ils ont incité les Arméniens à se battre contre nous et les ont soutenus. »* De 1994 à 1997, Moscou a livré un milliard de dollars d'armement à l'Arménie catholique, seule alliée de la Russie dans le Caucase. Cette aide militaire généreuse comprenait même des avions de chasse MiG-29 et des missiles S-300. Le président arménien Robert Kotcharian avait l'habitude de dire : *« Pas de paix, pas de pétrole. »* Le tracé le plus direct aurait mené l'oléoduc à travers le Karabakh et l'Arménie mais il effectue aujourd'hui un énorme détour au nord de ces territoires.

Soudain, le visage de Moustafaïev s'assombrit. Il pense à cette journée de 1991 au cours de laquelle son frère, également caméraman, perdit la vie durant un reportage au Karabakh, déchiqueté par une grenade. Nous nous rendons dans les couloirs du studio, où, exposée dans une vitrine, se trouve une photographie floue. On n'y aperçoit qu'un bout d'herbe et un coin de ciel. *« C'est la dernière image tournée par mon frère après qu'il ait été touché et soit tombé à terre. »* Sa voix se fait douce mais reste déterminée. *« Il est grand temps que notre armée reprenne le Karabakh. Nous devons venger nos morts et il faut que les Arméniens payent pour leurs crimes. »* Mais est-ce que cela ne provoquerait pas une effusion de sang encore plus importante ? Ne vaudrait-il pas mieux trouver une solution négociée ? Moustafaïev secoue la tête : *« Cela fait dix ans que nos gouvernements ont négocié et les Arméniens n'ont pas bougé d'un centimètre. Cela ne mènera à rien. Nos réfugiés vivent dans la pauvreté la plus abjecte et aucun d'eux n'a encore pu regagner sa maison. »*

Moustafaïev est en fait un ardent nationaliste azéri. Chaque jour, sa chaîne ANS fait pression sur le régime d'Aliev pour qu'il résolve le problème du Karabakh par des moyens militaires. *« Bien sûr, avec tout cet enthousiasme qui entoure le boom pétrolier, nos dirigeants n'aiment pas trop qu'on leur rappelle leurs devoirs patriotiques. L'argent du pétrole doit servir à moderniser et renforcer notre armée. »* Irait-il lui-même au Karabakh pour combattre au front ? *« Bien sûr ! Le plus tôt sera le mieux. Nous devons mener cette guerre contre les Arméniens dès maintenant. Nous ne pouvons pas attendre que nos enfants s'en chargent. »* Moustafaïev fait alors appeler sa limousine, une énorme Range Rover blindée, pour me ramener à mon hôtel. Dans la voiture, la radio passe la chanson d'un group de rap azéri fort connu : *« Le Karabakh ou la mort ! »* Les paroles parlent des massacres perpétrés par les Arméniens et de la revanche sanglante que les Azéris prendront bientôt. Le chanteur du groupe répète sans cesse *« Djihad ! Djihad ! »* Je demande au chauffeur de quelle station il s'agit : *« ANS bien sûr, quoi d'autre ? »*

Le lendemain, je quitte Bakou en train pour rejoindre Tbilissi, capitale de la Géorgie et plaque tournante du projet de pipeline méditerranéen. *« Verrouillez la porte de votre cabine*, me glisse le contrôleur après avoir examiné mon billet, *les Géorgiens sont tous des bandits.* »

# L'héritage de Staline

*« Nous avons besoin de ce pipeline pour continuer à bénéficier du soutien des États-Unis face à la Russie. Voyez-vous, la Géorgie n'a rien à offrir au monde, aussi doit-elle tirer parti de sa situation géographique. »* Alexandre Rondeli, diplomate de haut rang au ministère des affaires étrangères géorgien, avale une gorgée de notre troisième bouteille de vin. Nous nous sommes rencontrés dans un café de la place Roustaveli, dans la capitale Tbilissi, longtemps considérée comme la plus belle et la plus cosmopolite des villes du Caucase. *« Cela fait peut-être de nous des mendiants mais cela vaut toujours mieux que de subir à nouveau le joug de Moscou ! »* Le ciel est nuageux ce soir et l'automne tapisse l'esplanade de ses premières feuilles.

Au XIXe siècle, Tbilissi était un creuset ethnique regroupant Géorgiens, Perses, Arméniens, Tatars, Juifs, Tchétchènes, Circassiens, Ossètes, Svanes, Avars, Kurdes, Abkhazes, sans oublier bien sûr les notables russes. Aujourd'hui, la ville dégage un air de vieillesse lasse, à des lieues de l'atmosphère trépidante qui règne à Bakou. Les rues exhalent au mieux un charme suranné et seuls quelques nouveaux magasins ont ouvert depuis la chute du communisme. En clair, Tbilissi n'attend qu'une chose : la construction du pipeline caspien et la manne substantielle de pétrodollars que celui-ci devrait générer.

Rondeli, homme élancé à la chevelure grise, avale une nouvelle gorgée. *« Le pétrole n'est pas vraiment le plus important. Bien sûr, il rapportera des accises douanières et autres indemnités de transit mais cet argent finira de toute façon dans les mauvaises poches. »* Son rire se fait amer. Il est de notoriété publique que la Géorgie atteint des niveaux de corruption inégalés par les autres républiques ex-soviétiques, les camionneurs étrangers préférant effectuer des détours de plusieurs milliers de kilomètres plutôt que de se faire harasser par des policiers géorgiens avides de pots-de-vin. *« Par contre, le pipeline attirera des investisseurs étrangers,* ajoute Rondeli, *et les Américains ne pourront plus se permettre de nous laisser tomber. »*

Pour la Géorgie bien plus que pour les autres États caspiens, le BTC est une véritable question de sécurité nationale. Edouard Chevardnadze, ancien ministre des affaires étrangères de Michaël Gorbatchev et président de la Géorgie depuis 1993, a fait de sa construction une priorité absolue, avec pour ambition de remettre son pays au centre d'une nouvelle Route de la soie reliant, comme au Moyen Âge, l'Europe à l'Asie. Chevardnadze, qui était présent lors de la signature du traité sur la construction de l'oléoduc en 1999, assurait alors les observateurs que le but de l'accord n'était pas de blâmer la Russie. Rondeli, professeur de relations internationales à l'université de Tbilissi, peine à croire que l'ancien notable communiste était réellement sérieux. *« Les Russes ont toujours été nos ennemis et c'est encore le cas aujourd'hui. Pour les Géorgiens, une politique indépendante signifie immanquablement une politique antirusse. »* Il se souvient qu'à l'époque soviétique, les Russes considéraient les Géorgiens comme une troupe folklorique juste bonne à divertir les visiteurs étrangers. *« Depuis notre indépendance, Moscou n'a eu de cesse de déstabiliser et de fragmenter notre pays. »*

Le diplomate pointe du doigt l'hôtel Iveria situé à quelques pas de la place Roustaveli. Les balcons de ce qui était autrefois l'établissement le plus réputé de Tbilissi sont aujourd'hui recouverts de plaques en aggloméré abritant le bon millier de réfugiés géorgiens entassés dans ses chambres depuis la guerre civile sanglante de 1992-93 qui a ravagé la province sécessionniste d'Abkhazie, le long de la mer Noire. Ils représentent une infime partie des 300 000 réfugiés présumés ayant fui les combats et les épurations ethniques qui ont coûté la vie à près de huit mille personnes en Abkhazie, ancienne Riviera à la mode et province la plus idyllique du pays. Aujourd'hui, l'Iveria rappelle sans cesse aux habitants de Tbilissi que le travail est encore loin d'être fini.

La première décennie de l'indépendance géorgienne fut marquée par la guerre civile, l'anarchie politique et le chaos économique. En 1990, ce petit État de cinq millions d'habitants fut la première république soviétique à élire un gouvernement non-communiste emmené par le romantique ultranationaliste Zviad Gamsakhourdia. Après son renversement violent en décembre 1991, le pays s'enfonça dans une crise profonde avant que Chevardnadze, chef du parti communiste géorgien de 1972 à 1985, ne revienne de Moscou pour prendre les rênes du pouvoir. Dans les mois qui suivirent son investiture, le pays implosa presque lorsque la province d'Abkhazie et celle d'Ossétie du Sud, proche de Moscou et dont la frontière passe à quelques kilomètres à peine de Tbilissi, firent sécession du reste du pays. Pire encore, le président de la province d'Adjarie, le long de la frontière turque, a toujours refusé de suivre les instructions émanant du gouvernement central de Tbilissi. Le pays, au bord du gouffre, offre l'exemple classique d'un État manqué.

*« Moscou a fomenté et attisé les guerres civiles en Géorgie afin de pouvoir prétexter du maintien de la paix pour y ramener ses troupes »*, affirme Rondeli, se faisant l'écho d'une opinion fort répandue à Tbilissi. En échange d'un cessez-le-feu en Abkhazie en 1994, la Russie a contraint la Géorgie à rejoindre la Communauté des États indépendants (CEI), organisation née des cendres soviétiques, et à accepter la présence de troupes russes sur son territoire. *« Moscou possède aujourd'hui plus de 16 000 soldats sur notre territoire, ce qui lui permet d'attiser à sa guise les conflits dans le Sud-Caucase »*, se lamente Rondeli. La Russie maintient dans le pays trois bases militaires et de grands arsenaux de l'époque soviétique, sans aucun fondement légal et malgré les protestations répétées de Tbilissi. Lors de son sommet de 1999, l'Organisation pour la sécurité et la coopération en Europe (OSCE) a sommé la Russie de

négocier la fermeture de ces bases avec la Géorgie mais Moscou a toujours fait la sourde oreille. D'après Rondeli, la Géorgie représente un État-clé pour la Russie dans le Sud-Caucase et cette dernière favorise la puissance militaire et le contrôle direct aux négociations et au partenariat. *« Moscou perçoit notre désir d'indépendance comme un manque flagrant de gratitude. »*

Le président Chevardnadze, que beaucoup à Moscou considèrent comme un traitre pour le rôle qu'il a joué dans la chute de l'Union soviétique alors qu'il était premier ministre sous Gorbatchev, a fait l'objet de plusieurs tentatives d'assassinat. En août 1995, une voiture piégée explosait dans la cour du parlement géorgien ; en février 1998, des grenades furent lancées contre sa limousine, tuant son chauffeur et son garde du corps. Igor Giorgadze, à l'époque ministre de l'intérieur, fut suspecté d'avoir organisé l'attaque de 1995 et choisit un exil confortable en Russie. Les demandes d'extradition répétées de Tbilissi sont jusqu'à présent restées sans réponse.

*« Il ne fait aucun doute que les Russes lanceront tôt ou tard une offensive militaire directe contre nous,* affirme Rondeli. *La question est de savoir si les Américains se battront alors à nos côtés ou s'ils feront la sourde oreille et le pipeline pourrait bien les aider dans leur choix. »* Plus que tout, la guerre en Tchétchénie a envenimé les relations entre les deux pays. Depuis 1999, Moscou accuse Tbilissi d'offrir asile aux rebelles tchétchènes dans les montagnes de Géorgie ; ils se cacheraient parmi les quelque cinq mille réfugiés qui, devant l'avancée des troupes russes, ont fui la Tchétchénie pour rejoindre les gorges du Pankissi. Cette région du nord-est de la Géorgie, à deux heures de route de Tbilissi, est depuis toujours le refuge de criminels coupables d'enlèvements, de racket et de violence. Les troupes géorgiennes, dépenaillées et démoralisées, n'osent s'y aventurer par crainte des attaques et la plupart des organisations d'aide internationale y ont suspendu leurs opérations après l'enlèvement de quatre infirmières de la Croix-Rouge en août 2000.

Suite aux attaques du 11 septembre, d'éminents politiciens russes invoquèrent contre les « terroristes » tchétchènes repliés en Géorgie le même droit à l'auto-défense que celui utilisé par Washington contre Al-Qaida. Depuis 1999, des avions de chasse russes avaient déjà bombardé par deux fois des villages géorgiens situés à la frontière tchétchène. Le président Chevardnadze, soutenu par Washington, protesta violemment contre cette action militaire tout en concédant que des rebelles tchétchènes avaient effectivement trouvé refuge dans les gorges du Pankissi.

*« Pourquoi devrions-nous laisser mourir les Tchétchènes ?,* se demande Rondeli. *Après tout, ce sont nos voisins et nous avons toujours essayé de bien nous entendre avec eux. Ce sont de bons combattants et nous les respectons. »* Le sourire du diplomate trahit une pointe d'ironie. Il y a dix ans à peine, à l'époque de la guerre civile en Géorgie, de nombreux chefs de guerre tchétchènes tels que Chamil Bassaïev et Rouslan Gelaïev avaient combattu aux côtés des Abkhazes et tué des centaines de citoyens géorgiens. L'armée russe, loin de les considérer comme des terroristes à l'époque,

les avait même armés et entraînés. *« Il s'agit simplement d'un Grand Jeu entre Caucasiens et Russes*, ajoute Rondeli. *Mais si les combats en Tchétchénie devaient devenir incontrôlables, on pourrait fort bien voir naître dans la région ce que Thomas Hobbes appelait bellum omnia contra omnes – la guerre de tous contre tous. »*

Washington prend très au sérieux les menaces russes de représailles militaires contre les militants tchétchènes réfugiés dans les gorges du Pankissi. En mai 2002, le Pentagone envoya cinq cents hommes de la troupe d'élite des Forces spéciales former l'armée populaire géorgienne à la guerre antiterroriste, marquant là le premier déploiement substantiel de troupes américaines dans le Caucase depuis la chute de l'Union soviétique. Parmi les entraîneurs du groupement des Bérets verts, on compte des spécialistes du combat en montagne et de la guérilla urbaine. Les recrues géorgiennes faisant partie de ces nouveaux bataillons antiterroristes perçoivent un salaire mensuel de 190 dollars, contre 20 pour les conscrits de l'armée régulière. Le programme du Pentagone, qui porte sur une somme de 64 millions de dollars, prévoit également de fournir à l'armée géorgienne de nouvelles armes légères, des munitions, des uniformes et des appareils de communication. Parmi l'aide militaire apportée par les États-Unis, les forces armées géorgiennes, fortes de quelque 17 000 hommes, ont entre autres reçu de nouveaux hélicoptères de combat. Alors que le gouvernement américain justifie son engagement par la présence supposée dans le Pankissi de combattants d'Al-Qaida venant d'Afghanistan, le président Chevardnadze déclare pour sa part que la présence militaire américaine est *« un facteur très important de renforcement et de développement de l'État géorgien* [*] »*.

Le gouvernement russe adopta au départ une attitude conciliante, le président Vladimir Poutine affirmant en mars 2002 que la présence de troupes américaines dans le Caucase ne constituait pas une « tragédie » et assurant Washington de sa coopération dans sa lutte contre les terroristes réfugiés au Pankissi. À Moscou, l'avance américaine dans une région sous zone d'influence russe depuis plus d'un siècle se heurta cependant à l'opposition des échelons supérieurs du pouvoir, particulièrement dans la sphère militaire. La présence de troupes américaines en Géorgie *« devrait inquiéter tout soldat russe »*, déclara ainsi en avril 2002 Alexandre Kosovan, ministre adjoint de la défense [†].

Quelques mois plus tard à peine, les gorges du Pankissi furent à nouveau au centre d'une crise internationale majeure provoquée par l'assassinat fin juillet de huit gardes-frontières russes lors d'une attaque de combattants tchétchènes menée, selon des officiels russes, à partir de la Géorgie. Lors des combats violents qui

---

[*] *Moscow Times*, 20 mai 2002.
[†] *International Herald Tribune*, 29 avril 2002, p. 8.

s'ensuivirent, quatorze rebelles en armes, dont la moitié étaient blessés, s'échappèrent au-delà de la frontière géorgienne, où ils furent appréhendés par les autorités locales. Le président Poutine exigea immédiatement leur extradition mais Chevardnadze refusa, demandant à Moscou de fournir la preuve que les rebelles détenus avaient été directement impliqués dans des activités terroristes. La réaction du Kremlin fut terrible, Moscou ordonnant à ses soldats de se préparer à une vaste opération de nettoyage dans le Pankissi. *« La communauté internationale vient d'anéantir l'antre du terrorisme international en Afghanistan*, s'énerva Sergei Ivanov, ministre de la défense, *mais il ne faudrait pas oublier que non loin de là, en Géorgie, un antre similaire vient récemment d'émerger.* * »

Fin août 2002, des avions de chasse russes auraient bombardé des villages dans les gorges du Pankissi, tuant au moins un civil. Ébranlé, le parlement géorgien convoqua une séance extraordinaire et demanda au gouvernement de fixer unilatéralement un délai de fermeture des bases militaires russes situées sur son territoire et de mettre un terme immédiat au mandat russe de maintien de la paix dans la province sécessionniste d'Abkhazie. À New York, l'ambassadeur géorgien auprès des Nations unies accusa la Russie d'agression et demanda au Conseil de sécurité d'examiner la « violation flagrante » des lois internationales par Moscou. Le Kremlin démentit officiellement les raids malgré leur confirmation au sol par des observateurs de l'OSCE, s'attirant de la part de Washington des remontrances d'une fermeté inhabituelle. La Maison Blanche déplora ce que son porte-parole, Ari Fleischer, qualifia de *« violation de la souveraineté géorgienne »* ; il ajouta que l'opération allait à l'encontre des gages de soutien à *« l'indépendance et à l'intégrité territoriale »* géorgiennes avancés par Moscou.

Afin de couper court à toute nouvelle action russe dans le Pankissi, Chevardnadze enjoignit son ministre de l'intérieur de faire avancer ses troupes dans la vallée à la recherche des militants tchétchènes. Ils revinrent bredouilles, l'opération ayant été annoncée des jours auparavant, donnant ainsi aux rebelles tout le temps de quitter la région. Loin d'être satisfait, le gouvernement russe persista dans sa diplomatie du mégaphone. *« Nous avons la preuve que des terroristes internationaux se cachent en Géorgie »*, affirma à la mi-septembre Nicolas Patrouchev, directeur du Service fédéral de sécurité de Russie (FSB, l'ancien KGB). *« Nous emploierons la force afin de les neutraliser et de les empêcher de pénétrer sur le territoire russe.* † »

Début octobre, Poutine et Chevardnadze se rencontrèrent à Moscou lors d'une réunion de la dernière chance visant à mettre un terme à la querelle qui les opposait. Manifestement fatigué de faire le pied-de-nez à Moscou, le président géorgien accepta de livrer tous les rebelles capturés pendant l'été. Indépendamment de la durée de cette trêve, l'action militaire russe dans le Pankissi prouve que Moscou continue à jouer un rôle de premier plan dans le Sud-Caucase.

---

* New York Times, 15 août 2002.
† Moscow Times, 20 septembre 2002.

Se servant du Pankissi comme argument, le Kremlin ambitionne toujours de faire revenir dans son giron la Géorgie, charnière de l'exportation des hydrocarbures caspiens vers les marchés occidentaux. Même si la présence en Géorgie de troupes américaines donne aux investisseurs du BTC un certain sentiment de sécurité, la situation domestique chaotique, la corruption et le banditisme ne manquent pas de les inquiéter.

J'en ai la confirmation éclatante un week-end lors d'une visite en Adjarie, province du sud-ouest de la Géorgie que l'oléoduc devra traverser pour atteindre la Turquie. Alors que j'ai manqué le dernier bus pour Tbilissi, un aimable Géorgien devant se rendre dans la capitale m'offre une place dans sa voiture. Giorgi, électricien de trente-cinq ans, revient de Turquie au volant d'une Volkswagen Golf bleu foncé qu'il vient d'acheter d'occasion en Allemagne. *« Même en comptant le prix du carburant pour les 3 000 kilomètres de trajet, cette Golf me coûte moins cher qu'en Géorgie. »*

Après à peine quelques kilomètres, nous sommes arrêtés à un poste-contrôle. *« Ils auront remarqué ma plaque de transit allemande*, me souffle Giorgi, visiblement inquiet, *cela risque de me coûter cher »*. À l'intérieur de la seule pièce du bâtiment, quatre hommes au ventre gras, donnant à leurs uniformes déboutonnés l'apparence d'ailes, nous font savoir qu'il faut payer cinquante dollars pour pouvoir utiliser les routes d'Adjarie. Giorgi, mal à l'aise, les supplie un moment et la somme est ramenée à trente dollars.

Au mur trône un portrait d'Aslan Abachidze, président adjar qui règne sur la province comme sur un domaine privé. Il ne tolère aucune interférence de Tbilissi, ne paie aucune taxe sur le revenu au ministre fédéral des finances et insulte régulièrement – et publiquement – le président Chevardnadze. La bravade adjare trouve son origine dans les liens d'amitié qui unissent leur président au commandant des troupes russes stationnées près de Batoumi. Aux yeux de nombreux Géorgiens, Abachidze n'est guère qu'une marionnette de Moscou qui offre aux Russes un accès direct au pipeline méditerranéen.

Giorgi tire de sa poche un billet de vingt dollars, près de la moitié du salaire mensuel moyen en Géorgie. Les policiers semblent satisfaits et nous autorisent à continuer notre voyage le long de la route délabrée qui borde les belles et vastes plages de la mer Noire. De vieilles paysannes, assises sur le bas-côté, vendent melons, framboises et poivrons séchés. À peine arrivés à Batoumi, capitale de la province, nous sommes accueillis par un autre groupe d'escrocs en uniforme. Agitant son bâton blanc, un policier fait signe à Giorgi de s'arrêter.

Batoumi, relié à Bakou par une ligne de chemin de fer construite par les Rothschild en 1883, était autrefois l'un de ports pétroliers les plus importants au monde. C'est de là que les marchés occidentaux eurent pour la première fois accès au pétrole de Bakou et c'est à Batoumi qu'en août 1892, le « Murex », premier pétrolier moderne au monde, fut affrété avant de traverser le canal de Suez et de faire voile vers Singapour et Bangkok. Aujourd'hui, le port de Batoumi est devenu trop petit pour les pétroliers modernes et ceux-ci utilisent le port de Poti situé plus au nord.

Il semble bien que la collecte de pots-de-vin auprès des voyageurs est aujourd'hui l'activité principale à Batoumi. Nous devons mettre la main au portefeuille à de nombreuses reprises pour traverser la ville. Un impôt de plus à chaque fois, comme au Moyen Âge. Giorgi proteste : *« Je ne vais quand même pas vous donner de l'argent tous les deux kilomètres ! »* C'est ma foi vrai, se disent les policiers, aussi nous font-ils une proposition. Pour trente dollars, ils nous offrent une escorte officielle jusqu'à la frontière de la province, nous permettant ainsi de franchir sans encombres les postes de contrôle suivants. Giorgi accepte et un jeune policier s'installe au volant de sa Golf, un peu à la manière d'un terroriste.

Nous nous rendons bientôt compte que cette « escorte » est une vraie aubaine. Tous les kilomètres, des policiers tentent de nous arrêter. Dès qu'ils aperçoivent notre chauffeur, ils se mettent de côté et nous laissent continuer notre chemin. Certains ont l'air déçu, d'autres semblent ravis. Giorgi n'adresse pas un mot à notre policier et m'explique : *« Il y a sans doute différents gangs de policiers qui se disputent les pots-de-vin. Ceux qui sourient font probablement partie de la même unité que notre protecteur et savent que ce soir, ils recevront leur part du butin. »*

Les horribles immeubles en béton de Batoumi défilent sous nos yeux, tout comme de nombreuses vieilles Volga et des charrettes à cheval. À un passage à niveau proche de la raffinerie, deux officiers russes hilares font signe à notre chauffeur ; celui-ci roule à tombeau ouvert et Giorgi se fait du souci pour sa voiture.

*« D'un point de vue strictement commercial, il a raison,* raisonne Giorgi. *Plus il roule vite, plus il fera d'escortes dans la journée. »* En vingt minutes, nous atteignons la frontière qui sépare l'Adjarie de la province voisine. Notre chauffeur arrête le véhicule à un poste de contrôle et, sans dire un mot, en sort et se dirige vers ses collègues, le sourire aux lèvres. Une fois au volant, Giorgi pousse un soupir : *« Durant tout mon voyage, que ce soit en Allemagne, dans les Balkans ou en Turquie, les policiers m'ont toujours traité correctement. Et ici, en Géorgie, dans mon propre pays, ils me volent sans détours ! »*

De retour à Tbilissi, la corruption rampante qui mine la Géorgie fait aussi bondir Nia Lomadze, analyste économique en poste à l'ambassade américaine. Au départ de la rivière Koura, nous décidons de prendre la direction de la vieille ville de Tbilissi. Témoignant de son ancienne diversité ethnique, des églises arméniennes côtoient une synagogue et une mosquée sunnite. La plupart des maisons sont en piteux état ; leurs escaliers et leurs balcons en bois, autrefois splendides mais dont il ne reste que des ruines, surplombent les rues pavées. Certains bâtiments se sont déjà effondrés comme sous l'effet d'un tremblement de terre. Une ancienne Volga des années 1960 dont on a enlevé les pneus repose sur une petite place bordée d'acacias. Un arbrisseau s'élève du siège du conducteur à travers les vitres brisées.

En tant qu'économiste, Lomadze ne semble guère apprécier le caractère romantique de ces ruines. « *À la fin des années 1980, nous disions que nous serions prêts à manger de l'herbe pour ne plus dépendre de Moscou. Eh bien, nous n'en sommes pas loin aujourd'hui.* » Son poste à l'ambassade américaine amène l'experte de trente-huit ans à analyser l'économie géorgienne et à conseiller parfois des entreprises occidentales tentées d'investir dans le pays. « *L'image que je leur donne est plutôt triste*, dit-elle, *notre économie est pourrie jusqu'à l'os. Et le fameux oléoduc, s'il arrive jamais, n'y changera pas grand-chose.* » Les investissements étrangers représentent à peine trente millions de dollars par an et le principal investisseur étranger, la société américaine de travaux publics AES, menace de quitter le pays en raison des détournements à répétition. La corruption et le népotisme ont atteint des niveaux catastrophiques, minant presque chaque étage de la société. « *Les gros bonnets en profitent mais l'homme de la rue aussi.* »

Lomadze cite l'exemple révélateur de l'alimentation électrique. Dans la plupart des régions du pays, l'électricité n'est disponible que quatre heures par jour. Lors de mon périple avec Giorgi, j'avais déjà pu remarquer que la plupart des villages et bourgades que nous traversions étaient presque entièrement plongés dans l'obscurité. Les générateurs à essence privés servant à fournir de l'énergie étant trop peu nombreux, beaucoup de personnes s'éclairent à la lampe à pétrole. « *Seul un tiers des factures d'électricité sont payées*, observe Lomadze, *les gens préfèrent donner un pot-de-vin au contrôleur qui, à son tour, donne une partie de l'argent à ses supérieurs. Ceux-ci font alors la même chose et ainsi de suite. Pourtant, les gens paient finalement plus pour le kérosène de leurs lampes que pour l'électricité.* » Et la situation ne risque pas de changer puisque le commerce national du kérosène est contrôlé par Nougzar Chevardnadze, neveu du président. « *Pourtant, les gens se contentent de hausser les épaules car tous savent que travailler honnêtement ne mène à rien. Tout le monde respecte la fortune des riches mais personne ne cherche à savoir d'où vient tout cet argent.* » Question de tradition, les accointances et les fréquentations ont toujours pris le pas sur le respect des lois. « *Nous sommes une société clanique* », ajoute Lomadze.

Nous déambulons le long de l'avenue Roustaveli, la magnifique avenue bordée d'arbres de Tbilissi. À notre gauche, les bâtiments du parlement, construit par des prisonniers de guerre allemands après la chute de Berlin. C'est sur ces escaliers que le 9 avril 1989, des troupes d'intervention du ministère soviétique de l'intérieur assaillirent des manifestants pacifiques qui avaient entamé une grève de la faim pour protester contre le soutien apporté par Moscou aux séparatistes abkhazes. Lomadze était parmi les manifestants. « *Les Russes sont arrivés dans des chars*, se souvient-elle, *et ils se sont jetés sur nous avec des pelles tranchantes. Des pelles ! Au début, nous n'arrivions pas à croire qu'à l'époque de Gorbatchev, des Russes pourraient encore nous faire ça.* » Vingt et un manifestants furent tués, martyrs d'un peuple dont la seule aspiration était de s'affranchir du joug russe.

À l'origine, les pays occidentaux considéraient d'un œil favorable la soif d'indépendance manifestée par la Géorgie. Chevardnadze jouit d'une popularité toute particulière en Allemagne, où l'ancien ministre soviétique des affaires étrangères est considéré, à l'instar de Gorbatchev, comme l'un des instruments de la réunification de 1990. Les États-Unis, principal allié de la Géorgie, font preuve d'une impatience grandissante face à son incapacité à remettre de l'ordre dans son pays. *« Les Américains, ainsi que bon nombre de diplomates occidentaux, supportent de plus en plus difficilement la corruption qui règne dans le pays*, admet Lomadze, *ils perdent patience. »*

Deux gardes parlementaires délogent l'un des nombreux mendiants que compte Tbilissi, pour la plupart des vieillards dont la pension ne dépasse pas vingt lari par mois, soit dix dollars. Les impacts de balles sur la façade du parlement, séquelles du putsch violent contre le régime du président Gamsakhourdia en décembre 1991, au cours duquel plus de deux cents personnes perdirent la vie dans des combats de rue, ont depuis longtemps été recouverts de peinture. Lomadze de conclure : *« Les Géorgiens ont perdu du temps et la sympathie internationale qui était la leur. Ils n'ont pas encore appris à gérer leur liberté retrouvée et doivent comprendre que celle-ci amène certaines responsabilités. »*

Quelques jours plus tard, je prends le bus pour Gori, ville industrielle située à une heure de route à l'ouest de Tbilissi, sur la rivière Koura. C'est ici que, le 21 décembre 1879, naquit Joseph Vissarionovitch Djougachvili, connu plus tard sous le nom de Staline, l'homme d'acier. Dans la région caspienne, les conséquences des politiques cruelles du dictateur soviétique, plus particulièrement la déportation massive de peuplades entières et le tracé de frontières arbitraires, se font encore ressentir à l'heure actuelle dans les nombreux conflits ethniques qui ensanglantent la région. Davantage sans doute que n'importe quelle autre personnalité historique, Staline fut l'instigateur du nouveau Grand Jeu dont l'Eurasie fait actuellement l'objet.

Né d'un père alcoolique et d'une mère blanchisseuse, Staline passa le plus clair de sa jeunesse à Gori. Sa mère, qui l'appelait affectueusement « Soso », souhaitait qu'il devienne prêtre. Après un parcours sans faute à l'école religieuse de Gori, le jeune Joseph fut envoyé à l'âge de quinze ans au séminaire théologique de Tbilissi, où il fut pour la première fois confronté aux écrits marxistes. Staline ne resta que peu de temps à Gori mais sur la place principale, qui porte aujourd'hui son nom, trône une imposante statue de l'homme, haute de plus de quinze mètres. Vêtu d'un manteau gris, le leader soviétique salue les masses prolétariennes. Cette statue est l'une des dernières parmi les milliers qui, dans les années 1950, ornaient chaque bourgade de l'empire soviétique, de Wismar à Vladivostok.

Non loin de là, le long de l'avenue Staline, on trouve le musée Staline, construit en 1957, un an après la dénonciation par Nikita Khrouchtchev des crimes de son prédécesseur lors du XX$^e$ congrès du Parti. On y trouve de nombreuses photographies, différents cadeaux d'invités d'État, ainsi que le bureau du dictateur, transporté du Kremlin vers Gori. Une des photographies, prise au début du XX$^e$ siècle, montre un jeune homme étonnamment beau, auquel ses traits et sa longue chevelure confèrent un indéniable air romantique. Malgré leur minutie, les galeries du musée omettent toute référence aux grandes purges des années 1930, aux nombreux goulags ou au pacte de Staline avec Hitler.

Quittant le musée, je m'embarque à bord d'un hélicoptère russe MI-8 modèle 1972 en direction de la province sécessionniste d'Abkhazie, théâtre de guerre majeur du nouveau Grand Jeu. Les longues pales courbées qui pendent au-dessus de l'appareil évoquent un grand parapluie cassé. Ouvrant la porte du cockpit, un des deux pilotes ukrainiens me salue avec un accent à couper au couteau et une haleine puant la vodka. *« Bienvenue ! Montez à bord ! Pas de problème, ne vous inquiétez pas, pas de problème ! »*, lance-t-il, dévoilant une rangée de dents en or brillant au soleil matinal.

Nous volons dans un hélicoptère de l'ONU qui offre peu de confort et encore moins de protection. Toute personne au fait des opérations des Nations unies en zone de conflit sait que le logo de l'organisation et son drapeau bleu n'ont guère plus de valeur que celle que les conditions du terrain et les décisionnaires locaux veulent bien lui prêter.

Dans le cas présent, le budget au transport alloué à la Mission d'observation des Nations unies en Géorgie (MONUG) ne lui permettait manifestement pas de s'offrir mieux que quelques vieux hélicoptères russes. La politique onusienne consistant à utiliser autant que possible les produits locaux lors des missions dans l'ex-Union soviétique est en soi défendable mais, comme j'avais déjà pu le remarquer lors d'un voyage précédent en Sierra Leone, en Afrique de l'ouest, même les missions de maintien de la paix les plus importantes utilisent de vétustes hélicoptères russes MI-8 qui s'écrasent avec une belle régularité, tuant à chaque fois une demi-douzaine d'employés de l'ONU en moyenne.

Il n'existe pourtant pas d'autre moyen de rejoindre l'Abkhazie. Aucune compagnie aérienne ne dessert la région et, depuis que la province a fait sécession il y a dix ans, Tbilissi impose un blocus total. Toutes les routes et lignes de chemin de fer sont coupées et la frontière qui longe la rivière Ingouri est truffée de mines. L'Abkhazie est contrôlée principalement par les 1 700 soldats russes stationnés dans la province. Ceux-ci sont entrés dans le nord-ouest de la Géorgie à la fin de 1993 dans le but proclamé de maintenir la paix entre les deux armées en présence et ne sont jamais repartis depuis.

Une journée de marche à peine sépare les soldats russes du tracé supposé du BTC ainsi que d'un oléoduc plus petit qui relie les gisements pétroliers de BP Amoco à Bakou au port de Poti. Il serait facile pour les soldats russes de rejoindre leurs collègues stationnés dans la province d'Adjarie, située au sud de Poti. Plus important encore, les 300 000 réfugiés géorgiens ne pourront regagner leur foyer en Abkhazie sans le bon-vouloir de la Russie, ce qui empêche Tbilissi d'entretenir des relations trop amicales avec l'Occident. C'est pourquoi l'Abkhazie est devenue l'atout principal de l'ancienne puissance coloniale sur l'échiquier pétrolier du Sud-Caucase.

J'avais déjà eu l'occasion d'être témoin du rôle joué par la Russie en Abkhazie en tentant de gagner la province à partir de la station balnéaire russe de Sotchi, sur la mer Noire. Les soldats russes me bloquèrent le passage au poste-frontière : *« L'entrée est défendue aux étrangers ; l'Abkhazie est une zone militaire interdite »*. Je leur montrai bien le visa géorgien ornant mon passeport mais ils reprirent de plus belle : *« Il ne servira plus à rien une fois de l'autre côté. Si vous montrez ça aux Abkhazes, ils vous tueront avant même que vous n'ayez atteint la Géorgie. Et maintenant, dégagez ! »* En 2002, Moscou offrit la citoyenneté russe aux résidents abkhazes, ce que la plupart d'entre eux s'empressèrent d'accepter. Au grand dam de Tbilissi, la Douma émit également une législation permettant à d'autres États ou parties de ces États de rejoindre la fédération russe.

Les Russes furent engagés dans la guerre civile géorgienne dès le départ : lorsque, en août 1992, Chevardnadze envoya la Garde nationale dans la capitale abkhaze Soukhoumi pour tenter d'étouffer l'insurrection, les rebelles trouvèrent refuge dans une base militaire russe au nord de la ville. Une guerre partisane acharnée éclata alors et bientôt l'armée dut battre en retraite sous la pression de bandes militaires peu organisées appuyées par les forces russes, qui bombardèrent les positions géorgiennes avec leurs avions de chasse, fournirent des armes aux Abkhazes et envoyèrent des mercenaires au combat. En septembre 1993, les troupes géorgiennes durent se retirer d'Abkhazie. Acculé, Chevardnadze n'eut alors d'autre choix que de demander à Moscou de négocier une trêve. Le Kremlin en profita pour restreindre l'indépendance nouvellement acquise de la Géorgie : le pays fut contraint de rejoindre la Communauté des États indépendants (CEI), de permettre à l'armée russe d'occuper trois bases militaires et d'accepter la présence en Abkhazie de forces de maintien de l'ordre envoyées par Moscou.

La ceinture de sécurité qui pend à mon siège dur et étroit, à l'arrière du cockpit, est en lambeau et d'une inutilité totale. En face de moi, un vieil extincteur équipé d'un tuyau est accroché à la paroi en acier. Cinq employés des Nations unies en habits civils et un soldat en uniforme, originaire d'Asie du sud-est, voyagent à mes côtés.

À la différence d'autres missions de maintien de la paix au Kosovo ou en Sierra Leone, la mission des Nations unies en Géorgie consiste uniquement à surveiller la trêve précaire que connaît l'Abkhazie et non à la faire respecter. Seuls une centaine de soldats de l'ONU, originaires de vingt-trois pays différents, patrouillent l'ancienne zone de conflit à la recherche de la moindre violation du cessez-le-feu. La mission onusienne, qui compte par ailleurs un nombre égal de bureaucrates civils, a pour but de rendre à la Géorgie son intégrité territoriale et de permettre aux civils de regagner leur maison.

Il est impossible, en survolant le territoire abkhaze, d'ignorer les traces laissées par les combats. Pas un seul bâtiment n'a été épargné et certains villages ne sont plus que tas de ruines fumantes. Les décombres ne sont pas sans rappeler les villages calcinés de Bosnie, victimes non pas de combats réguliers mais d'un nettoyage ethnique systématique. Les bandes militaires, qu'elles soient géorgiennes ou abkhazes, envahirent chaque village du groupe ethnique opposé pour y bouter le feu, piller, violer et massacrer. Rien ne semble bouger en dessous de nous et seuls quelques animaux paissent dans des champs laissés à l'abandon.

Après un vol d'une vingtaine de minutes, nous atteignons la côte de la mer Noire et entamons notre descente en direction du nord. Au loin, on aperçoit les sommets enneigés de la chaîne du Caucase. Le paysage aride du centre de la Géorgie a fait place à une côte verdoyante et luxuriante garnie d'innombrables et imposants palmiers. C'est ce climat maritime humide et doux qui valut à cette région de la Géorgie d'être la destination de vacances la plus prisée de l'Union soviétique.

L'aéroport de Soukhoumi semble être à l'abandon. Quatre vieux hélicoptères de combat russes rouillent sur le tarmac de la piste d'atterrissage. Près d'eux, un Tupolev-134 frappé du logo d'Aeroflot semble tout aussi incapable de pouvoir un jour reprendre les airs. Plus loin sur la piste, je remarque l'avion présidentiel de Chevardnadze, un Yak-40 de couleur blanche avec lequel il visita Soukhoumi en 1993 pour tenter de redresser le moral en berne de ses troupes assiégées. Ce voyage au front faillit d'ailleurs lui coûter la vie. Ce jour-là, des troupes abkhazes encerclant Soukhoumi prirent le président et son entourage pour cible. Au dernier moment, le président russe Boris Eltsine téléphona par satellite au commandant abkhaze et lui intima l'ordre de laisser partir Chevardnadze. Pendant les deux heures que dura le cessez-le-feu, des forces russes libérèrent le président géorgien par avion et l'emmenèrent en sécurité, abandonnant là son jet blanc ainsi que la plus belle région de son pays.

En face du terminal fraîchement repeint, je rencontre Jorosé, conseiller politique de la mission des Nations unies à Soukhoumi. La présence de ce ressortissant ghanéen à l'élégant costume gris dans ce coin perdu de l'ancien empire soviétique à quelque chose de légèrement surréaliste. *« C'est un endroit sans pareil »*, me dit-il alors que nous prenons place dans la 4X4 Toyota FrontRunner blanche de l'ONU pour rejoindre la ville. *« Pour l'instant, la situation est calme mais tendue et les tirs pourraient reprendre dès ce soir. Difficile à dire avec ces gens. »*

Des bâtiments en ruines, pour la plupart réduits en cendres, flanquent chaque côté de la longue avenue bordée de cyprès qui longe la plage. Le décor n'est pas sans rappeler les vestiges de la tristement célèbre *« sniper alley »* de Sarajevo. De vieilles Lada toujours dotées de plaques numérologiques soviétiques se fraient lentement un passage dans les rues remplies de nids-de-poule de cette ville fantôme où l'on croise seulement quelques vieillards. D'après les estimations, moins de 150 000 personnes vivent aujourd'hui en Abkhazie alors que la région comptait près d'un demi-million d'habitants il y a dix ans encore, dont deux tiers de Géorgiens. Nous nous arrêtons en face d'un horrible bâtiment en béton aux murs recouverts de tirs d'artillerie et entouré de maisons en cendres. *« Ceci est le ministère des affaires étrangères, où vous devez vous enregistrer et faire une demande de visa »*, m'explique

Jorosé. Et si ma demande est refusée ? Le Ghanéen esquisse un sourire : *« Aucun danger, les Abkhazes ont besoin du moindre dollar. Demandez le bureau de M. Chamba, au deuxième étage ».*

Le bâtiment, vide et sombre, sent le renfermé. Je monte plusieurs volées d'escaliers. Un vieil homme, se cramponnant à la rampe, descend avec une lenteur attristante. Il porte un chapeau en feutre, sa veste brune est ornée de nombreuses médailles soviétiques. Enfin, au bout d'un long corridor au sol recouvert de linoleum vert, je trouve le bureau des visas, où quatre dames âgées sont assises derrière une machine à écrire. L'idée de délivrer un visa les met dans un état d'excitation considérable. Deux d'entre elles se ruent pour trouver le bon formulaire tandis qu'une troisième se met à la recherche d'un stylo.

Pour la modique somme de vingt dollars, je me vois remettre un bout de papier vert portant la mention « République d'Abkhazie ». L'une des femmes me demande : *« Souhaiteriez-vous parler à un représentant du gouvernement abkhaze ? »* Bien sûr, si cela est possible. Elle m'emmène dans un bureau d'où émerge un homme en chemise blanche et cravate. Discrètement, la femme lui glisse quelques mots à l'oreille et celui-ci me demande alors : *« Voudriez-vous parler avec le ministre abkhaze des affaires étrangères ? »* Au ministre lui-même ? pensé-je non sans quelque étonnement. Ma foi, si cela ne pose aucun problème, avec joie. *« Absolument aucun problème. Veuillez entrer dans mon bureau ; le ministre des affaires étrangères, c'est moi. »*

Sur le mur, derrière le bureau de Serguëi Chamba, ministre des affaires étrangères, se trouve l'image brodée et en taille réelle d'une femme nue à la poitrine généreuse. Elle n'est pas la seule ; pas moins de sept images semblables, toutes aussi bien fournies et dans des poses lascives, l'entourent. *« L'artiste est originaire de Soukhoumi et c'est un ami à moi, alors je me suis dit pourquoi pas ? »* marmonne Chamba, légèrement embarrassé. Autrefois archéologue de renom, Chamba n'a guère à s'inquiéter du nombre de visites officielles que son bureau pourrait recevoir, dans la mesure où la république d'Abkhazie n'est reconnue par aucun gouvernement au monde, pas même son propre protecteur, la Russie. De temps en temps, un représentant de l'ONU ou un commandant de la force russe de maintien de la paix viennent lui rendre visite mais, en dix ans d'existence, pas une seule ambassade ou consulat n'ont été ouverts en Abkhazie.

Quelle peut donc bien être l'occupation du ministre des affaires étrangères d'un État que personne ne reconnaît ? *« Bien sûr, les réceptions ne sont pas légion. Mais cela n'est pas vraiment important car de toute façon, la reconnaissance officielle viendra tout naturellement un jour. »* Pour l'instant, insiste Chamba, il est plus important de construire des écoles et des hôpitaux, et d'assurer la sécurité nationale contre une possible revanche militaire de la Géorgie. Je lui fais remarquer qu'à n'en pas douter, la Russie se charge de cette dernière éventualité. *« Évidemment, Moscou est pour nous un allié de premier ordre. »* Est-ce que l'Abkhazie reçoit des armes de la Russie ? *« Et alors ? La Géorgie reçoit bien des armes de l'Amérique, non ? »* D'après Chamba, la Russie contribue cependant à l'application du blocus international de l'Abkhazie et ne permet à aucun bateau étranger de pénétrer dans le port de Soukhoumi. *« Les Russes essaient de nous contrôler, sans doute n'ont-ils pas encore véritablement compris que notre désir d'indépendance est réel. L'année dernière, un important investisseur turc est venu jusqu'à Soukhoumi dans son yacht privé ; il voulait créer une société ici mais les Russes l'ont très vite renvoyé ! »*

La voix de Chamba trahit une certaine colère. Il préfère parler russe plutôt qu'abkhaze. *« Nous savons pertinemment bien que la Russie nous utilise à ses propres fins, cela a toujours été le cas dans le Caucase. De la même façon, les Américains utilisent les Géorgiens pour servir leurs propres intérêts. À l'aide du nouvel oléoduc et de la nouvelle Route de la soie, ils tentent de bouter les Russes hors du Caucase. »* Avant d'ajouter : *« Le gouvernement géorgien offre refuge à des terroristes internationaux, principalement des Tchétchènes. Ensemble, ils essaient de reconquérir l'Abkhazie. »*

Pourtant, les milices tchétchènes n'ont-elles pas combattu aux côtés des Abkhazes contre les Géorgiens au début des années 1990 ? En 1993, le célèbre chef de guerre tchétchène Chamil Bassaïev, l'homme le plus recherché par l'armée russe, décapita lui-même des dizaines de civils géorgiens dans le stade de Soukhoumi. *« C'est vrai, mais aujourd'hui il semble qu'ils veuillent montrer leur gratitude à Chevardnadze pour l'aide qu'il leur a apportée dans leur combat contre Moscou en ouvrant un nouveau théâtre d'opérations contre les Russes. Vous savez, dans le Caucase, les alliances changent vite,* sourit Chamba, *mais Chevardnadze ferait mieux de prendre garde, les Russes pourraient très bientôt lancer une attaque directe contre son pays. D'après les informations que je reçois de Moscou, la chose est fort possible. »* Une telle attaque ravirait le ministre abkhaze des affaires étrangères. *« Si c'est le cas, les Géorgiens pourront dire adieu à leur pipeline. »*

À ma sortie, je croise de nouveau le vieil homme au chapeau en feutre et aux médailles soviétiques. Il n'a pas encore atteint le bas des escaliers. Il ne lui reste plus que cinq marches à descendre. Avec un peu de chance, il sera rentré chez lui avant que l'Abkhazie n'ouvre sa première ambassade étrangère.

Le chemin menant au quartier général des Nations unies longe une promenade en bord de mer qui, il y a dix ans à peine, était considérée comme l'une des stations balnéaires les plus huppées de l'empire soviétique. La vue est désolante : les hôtels de luxe construits dans le style impérial russe ne sont plus que des tas de ruines anéanties sur lesquelles poussent de petits arbres. Un balcon pendouillant à une façade noirâtre est tout ce qu'il reste de la suite royale de l'hôtel Riza où, il y a un siècle, les aristocrates russes s'émerveillaient devant l'immensité bleue qui s'étendait à leurs pieds. La promenade, où s'alignent rhododendrons et buissons de lauriers-roses, est presque totalement déserte. Seuls quelques vieillards rassemblés à l'ombre d'un eucalyptus jouent au backgammon en utilisant des bouchons de bouteilles au lieu de pions. Au loin, des vaches paissent devant les ruines.

Les baraquements du contingent russe se trouvent directement sur la plage. Non loin de là, un ancien sanatorium où quelques touristes russes viennent passer leurs vacances. S'ils se rendent ici, c'est parce qu'ils ne peuvent se permettre de fréquenter les établissements plus élégants de la station de Sotchi plus au nord, ou peut-être l'eau minérale abkhaze qu'on leur sert tous les jours est-elle si bienfaisante qu'ils en viennent à oublier le chaos qui les entoure. Le spectacle de ces femmes obèses se dandinant sur la plage dans leur bikini trop étroit, escortées par des soldats en treillis militaires armés de kalachnikov, est l'un des plus surréalistes qu'offre l'ancienne Union soviétique. Malgré le couvre-feu qui commence à vingt heures, les plagistes semblent se plaire à Soukhoumi. Le rouble russe a toujours court en Abkhazie, les horloges sont à l'heure de Moscou et la bière Baltika, directement importée de Saint-Pétersbourg, coule à flot ; on trouve même la célèbre Baltika 9, qui tire à 16,5 pourcent d'alcool. Pourtant, pas un seul commandant russe n'est prêt à discuter de sa mission de maintien de la paix, ni même de tourisme. À l'entrée du camp, gardé par deux sentinelles désœuvrées, se trouve une mosaïque en pierre représentant un camarade Lénine plus grand que nature et arborant une cravate d'un bleu éclatant au goût pour le moins douteux.

Au quartier général des Nations unies, la patrouille qui doit me faire traverser l'arrière-pays abkhaze jusqu'à la ligne de cessez-le-feu m'attend déjà. Celle-ci est commandée par le capitaine Zsolt Romvari, un imposant Hongrois au crâne rasé et dont les bras ressemblent à des troncs d'arbre. *« Avant de venir en Abkhazie, je travaillais pendant les week-ends comme sorteur dans une discothèque au lac Balaton »*, m'annonce le capitaine de vingt-six ans, d'un air menaçant, ce boulot lui permettant de compléter son maigre salaire de pilote dans la force aérienne hongroise.

Comme s'il ressentait le besoin de prouver sa force, Romvari attrape un lieutenant pakistanais tout proche et soulève l'homme comme un enfant. Un capitaine turc de passage s'arrête, amusé par cette scène burlesque. De retour au sol, le Pakistanais salue le géant magyar et s'esquive sans demander son reste. Chaussant des lunettes d'aviateur dignes de Top Gun, le capitaine Romvari emprunte l'une des nombreuses Toyota FrontRunner blanches et nous nous mettons en route. En regard de la misère et de la saleté que les officiels onusiens rencontrent au quotidien, ces voitures rutilantes ont l'air de jouets de banlieue tout neufs. Il n'est guère surprenant que les FrontRunner fassent l'objet de vols constants – plus d'une centaine en une seule fois au Kosovo.

*« Nous patrouillons cette route tous les jours, à la fois du côté abkhaze et géorgien*, explique Romvari. *Nous veillons au respect du cessez-le-feu et nous assurons que les armées en présence n'essaient pas de faire entrer en cachette des soldats ou de l'artillerie lourde dans la zone démilitarisée, chose interdite. »* Près d'un bâtiment en ruines bien visible, Romvari communique par radio notre position au quartier général et précise que tout est en ordre. *« Normalement, nous sommes obligés de porter des gilets pare-balles mais ceux-ci sont terriblement inconfortables »*, déclare le Hongrois qui, comme tous les employés de l'ONU, ne porte pas d'armes. Le seul danger qui semble se présenter dans

l'immédiat sont les vaches qui, comme partout dans le Caucase, marchent ou se couchent en plein milieu de la route et refusent obstinément de bouger quand un véhicule approche. Romvari est plus prudent. *« À de nombreuses reprises, les partisans géorgiens de la vallée de Kodori traversent la ligne de cessez-le-feu et pénètrent sur ce territoire. Le mois dernier, ils ont tué presque tous les hommes d'un village abkhaze. La haine est toujours très tenace entre eux. »*

Le gouvernement de Tbilissi tolère ces activités paramilitaires menées par des groupes appelés « Légion blanche », « Frères de la forêt » ou encore « Cobra ». Les employés de l'ONU sont tout particulièrement vulnérables aux attaques ou aux enlèvements, une occupation lucrative pour les bandits locaux. *« L'année dernière, plusieurs d'entre nous ont été kidnappés et relâchés quelques jours plus tard. »* L'ONU ne paie jamais de rançon et force le gouvernement géorgien à intervenir. Que font les troupes russes ? *« Sans les Russes, il y a longtemps que l'armée géorgienne serait de retour à Soukhoumi,* répond Romvari, *et nous pourrions tous rentrer chez nous. »*

Des panneaux situés le long de la route avertissent de la présence de mines dans les champs. Une équipe de HALO Trust, une des organisations de déminage en zone de guerre les plus actives au monde, est en train de sonder prudemment le terrain à l'aide de tiges. Cette occupation à haut risque fournit du travail à plus de deux cents autochtones et fait de HALO Trust le principal employeur international de la province.

Nous arrivons à la base onusienne de Gali, dernier village avant la ligne de cessez-le-feu. En mai 1998, des combats violents eurent lieu dans cette zone-tampon, les milices abkhazes incendiant près de deux mille bâtiments, tuant plus d'une centaine de retardataires géorgiens et expulsant plus de 30 000 personnes – le tout sous les yeux des forces russes, qui laissèrent faire sans intervenir.

Je prends congé du capitaine Romvari et rejoins une patrouille de l'ONU qui s'apprête à gagner le côté géorgien. Le convoi est dirigé par une ancienne connaissance, le capitaine Stefan R., un Autrichien qui, après la guerre en Yougoslavie, travailla comme officier juridique pour la mission de l'ONU au Kosovo. *« En fait, lorsque j'ai quitté Pristina, je comptais rejoindre une mission quelque part en Afrique mais on m'a envoyé ici. »* Dans un véhicule Scout de fabrication sud-africaine conçu pour résister aux impacts directs de mines, nous prenons la direction du pont qui traverse la rivière Ingouri. Sur l'autre rive, un groupe de jeunes recrues vêtues d'uniformes vert olive sont assises sur un véhicule blindé russe et nous observent avec hostilité. *« Les Russes ont leur propre dessein ici »*, me confie le capitaine R.

Quelques jours plus tard, des milices géorgiennes abattent un hélicoptère de l'ONU en route vers Soukhoumi, tuant tous les passagers et membres d'équipage. Près de cinquante Abkhazes et Géorgiens trouvent la mort dans les combats intenses qui s'ensuivent. Du côté géorgien, on compte parmi les victimes quelques mercenaires tchétchènes, preuve supplémentaire s'il en faut que la principale menace pour la stabilité et les intérêts pétroliers occidentaux dans le Caucase est bien la guerre qui fait rage en Tchétchénie, ma prochaine étape.

# Bandits et pétrobarons

En janvier 1999, au début de la seconde campagne russe en Tchétchénie, Beslan Alboukarov barricada sa petite épicerie de la capitale, Grozny, que les soldats russes avaient déjà pillée et dévastée lors de la première offensive de 1994 à 1996. Accompagné de sa femme et de leurs deux fillettes, Alboukarov s'enfuit en Ingouchie, petite république du Nord-Caucase voisine de la Tchétchénie, et trouva refuge dans l'ancien kolkhoze MTF Altieno, près de la ville de Nazran. À l'époque soviétique, cette ferme comptait un millier de porcs et cinq cents moutons. Aujourd'hui, ce sont deux mille êtres humains, réfugiés tchétchènes, qui essaient de survivre dans ses étables.

*« Ce sera bientôt notre troisième hiver dans ce camp, nous sommes à bout »*, m'explique nerveusement Alboukarov, petit Tchétchène anémié de quarante-trois ans, tandis que nous traversons la cour ensablée. Le vent colporte des déchets partout et une forte odeur d'excrément empuantit l'air. Au centre de la cour, une statue en acier de l'époque communiste montre un fermier coiffé du haut chapeau en feutre typique du Caucase serrant la main à un planificateur agricole russe. *« L'amitié socialiste entre les peuples, version russe »*, lance-t-il en se forçant à rire. Le nombre total de réfugiés présents en Ingouchie est estimé à 200 000 civils, qui ont fui la brutalité de l'armée russe et des rebelles séparatistes. Si certains vivent dans des campements de tentes, la plupart ont trouvé pour unique refuge des endroits sordides tels que ce kolkhoze. Le Haut-commissariat des Nations unies aux réfugiés (UNHCR), dans un bel élan d'euphémisme, appelle ces camps des « implantations spontanées ».

Au pied du monument communiste, une grande tente vert olive abrite une école improvisée, faite de tables en bois et de bancs disposés devant un tableau. *« Nous l'avons mise en place avec l'aide d'une organisation caritative polonaise*, explique Alboukarov. *Nos enfants sont censés y suivre des cours mais il n'y pas d'argent pour le moment pour payer un professeur. Enfin, c'est ce qu'on nous dit. »* Les enfants du camp, laissés à eux-mêmes, jouent à cache-cache entre les bâtiments délabrés en béton. Alboukarov désigne sa fille, mignonne enfant de dix ans prénommée Milona. Elle connaît le camp mieux que son père pour s'y être déjà réfugiée avec sa mère lors de la première guerre. De son ancienne maison à Grozny, elle ne conserve que de vagues souvenirs. *« Mes seuls amis sont aujourd'hui ceux du camp »*, me dit-elle.

Nous pénétrons dans une des longues étables où Alboukarov et sa famille ont élu domicile. L'allée centrale en béton est flanquée de chaque côté d'anciennes bauges séparées par des barres d'acier. Des planches en bois et en aggloméré forment des murs improvisés servant à assurer un minimum d'intimité dans ces logements étriqués. Avant d'entrer dans son « appartement », situé au milieu de l'étable, Alboukarov se déchausse. Au milieu de toute cette misère, ce geste simple, commun à la plupart des pays musulmans, trahit une dignité toute particulière, et je l'imite. Le sol en béton de l'enclos est recouvert de tapis et un rideau sépare le lit des parents de celui des enfants. La femme d'Alboukarov est absente. *« Elle est sans doute partie chercher de l'eau »*, me dit son mari.

Une lampe à kérosène est posée sur une table sous laquelle un réchaud à gaz et une théière ont été rangés. *« Il est rare que nous ayons l'électricité mais au moins avons-nous un toit au-dessus de nos têtes. »* La pièce ne possède ni douche, ni bassine ; les réfugiés doivent se contenter de quelques toilettes rudimentaires au dehors, derrière les étables. *« En hiver, l'attente dans le froid est particulièrement difficile et parfois, des disputes éclatent pour savoir qui peut passer le premier »*, enchaîne Alboukarov. Quand on lui demande combien de temps encore il pense devoir rester ici avec sa famille, il répond après un moment d'hésitation : *« Quand la paix sera enfin revenue »*. Quand est-ce que cela arrivera ? Cette fois, sa réponse est immédiate : *« Lorsque le dernier Russe aura quitté notre pays. »* Mais au fond, à quoi peut bien servir cette guerre ? Une longue minute durant, Alboukarov réfléchit en silence à la question avant de hausser les épaules et de secouer la tête. *« Je ne sais pas. Tout le monde dit que c'est pour l'argent. »*

À l'automne 1991, Djokhar Doudaïev, général dans l'aviation soviétique, déclara l'indépendance de la petite république caucasienne de Tchétchénie sans que Moscou ne s'en inquiète outre mesure. Les dirigeants soviétiques avaient à l'époque d'autres chats à fouetter ; le secrétaire-général Michaël Gorbatchev avait failli perdre la vie dans un coup d'État fomenté par des partisans communistes réactionnaires soutenus par le président russe Boris Eltsine, qui le défia ensuite dans une lutte acharnée pour le pouvoir. Eltsine exigeait la dissolution de l'Union soviétique et l'indépendance de la Russie. *« Prenez autant d'indépendance qu'il vous plaira ! »*, déclarait-il lors de ses voyages à travers la Russie en 1991. Plusieurs personnes le prirent au mot, en ce compris des provinces russes telles que la Tchétchénie qui, suivant l'exemple des républiques soviétiques, exigea de pouvoir proclamer son indépendance.

Suite à l'effondrement de l'Union soviétique, les dirigeants tchétchènes négocièrent le retrait de toutes les troupes russes présentes dans la république. À l'été 1992, plus un seul soldat russe n'était présent sur le territoire tchétchène. Aucune autre région de l'ex-empire soviétique, pas même l'Allemagne de l'Est, n'avait connu un départ aussi précipité des troupes russes. Craignant que son acceptation de l'indépendance tchétchène n'occasionne un dangereux précédent tentant pour les autres républiques montagneuses du Nord-Caucase à majorité musulmane – la Circassie, la Kabardino-Balkarie, l'Ingouchie, le Daghestan –, Moscou tenta pourtant presque immédiatement de revenir sur sa décision. Les élites proches du président Eltsine, dont l'arrivée au pouvoir avait été approuvée publiquement par le patriarche de l'église orthodoxe, voyaient d'un très mauvais œil une propagation éventuelle de l'islam sur le flanc sud du pays. Le président tchétchène Doudaïev n'avait-il pas prêté serment sur un exemplaire du Coran ?

Il ne s'agit là que d'une partie des raisons qui poussèrent la Russie à attaquer la Tchétchénie en novembre 1994. La position de la république caucasienne sur l'échiquier du nouveau Grand Jeu est d'une importance tout aussi capitale. Quelques semaines à peine avant le début des opérations, l'Azerbaïdjan avait signé le « contrat du siècle » avec des multinationales pétrolières. Si les plans de construction d'un oléoduc vers l'ouest venaient à échouer, il faudrait bien continuer à pomper les hydrocarbures azéris via l'unique pipeline existant, qui aboutit au port russe de Novorossisk, sur la mer Noire. Or, cette conduite traverse le Nord-Caucase en plein territoire tchétchène. Si la Russie voulait tirer profit du boom pétrolier secouant Bakou en levant les frais de transit, tout en se servant de la seule voie d'exportation possible comme d'un puissant levier vis-à-vis de l'Azerbaïdjan, elle devait absolument reprendre le contrôle de la république sécessionniste.

Outre son importance géographique, la Tchétchénie possède de considérables réserves pétrolières, découvertes et développées à la fin du XIX$^e$ siècle. Après Bakou, Grozny était la deuxième ville pétrolière de l'empire russe. En 1980, près de 7,4 millions de barils de brut étaient extraits des quelque 1 500 puits de pétrole tchétchènes. Le centre de traitement de Grozny, qui employait en 1991 environ 18 000 personnes dans ses trois énormes raffineries d'une capacité totale de 17 millions de tonnes *, accrut encore l'importance de la ville, qui était à l'époque le centre d'un important réseau de pipelines reliant la Sibérie, le Kazakhstan et Novorossisk. L'oléoduc caspien fonctionnait alors en sens inverse, de Grozny vers Bakou, et les dirigeants soviétiques réduisirent tellement la production des puits de pétrole azéris que Bakou devait être approvisionnée depuis la capitale tchétchène en pétrole provenant des réserves de Sibérie occidentale.

Malgré le blocus officiel qui suivit la prise du pouvoir par Doudaïev fin 1991, les Russes continuèrent à livrer des millions de tonnes de brut aux raffineries de Grozny. Le pétrole représentait deux tiers des revenus de la Tchétchénie, de 800 à 900 millions de dollars pour la seule année 1993, et la mafia russe ne tarda pas à tirer profit de la corruption et de la contrebande qui gangrénaient alors la petite république anarchique pour infiltrer le marché du pétrole. Le système pétrolier tchétchène s'effondra à la fin du règne tumultueux de Doudaïev. Tous ceux qui

---

* C. Gall et Th. de Wall, *Chechnya : A Small Victorious War*, MacMillan, 1997, p. 127.

avaient accès aux oléoducs volaient du brut et les gestionnaires de raffineries en vendaient d'énormes quantités sous la table. Moscou perdit alors totalement patience avec la Tchétchénie et, comme il fallait s'y attendre, envahit la république en 1994.

Le général russe Alexandre Lebed, à l'époque membre du Conseil de sécurité national, évoqua à plusieurs reprises les raisons qui poussèrent le gouvernement à attaquer la Tchétchénie en 1994. Envoyé spécial du Kremlin dans la région pour négocier le retrait des troupes russes avec les dirigeants tchétchènes à la fin de la première guerre, Lebed accusa les puissants cercles financiers russes d'avoir forcé le président Eltsine à envahir la Tchétchénie. Malheureusement, Lebed mourut dans un mystérieux crash d'hélicoptère au-dessus de la Sibérie en avril 2002.

La « petite guerre victorieuse » qu'Eltsine envisageait publiquement en 1994 se termina dans un bain de sang et coûta la vie à 60 000 personnes, parmi lesquelles 50 000 civils tchétchènes et plus de six mille soldats russes, ainsi qu'au président Doudaïev, déchiqueté par un missile russe téléguidé vers les signaux émis par son téléphone-satellite. La guerre étant de plus en plus impopulaire en Russie et Doudaïev devenu martyr, le Kremlin demanda un cessez-le-feu aux rebelles. Cependant, malgré le retrait des troupes de Tchétchénie, les élites militaires n'acceptèrent jamais la défaite et cherchèrent à se venger.

L'occasion se présenta à l'automne 1999, lorsque des rebelles tchétchènes attaquèrent plusieurs villages de la république voisine du Daghestan et que Moscou fut le théâtre d'horribles attentats à la bombe faisant des centaines de victimes. Bien qu'aujourd'hui encore, les circonstances entourant les attaques de Moscou restent floues, le gouvernement russe ne tarda pas à faire endosser la responsabilité de celles-ci aux terroristes tchétchènes. Le président Eltsine, encouragé par son premier ministre et successeur Vladimir Poutine, décida de mener une seconde campagne dans le Caucase. Grozny, fort fondé par les Russes en 1818, fut réduit en cendres par l'armée russe, occasionnant la mort de dizaines de milliers de civils. Les dirigeants tchétchènes, à la tête desquels se trouvait alors le président Aslan Maskhadov, un modéré, se réfugièrent dans les montagnes, d'où ils lancèrent une guérilla. Début 2001, le Kremlin déclara officiellement que la république sécessionniste était « pacifiée » et appela les réfugiés à rentrer chez eux, sans beaucoup de succès.

*« La paix ? La paix qui règne en Tchétchénie est une paix russe. »* Rouslan éclate de rire et passe la main dans son épaisse chevelure noire. N'était son visage rasé de près, ce vigoureux Tchétchène de 31 ans aux yeux vert brun pénétrants ornerait sans problème les portraits de criminels placardés dans tous les postes de police russes du Nord-Caucase.

Rouslan n'est ni un rebelle ni un réfugié. Il n'a jamais vécu dans un camp et a emménagé à Nazran avec sa famille en 1994. À l'époque, bon nombre d'Ingouches offrirent asile à des Tchétchènes. Ceux-ci parlent une langue fort proche et sont souvent considérés par leurs voisins occidentaux comme des casse-cou romantiques. Après avoir trouvé un bon emploi comme conducteur pour un organisme d'aide international, Rouslan emménagea avec sa femme et son fils dans un modeste appartement en ville. « *Nazran est maintenant mon chez-moi* », explique ce natif de Grozny.

L'après-midi est déjà bien avancé lorsque nous traversons la ville dans la Volga 3100 noire cabossée de Rouslan. Assis sur la banquette arrière, son ami Amerhan, un Ingouche plutôt taciturne, a remonté le col de son veston de cuir noir jusqu'aux oreilles. Les deux hommes veulent me montrer un monument situé en dehors de la ville. Dans les rues glauques de Nazran, la circulation est dense ; de petites Lada disputent le moindre espace à des charrettes à chevaux tandis que des vieillards tirent des brouettes chargées de pommes de terre ou de petit bois pour l'hiver prochain. De temps à autre, quelques BMW et Audi flambant neuves se frayent un passage à travers le trafic, dans une région qui est officiellement l'une des plus pauvres de l'ancienne Union soviétique. « *Il y a beaucoup d'argent dans cette ville*, explique Rouslan, *on fait la guerre pas loin d'ici, alors vous pensez bien, c'est toujours bon pour les affaires.* » Avant d'ajouter : « *Les deux parties tirent d'énormes profits de la vente d'armes, du pillage et des enlèvements, mais l'enjeu principal de cette guerre, c'est le contrôle des raffineries et du pipeline qui traverse la Tchétchénie. Ils voudraient tous mettre la main dessus. Voilà une bonne raison de se battre, non ?* »

Ce n'est un secret pour personne que les militaires russes sont directement impliqués dans le détournement du pétrole tchétchène. Les habitants affirment que les soldats affectés à la garde des postes de contrôle ne laissent passer que les transporteurs pétroliers qui leur versent des pots-de-vin et qu'ils monnaient la protection qu'ils offrent aux opérateurs de raffineries improvisées. En mai 2002, le commandant militaire suprême en Tchétchénie, le général Vladimir Moltenskoï, admit publiquement que ses troupes coopéraient avec les bandits et détournaient une grande partie des 32 000 barils produits quotidiennement [*].

Tout au long de la première guerre, le pipeline Bakou-Novorossisk fut complètement fermé. Après la défaite et le retrait des troupes russes en 1996, Moscou tenta d'acheter aux Tchétchènes les droits de transit des réserves ultérieures contre un versement unique d'un million de dollars. Les séparatistes exigèrent pour leur part des réparations portant sur un montant de 265 millions de dollars. Les deux parties finirent par s'accorder sur une redevance substantielle de 2,20 dollars par tonne de brut et acceptèrent de joindre leurs efforts pour remettre la conduite en état. Entre-temps, un nouveau pipeline remplaçant l'oléoduc Bakou-Novorossisk et passant plus près des positions de l'armée russe fut construit à

---

[*] Moscow Times, 21 mai 2002.

travers le Daghestan, contournant la Tchétchénie par le nord. Le tout nouveau pipeline du CPC (Caspian Pipeline Consortium) passe juste au nord de la Tchétchénie et relie l'énorme gisement pétrolier de Tenguiz, au Kazakhstan, au terminal moderne de Novorossisk. Cette conduite, d'une longueur de 1 510 kilomètres et d'un coût de 2,8 milliards de dollars, est exploitée par un consortium international emmené par la fusion des géants pétroliers américains Chevron et Texaco, et permet d'acheminer quotidiennement près de 560 000 barils. Les premiers litres atteignirent Novorossisk à la mi-octobre, bien que le gouvernement américain eût préféré attendre la finalisation de l'oléoduc Bakou-Tbilissi-Ceyhan pour y faire passer le pétrole kazakh.

Rouslan engage son véhicule dans une petite rue calme de Nazran pour éviter les nombreux contrôles de police. Des villas en briques rouges d'aspect récent, ornées de nombreux oriels, arches et balcons, bordent chaque côté de l'allée. Les gouttières des maisons et les palissades entourant les jardins sont richement décorées d'étain et rappellent les palais tziganes de Roumanie. *« Cette partie de la ville est appelée Berlin-Ouest*, lance Amerhan de l'arrière. *Elle fut créée à la fin des années 1980. Les Ingouches lui donnèrent ce nom pour agacer les communistes de Moscou. »*

Après avoir quitté la ville par la route principale, nous atteignons une ancienne tour de guet restaurée qui, pendant des siècles, offrit refuge aux habitants des villages de montagne du Caucase lorsque ceux-ci étaient confrontés à un ennemi plus puissant. La tour est entièrement enveloppée de fil de fer barbelé. Amerhan explique : *« Par ce monument, nous commémorons la déportation de notre peuple et les nombreux hommes, femmes et enfants qui ont péri ».*

L'un des chapitres les plus sombres de la période stalinienne, la déportation massive de populations entières, débuta en juin 1941, suite à l'offensive hitlérienne contre l'Union soviétique. Sur ordre de Staline, un million d'Allemands de la Volga furent relogés de force en Sibérie et en Asie centrale. Le 23 février 1944, aux premières heures du jour, quelques 100 000 soldats, aidés de forces spéciales de la police secrète, le NKVD, encerclèrent tous les villages de la république de Tchétchénie-Ingouchie. Faussement accusés de collaboration avec les troupes allemandes – qui, en réalité, ne mirent jamais les pieds à Grozny –, les Tchétchènes et les Ingouches furent entassés dans des camions américains de marque Studebaker empruntés aux États-Unis par les Russes, et emmenés vers la gare de Grozny, où ils furent répartis dans plus de douze mille wagons et transportés, comme du bétail, vers le Kazakhstan. Ceux qui avaient réussi à rester dans leurs inaccessibles villages de montagne périrent lors d'attaques aériennes. Une semaine après le début de l'opération, son organisateur, Lavrenti Beria, chef de la police secrète, communiquait par télégramme à Staline : *« À dater du 29 février 1944, 91 250 Ingouches et 387 229 Tchétchènes, à savoir 478 479 personnes au total, ont été entassés* *dans des convois militaires et déportés.* » La république de Tchétchénie-Ingouchie cessait d'exister*.

Abandonnés dans la steppe kazakhe sans aucune forme de protection, les déportés connurent un froid épouvantable qui entraîna la mort plus de 150 000 personnes au cours des quatre premières années. Cet exil commun rapprocha les deux peuples dans leur haine des Russes et explique en grande partie la résistance acharnée que leur opposent aujourd'hui les Tchétchènes. C'est en 1957 seulement que Nikita Khrouchtchev, successeur de Staline, permit aux Tchétchènes et aux Ingouches de retourner sur leurs terres. Cependant, Moscou avait entretemps rattaché le district ingouche de Prigorodny, sur les rives du fleuve Terek, à l'Ossétie du Nord, majoritairement chrétienne et sa seule alliée historique dans le Nord-Caucase. Des années de tension latente se soldèrent fin 1992 par des combats sanglants entre Ossètes et Ingouches. Avec le concours de l'armée russe, près de 70 000 Ingouches furent chassés d'Ossétie du Nord.

« *Nous ne voulons pas que les gens oublient le mal qui nous a été fait* », me confesse Rouslan alors que nous regagnons la voiture. Un hélicoptère de l'armée russe, un de ces appareils énormes qui sert au transport des troupes, surgit à l'est et passe au-dessus de nos têtes. « *Nous les appelons les corbillards volants* », explique Amerhan.

Une heure de route à travers un paysage plat et bistre sépare Nazran de la frontière tchétchène. De rutilantes BMW et Mercedes aux vitres teintées et sans plaques d'immatriculation, probablement volées, parcourent les rues de Sernovodsk, dernière ville située du côté ingouche. Quelques réfugiés tchétchènes ne se préoccupent guère de dissimuler les armes qu'ils portent, pas un seul policier n'est visible. Je tente d'entamer la conversation avec quelques hommes assemblés autour d'un kiosque mais ne rencontre que suspicion et hostilité. Un homme balafré portant un chapeau de cowboy me prie d'aller me faire voir tant que j'en ai encore l'occasion.

Je roule ensuite à travers le no man's land désolé qui mène vers la frontière et fais halte à un check point de l'armée russe. Une demi-douzaine de soldats désœuvrés se tiennent le long de la route, deux autres sont assis dans l'herbe. « *Dokumenti !* », m'ordonne un milicien vêtu d'une espèce d'uniforme kaki et cramponnant fermement sa kalachnikov. Le visage mal rasé, l'haleine empuantie de vodka, il feuillette mon passeport d'un air contrit tandis que ses camarades forment un attroupement autour de mon véhicule. Sans aucune gêne, le chef d'escadre se vautre dans le siège passager, fusil entre les jambes, et m'annonce qu'il va m'escorter jusqu'à une base militaire toute proche.

---

* C. Gall et Th. de Wall, *op. cit.*, p. 60.

Après dix minutes, nous arrivons à un embranchement auprès duquel ont pris position plusieurs chars russes recouverts de filets de camouflage. Une douzaine de jeunes recrues assises sur les véhicules nous regardent d'un air indifférent ; ils n'ont sans doute pas plus de dix-neuf ans et leurs visages candides trahissent leur origine provinciale. Depuis des années, l'armée russe rencontre de plus en plus de difficultés à recruter des jeunes soldats dans les grandes villes, où le niveau d'éducation est généralement plus élevé et où l'opposition à la guerre en Tchétchénie est la plus forte. Le chef d'escadrille pénètre dans une tente pour signaler notre arrivée. Un jeune et svelte officier en émerge bientôt et s'approche de moi. Son uniforme clinquant et immaculé détonne avec celui des miliciens. Le lieutenant Mikhaïl M., originaire de Rostov-sur-le-Don, se présente à moi dans un anglais étonnement parfait et me demande ce que je suis venu faire en Tchétchénie. Lorsque je lui fais savoir que je désirerais visiter la ville « pacifiée » de Grozny, Mikhaïl me considère d'un air hébété avant de répondre que c'est impossible et qu'il me faut faire demi-tour immédiatement. Mais pourquoi donc ? *« Pour votre propre sécurité, je le crains. La région compte encore de nombreux bandits tchétchènes et vous pourriez être kidnappé. »*

Ne peut-il donc pas me fournir une escorte militaire ? *« Vous auriez encore plus de chances d'être enlevé. »* J'insiste. Selon Moscou, la guerre contre les séparatistes n'a-t-elle pas été remportée depuis belle lurette ? *« Moscou est loin »*, rétorque Mikhaïl d'un air laconique avant de jeter un regard nerveux vers la tente du commandant. *« Écoutez, vous n'avez pas l'air de bien comprendre. Le problème n'est pas tant les Tchétchènes que certaines unités russes. Si je vous laisse continuer votre route vers Grozny, pensez-vous vraiment pouvoir y arriver en un seul morceau ? On vous arrêtera plus de vingt fois sur le trajet et croyez-moi, ce ne sera pas une partie de plaisir. »* Me fixant du regard, il ajoute à voix basse : *« Tous les soldats russes ne sont pas aussi sympas que moi, vous comprenez ? Et maintenant, déguerpissez ! »* Remerciant mon interlocuteur pour son conseil avisé, je rebrousse chemin. Quelques semaines plus tard, des moudjahidins tchétchènes attaquaient ce poste-frontière et tuaient près d'une douzaine de soldats russes.

Les organisations Human Rights Watch et Amnesty International font régulièrement état des atrocités commises principalement par les Russes et les mercenaires à leur solde mais les rebelles tchétchènes sont des combattants tout aussi impitoyables. Ils possédaient jusqu'il y a peu leur propre site Internet (www.kavkaz.org) sur lequel les dernières nouvelles du front et des satires politiques sur la libération de la Tchétchénie côtoyaient une litanie sans fin de photographies sanglantes et de films-réalité dépeignant des accrochages avec les Russes. L'un de ces films, au contenu habituel, montre une bande de moudjahidins, hommes barbus à l'air sinistre, cachés dans un fossé en attendant l'arrivée d'un convoi russe. Trois véhicules militaires approchent du lieu de l'embuscade. Une mine explose soudain derrière l'un des engins et les rebelles ouvrent le feu. Trop surpris pour opposer une défense efficace, les soldats russes tombent les uns après les autres. Dans la scène finale, particulièrement horrible, des Tchétchènes fêtent leur victoire en tranchant au poignard la gorge des soldats blessés. Les services secrets russes soupçonnent les auteurs du site Internet, dont le contenu est mis à jour quotidiennement, de travailler à partir de la Géorgie ou de la Turquie, où vivent nombre de leurs sympathisants. On ne trouve guère de cybercafés dans le Caucase où le site kavkaz.org ne soit pas repris dans la liste des favoris.

Les soldats russes traitent les rebelles – et la plupart des civils tchétchènes – avec la même cruauté. Les défenseurs des droits de l'homme dénoncent en particulier les pratiques russes du ratissage (*zachistka*) et du « sans limites » (*bespredel*), qui consistent à encercler des villages tchétchènes à l'aube afin de les passer au peigne fin à la recherche de rebelles ou de suspects. Des civils innocents sont souvent torturés ou tués au cours de ces opérations de nettoyage et il n'est pas rare que des adolescents soient enlevés, sous prétexte de les questionner, et torturés jusqu'à ce que leur famille parvienne à recueillir mille dollars pour les faire libérer. De telles sommes sont également réclamées pour récupérer les cadavres.

La Croix-Rouge internationale a planté son quartier général dans le centre ville de Nazran, la capitale ingouche. Des dizaines de personnes, pour la plupart des locaux ou des réfugiés tchétchènes, y travaillent à l'abri de haut murs étamés. La Croix-Rouge fournit médicaments et nourriture aux réfugiés présents en Ingouchie mais également aux habitants de Grozny et des autres campements tchétchènes.

L'administrateur suisse de la mission est un homme aimable mais refuse catégoriquement de parler de la situation des droits de l'homme dans la république assiégée. *« La Croix-Rouge a toujours pris le parti de rester neutre dans les conflits et de ne pas commenter de façon partiale les crimes perpétrés par les uns ou les autres »*, m'explique-t-il. Est-ce à dire que tout commentaire sur les atteintes aux droits de l'homme serait ici forcément partial ? *« Libre à vous de penser ce que vous voulez. Je ne répondrai pas à votre question car cela hypothéquerait la poursuite de nos activités humanitaires. »* Je lui demande pourquoi il tient à garder le silence sur ce qu'il constate en Tchétchénie : *« Il le faut. Notre travail dépend du bon vouloir des autorités russes. »*

Je me rends ensuite à la mission des Nations unies, située dans un nouveau quartier de Nazran qui compte de nombreuses villas à l'occidentale construites autour d'un lac artificiel et louées à des organisations étrangères pour plusieurs milliers de dollars par mois. La plupart des organisations non-gouvernementales (ONG) et des institutions officielles de la communauté internationale se sont installées à l'intérieur de ce district parfaitement entretenu et soigneusement gardé. Même l'ancien président de la république a élu domicile dans l'une des maisons jouxtant le lac, où on le voit parfois jouer au football pendant le week-end avec les occupants des autres villas.

Ben, un jeune Canadien dirigeant l'une des missions des Nations unies, se révèle un peu plus loquace que la Croix-Rouge. *« La situation en Tchétchénie n'est pas vraiment jolie, m'avoue-t-il. Ce que font les Russes est suspect, très suspect même. »* Je lui demande alors ce qu'ils font exactement ? *« Ce n'est pas vraiment un secret mais les Nations unies ne peuvent pas commenter la situation, les Russes sont très susceptibles à ce sujet. Vous savez, officiellement, l'ONU n'a même pas la permission de mener une mission en*

*Ingouchie. En réalité, nous sommes accrédités à Moscou. »* Mais alors, que fait l'organisation lorsque des atrocités sont commises en Tchétchénie ? *« Nous en faisons état aux autorités russes mais pas de façon officielle. On reprocherait alors à l'ONU de prendre parti. »*

Markus, administrateur d'une petite organisation caritative allemande, est plus direct. Son groupe est l'un des derniers à faire encore parvenir de la nourriture en Tchétchénie pour la distribuer directement aux populations affamées. La plupart des grandes organisations internationales ont restreint le champ de leurs activités, en partie à cause des risques mais aussi parce que les donations qu'ils reçoivent pour la région tendent à s'amenuiser.

Je rencontre Markus dans le bar d'un hôtel de Nazran. *« Allons dans ma chambre, nous y serons plus à l'aise pour discuter »*, me lance-t-il froidement. Une fois les portes refermées, Markus me raconte son trajet quotidien de deux heures entre Nazran et les ruines de Grozny, accompagné seulement par un chauffeur local. *« Le gouvernement à Moscou peut dire ce qu'il veut, il n'est pas étonnant que les réfugiés ne veulent pas rentrer chez eux. Ils ont peur. La Tchétchénie est plus que jamais la proie de l'anarchie et de la violence. »* La discipline et l'autorité sont régulièrement bafouées dans les unités russes et de nombreux soldats sont corrompus, indisciplinés et accros à l'alcool. *« L'autre jour, à un poste de contrôle près de Grozny, je discutais avec un colonel russe lorsqu'un soldat complètement ivre s'approcha de mon chauffeur pour lui demander de l'argent. Et cela sous les yeux de l'officier, qui n'a pas bronché un seul instant ! »*

Selon Markus, les mercenaires engagés par le ministère russe de la défense sont les pires. Le salaire qu'ils perçoivent est maigre mais ils savent qu'ils peuvent l'arrondir grâce au vol et aux enlèvements. *« L'un de mes employés tchétchènes avait un petit frère de quatorze, quinze ans. Le mois dernier, des mercenaires ont attaqué le village où vit sa famille et emmené le garçon, soi-disant pour le questionner,* m'explique-t-il. *La famille a alors immédiatement commencé à récolter les mille dollars nécessaires pour payer la rançon mais ne parvint pas à rassembler la somme à temps. Quelques jours plus tard, on retrouvait le cadavre du garçon dans un champ. »* Avant de le tuer, ses assaillants avaient arraché tous ses ongles. *« À chaque fois que je me rends à Grozny, je suis pris d'horreur,* soupire Markus après un long silence. *Mais en Occident, personne ne se soucie le moins du monde de ce qui se passe ici. »*

Quelques jours après mon séjour en Ingouchie, la police russe m'arrête dans la ville de Vladikavkaz, en Ossétie du Nord, à une cinquantaine de kilomètres de Nazran. Après plusieurs jours d'interrogatoire, on m'accuse d'espionnage. Après avoir confisqué ma voiture, mes bandes vidéo et une somme considérable en dollars, les autorités m'expulsent de Russie en me mettant dans un avion à destination d'Istanbul. Le jour qui suit est le 11 septembre 2001. Vladimir Poutine est le premier chef d'État à présenter officiellement ses condoléances au président Bush. Rappelant que la Russie souffre depuis des années de la terreur tchétchène, il assure Bush de sa solidarité et de son soutien dans la lutte contre le terrorisme. En retour, le Kremlin obtient quasiment carte blanche en Tchétchénie. Dans les mois qui suivent, tandis que le monde a les yeux fixés sur la guerre en Afghanistan, les forces russes intensifient leurs opérations contre les Tchétchènes, qualifiés maintenant par Moscou de « terroristes islamistes », sans que l'Occident n'y trouve à redire.

Tout au long de l'année 2002, des militaires russes et des membres de l'administration tchétchène mise en place par Moscou sont assassinés ou tués lors d'attentats à la bombe presque quotidiens. Pendant l'été, les combats gagnent pour la première fois l'Ingouchie, où soldats et insurgés s'affrontent dans plusieurs villages. Les Ingouches apportent leur soutien à l'insurrection en offrant l'asile aux Tchétchènes. En août 2002, les rebelles abattent un hélicoptère de l'armée russe près du quartier général de Khankala, non loin de Grozny, entraînant la mort de 114 personnes dans le plus grand désastre aérien qu'ait connu le pays. Détail choquant pour les militaires russes, l'hélicoptère est abattu par un missile sol-air semblable aux engins Stinger utilisés par les moudjahidins afghans lors de leur victoire contre les Soviétiques dans les années 1980.

Fin octobre 2002, les rebelles tchétchènes portent les hostilités jusqu'au cœur de Moscou. Un groupe d'une quarantaine de militants, dont près de la moitié sont des veuves de guerre, forcent les portes d'un théâtre durant une représentation et prennent quelque 750 personnes en otage. Les assaillants, emmenés par un commandant peu connu du nom de Movsar Baraïev, menacent de tuer tous les otages si la Russie n'accède pas à leur unique demande, à savoir la fin de la guerre en Tchétchénie. Refusant la négociation, Poutine ordonne à ses forces spéciales de prendre le théâtre d'assaut en utilisant un mystérieux gaz empoisonné pour se protéger. Les Tchétchènes qui n'offrent aucune résistance sont abattus sur-le-champ d'une balle dans la nuque. Le gaz empoisonné provoque également la mort de quelque 120 otages, les autorités se refusant à communiquer aux hôpitaux le type de gaz utilisé ou la façon de contrer ses effets sur le corps humain.

Cette opération de sauvetage pour le moins désastreuse ne fit l'objet que de critiques ténues en Occident, le régime de Poutine étant une fois de plus parvenu à mettre dans le même panier les rebelles tchétchènes et les terroristes d'Al-Qaida. Poutine compara à plusieurs reprises la prise d'otages aux attentats du 11 septembre et lia la cause tchétchène à une conspiration terroriste islamiste mondiale. Toutefois, s'il existe effectivement des liens avec le radicalisme islamiste, c'est essentiellement un combat de libération nationale que mènent les Tchétchènes. Depuis le début de la seconde campagne, le chef rebelle Maskhadov, plutôt séculier, a intimé l'ordre à ses combattants de ne pas s'attaquer à des cibles civiles sur le sol russe. La crise des otages, conjuguée à la rhétorique propagandiste de Poutine, a cependant discrédité Maskhadov comme seul partenaire valable de la Russie pour parvenir à une solution en Tchétchénie. Il ne se trouve maintenant plus aucun rebelle prêt à discuter de la paix.

En novembre 2002, les forces de sécurité russes commencèrent à fermer les camps de réfugiés en Ingouchie. Malgré le froid mordant, les autorités fermèrent également les arrivées de gaz aux tentes et ordonnèrent aux Tchétchènes de rentrer chez eux. Au lieu de cela, des milliers de réfugiés signèrent une lettre ouverte qu'ils envoyèrent au gouvernement kazakh et dans laquelle ils demandaient l'asile dans le pays où Staline avait autrefois exilé leur peuple entier. Au bord du désespoir, les Tchétchènes préféraient, semble-t-il, retourner dans les steppes désolées du Kazakhstan que de rester dans l'enfer sans nom qu'était devenue leur patrie.

Entre-temps, quelques centaines de kilomètres plus au sud, à Bakou, capitale de l'Azerbaïdjan, la société pétrochimique occidentale BP Amoco prenait une décision cruciale susceptible de peser sur le conflit en Tchétchénie.

# Verdict à Villa Petrolea

Il est encore tôt lorsque j'arrive à Villa Petrolea, siège social de BP Amoco à Bakou, pour une rencontre avec son président David Woodward. En attendant l'arrivée de son assistant, je compte les minuscules points rouges qui ornent le haut plafond en stuc du hall d'entrée, autant de petits marteaux et faucilles peints dans un rouge éclatant. Subtile ironie de l'histoire, l'une des sociétés capitalistes les plus riches au monde dirige ses opérations caspiennes à partir d'une résidence qui abritait il y a dix ans encore le siège du parti communiste local. Sur les murs situés au-delà de la barrière de sécurité, les annonces officielles de plans quinquennaux soviétiques ont fait place aux enseignes publicitaires de BP.

Après le président Aliev et son fils Ilham, David Woodward est sans conteste l'homme le plus influent de ce « pays BP » qu'est l'Azerbaïdjan. Dans les années à venir, pas moins de quinze milliards de dollars seront investis par la société le long des côtes azéries. La position dominante de BP Amoco en Azerbaïdjan est telle qu'aucune décision gouvernementale en matière d'hydrocarbures n'est prise sans l'assentiment – officieux, il est vrai – de Woodward. La société est de loin le plus grand employeur du pays et possède plus du tiers des actions du consortium Azerbaijan International Operating Company (AIOC), en charge du développement des ressources énergétiques du pays. Un ancien porte-parole de BP m'avait un jour confié : *« Si nous quittions Bakou, le pays s'écroulerait du jour au lendemain »*.

Vétéran chez BP, Woodward peut se prévaloir d'un curriculum vitae qui fait état de missions l'ayant mené de l'Alaska à Aberdeen. *« Notre décision est prise, nous construirons le pipeline vers Ceyhan et l'approvisionnerons en pétrole. Ce sera une affaire rentable et la construction débutera cet été. »* Malgré des années de pression de Washington pour construire l'oléoduc dans les délais les plus brefs, Woodward tient à souligner que la décision de BP Amoco est motivée par des considérations strictement économiques. *« Il ne s'agit nullement d'un projet politique ; nous ne sommes pas une œuvre de charité. Si le projet n'avait eu aucun sens au point de vue économique, nous l'aurions fait savoir aux Azéris et aux Américains ! »* Le président ajoute que si la direction de BP Amoco a bien nourri certaines craintes pendant plusieurs années, elle est aujourd'hui convaincue que les réserves pétrolières le long de la côte sont suffisantes.

Woodward omet cependant de mentionner que l'âpreté des négociations entre BP Amoco et les gouvernements concernés a permis à la compagnie de bénéficier de droits de transit et d'impôts sur les bénéfices extrêmement modestes. Le gouvernement turc a ainsi accepté de se contenter d'un droit de transit de 1,5 dollar US par baril tandis que la Géorgie récolte seulement 43 centimes. Lorsqu'il atteindra le port d'Amsterdam, le baril de brut azéri aura déjà englouti dix dollars en frais de production et de transport.

La construction du pipeline devrait durer plus ou moins trois ans. D'une longueur de 1 768 kilomètres et d'un diamètre de 107 centimètres, son coût est astronomique : 3,2 milliards de dollars. Le gouvernement turc s'est déclaré prêt à prendre en charge les frais supplémentaires au cas où ce montant devait être revu à la hausse. La capacité de l'oléoduc est estimée pour 2008 à un million de barils par jour en provenance du gisement d'Azeri-Chirag-Gounechli (ACG). Les dés sont maintenant jetés et Woodward n'est plus d'humeur à débattre des tracés alternatifs, même s'il concède qu'un parcours nord-sud traversant l'Iran aurait été plus court, plus économique et vraisemblablement plus sûr que celui envisagé, qui passe par une Géorgie continuellement sous la menace d'une guerre civile. *« Mais nous nous plions aux sanctions américaines contre l'Iran. En tant que plus grande société pétrolière aux États-Unis, nous nous devons d'agir comme si nous étions une compagnie américaine. En outre, nos hôtes azéris ne veulent aucunement être dépendants de l'Iran, une décision qu'il convient de respecter. »* Inutile de dire que la sécurité de l'oléoduc est un sujet crucial dans un Caucase sous tension. *« Le pipeline sera enfoui plusieurs mètres sous terre et des murs et clôtures protégeront toutes les installations telles que les stations de pompage. Nous surveillerons le pipeline et son accès sera strictement contrôlé »*, ajoute Woodward, en s'appuyant sur le succès de BP Amoco dans la gestion du petit oléoduc menant au port géorgien de Supsa.

Selon lui, même l'opposition du gouvernement russe est en train de faiblir. En octobre 2001, au plus fort de la détente antiterroriste russo-américaine, Woodward s'est rendu à Moscou pour présenter pour la première fois le projet du BTC au ministère russe de l'énergie, chose impensable une année auparavant. *« Le ministre adjoint était présent et semblait très intéressé. Ses questions étaient intelligentes et il ne montra aucune réticence envers le projet. »* Le ministre assura Woodward que les compagnies russes désireuses de participer au programme de l'oléoduc ne rencontreraient aucun obstacle de nature politique.

Compte tenu des déboires que l'imprévisibilité des politiques russes a valus aux pays du Sud-Caucase, Woodward tient cependant à rester prudent. *« Poutine se montre peut-être pragmatique pour l'instant mais les avis divergent au sein du gouvernement russe. Certains acteurs de premier plan tels que l'opérateur russe TransNefteGaz continueront à boycotter le pipeline. »* Woodward hésite un instant avant d'ajouter : *« Le soutien américain à ce projet est une bonne chose »*, et je me demande alors s'il fait référence aux unités des forces spéciales américaines stationnées en ce moment en Géorgie.

Je quitte Villa Petrolea pour me rendre en taxi au quartier général de la compagnie nationale pétrolière Socar, où j'ai rendez-vous avec Valeh Aleskerov. Ce quinquagénaire à la carrure imposante, célèbre en ville pour ses costumes hors de prix, occupe une position stratégique dans le groupe et a, pendant près de dix ans, négocié des contrats de concessions de forage avec les entreprises pétrolières étrangères. Cet ancien ingénieur pétrolier, qui a étudié les affaires à la prestigieuse académie gouvernementale soviétique, est en grande partie responsable du « contrat du siècle » signé en 1994. Aleskerov n'ignore évidemment pas que BP s'apprête à franchir le Rubicon. *« Le pipeline sera construit ! »*, me lance-t-il lorsque je franchis la porte de son bureau. Impossible de ne pas voir le large sourire qui illumine son visage. *« Cela fait des années que les gens critiquent ce projet. Vous ne pourrez pas le payer, disaient-ils, vous ne trouverez pas assez de pétrole, etc. – et pourtant, nous le faisons quand même ! »* Le négociateur en chef de Socar est rentré la veille au soir de pourparlers à Moscou et à Washington. *« Les négociations se sont très bien déroulées mais je ne peux pas en dire plus »*, ajoute-t-il de façon laconique, balayant quelque poussière imaginaire des rayures de la manche de son complet sombre. Soudain, un des six téléphones trônant sur le bureau d'Aleskerov se met à sonner. *« Silence ! C'est la ligne du bureau du président Gueïdar Aliev. »* Il décroche le combiné rouge et, après un bref échange, me prie de l'excuser, non sans accepter de me rencontrer plus tard dans la journée.

C'est un Aleskerov agité, tirant nerveusement sur sa Marlboro, que je revois ce soir-là. *« Exxon nous cause des problèmes »*, m'annonce-t-il sèchement. Un porte-parole d'ExxonMobil vient en effet de faire savoir que la compagnie allait cesser toutes ses opérations le long de la côte azérie. Les forages d'essai effectués par les ingénieurs d'Exxon dans un champ pétrolifère à une profondeur record de 6 700 mètres se sont révélés infructueux. Déçus, les géologues en ont conclu que le puits de pétrole était à sec. Exxon venait de perdre près de cent millions de dollars au fond des eaux et le management décida de limiter les frais en fermant le puits et en licenciant ses travailleurs. Manifestement contrarié, Aleskerov tempête : *« Exxon n'a pas le droit d'agir de la sorte. Ils sont obligés par contrat d'effectuer un second forage. Les statistiques le prouvent : partout dans le monde, il faut compter à peu près dix forages d'essai avant de trouver un filon. Parfois ça passe, parfois non. Pour l'amour de Dieu, ils ont foré 123 puits en mer du Nord avant de tomber sur le premier filon ! »* Seuls six forages d'essai ont été effectués en Azerbaïdjan et près de trois-quarts des réserves restent à découvrir. *« Ce n'est rien, ils jouent leur petit jeu habituel*, conclut-il. *S'il le faut, nous les traînerons devant la court internationale de Stockholm, et on verra bien alors qui rira le dernier. »*

Aleskerov écrase sa cigarette et revient à la bonne nouvelle du jour. Après avoir dessiné une carte de la région sur un bout de papier, il trace une ligne rouge allant de Bakou au port turc de Ceyhan. *« C'est cette route, et non l'Iran ou la Russie, qui nous permettra d'amener le plus d'argent à Bakou. Le plus d'argent »*, appuie-t-il avec lenteur, savourant chaque syllabe. L'Azéri n'est pas peu fier de savoir que la Russie, adversaire farouche du pipeline, n'est pas en mesure de s'opposer à sa construction. *« L'Azerbaïdjan est un pays indépendant et je ne dois plus courir à Moscou pour quémander une permission pour tout et n'importe quoi. C'est fini, tout ça ! »* Il est bien décidé à faire cesser les transports d'hydrocarbures de Socar vers le port russe de Novorossisk – près de 50 000 barils par jour. La société se plaint depuis des années des frais de transit exorbitants imposés par les Russes et de l'habitude qu'ils ont de mélanger le brut azéri à du brut sibérien de moindre qualité. Si Aleskerov sait que les Russes n'ont aucun droit sur le pétrole azéri, il n'oublie pas non plus à qui le pays doit son indépendance. « *Uniquement aux États-Unis*, dit-il. *Les Américains nous aident. Non pas parce qu'ils nous aiment, bien sûr, ça nous le savons, mais parce qu'ils convoitent notre pétrole.* »

Au Finnegan's, le bruit court déjà que le pipeline sera bel et bien construit. Ce bar est le bistrot attitré des travailleurs pétroliers, pour la plupart Écossais, qui viennent y chercher un peu de confort domestique. Les haut-parleurs qui surplombent le bar en zinc diffusent de la musique rock, on peut payer en dollars US et la télévision retransmet un matche entre Manchester United et Chelsea.

« *Le pipeline est une bonne chose* », me confie Thomas, ingénieur pétrolier originaire d'Allemagne, qui a quitté la Libye il y a quelques mois pour rejoindre le nouveau Far-East de l'industrie pétrolière qu'est la Caspienne. « *S'ils poursuivent sur leur lancée et le construisent, on pourra vraiment se réjouir.* » Il a rejoint le centre ville cet après-midi, dans un hélicoptère de BP Amoco l'ayant ramené du champ pétrolifère de Chirag, situé à quelque quatre-vingt kilomètres des côtes. « *Un vol agité. On se demande toujours quand le prochain hélicoptère va s'écraser en mer* », ajoute Thomas. Un Écossais l'ayant entendu explique qu'il vient juste de parier avec quelques collègues quel engin tomberait en premier. « *Tout le monde a parié sur son propre vol – au moins comme ça, même si on plonge, on gagne le pari.* »

Thomas est ingénieur de production à Chirag, l'un des plus grands champs de pétrole de la Caspienne qui, d'après les estimations, renferme à peu près sept milliards de barils, à un milliard de tonnes près. Il reste sept semaines sur la plate-forme avant de se reposer cinq semaines sur la terre ferme. Son salaire mensuel de 7 000 dollars lui permet de mener une vie confortable à Bakou. La société lui paie également son grand appartement dans le centre ville. « *Il est aux normes occidentales, avec parquet au sol, mitigeur de douche et tout le confort possible.* »

« *Pour moi, le forage pétrolier est une aventure fantastique. Mon travail consiste à m'assurer qu'il n'y ait pas d'éruption sur la plate-forme.* » Dans le jargon pétrolier, une éruption est le pire des accidents qui puissent se produire. Le brut est aspiré du sol par un effet d'osmose dû à une pression inversée dans l'embout de forage. Lorsque la différence de pression devient trop grande, un mélange de brut chaud et de gaz est alors projeté dans le tuyau et file vers la surface en quelques secondes. Les valves éclatent sous la pression et vomissent le pétrole dans les airs avant que celui-ci ne retombe sur la plate-forme sous forme de pluie. Les anciens films en noir et blanc sur les premières découvertes de pétrole dépeignent l'éruption comme un moment de joie où pionniers et investisseurs dansent ensemble et s'embrassent sous les gouttes. C'est pourtant le cauchemar de tout travailleur pétrolier. En raison du taux élevé de gaz, la moindre étincelle peut causer l'explosion de la plate-forme et ceux qui ne parviennent pas alors à rejoindre les embarcations de sauvetage à temps sont brûlés vifs. « *Évidemment, les techniques modernes nous permettent aujourd'hui de savoir si quelque chose d'anormal se prépare en profondeur*, explique Thomas, *mais il faut être en permanence sur le qui-vive. Les choses peuvent tourner mal très rapidement. »*

Par une froide journée de septembre, la construction du pipeline méditerranéen, longtemps considérée comme improbable par les sceptiques, débute enfin. Au terminal de Sangachal, quelque quarante kilomètres au sud de Bakou, une cérémonie moderne réunit le président Aliev, son homologue géorgien le président Chevardnadze, ainsi que le président turc Ahmet Necdet Sezer. Tandis que les bourrasques de vent leur soufflent de la poussière au visage, les trois chefs d'État recouvrent symboliquement de terre la première section de la conduite mise en place par une grue. Une capsule temporelle contenant un message commun destiné aux générations futures a été placée près du tuyau.

Ce jour-là, Spencer Abraham, secrétaire d'État américain à l'énergie, est également présent à l'inauguration, une pelle dans les mains. Au cours d'une réunion précédente avec le président Aliev, il n'avait pas hésité à déclarer : *« Ce projet est l'un des plus importants en matière d'énergie non seulement pour les États-Unis mais également pour la région »*. Pendant la cérémonie, Abraham tient à préciser que le pipeline offrira aux nations occidentales *« une sécurité énergétique accrue grâce à un approvisionnement diversifié »*, réduisant ainsi leur dépendance au Moyen-Orient. Abraham lit ensuite une lettre adressée personnellement par le président George W. Bush : *« Même s'il faudra encore attendre avant que le premier baril de pétrole ne coule dans ce pipeline, la contribution de celui-ci à l'avenir de cette région est déjà remarquable* [*] *».*

Le gouvernement russe n'a envoyé ni lettre ni représentant, se contentant de plusieurs commentaires acides. *« Nous sommes prêts à coopérer mais ne pouvons tolérer les tentatives de mise à l'écart de la Russie de régions dans lesquelles elle a un intérêt historique »*, a ainsi commenté Igor Ivanov, ministre des affaires étrangères [†], tandis que le premier vice-premier ministre Victor Khristenko affirmait pour sa part ne pas s'inquiéter du projet de conduite : *« Beaucoup de temps peut s'écouler entre la cérémonie d'ouverture et la mise en service* [‡] *»*. Le regain de tension dans les gorges du Pankissi dans les semaines précédant l'inauguration a donné aux propos des deux politiciens une résonance toute particulière. Le jour même du discours de Khristenko, le ministre russe de la défense Sergei Ivanov menaçait la Géorgie – pays que traverse le pipeline – de représailles militaires en réaction à la présence supposée de rebelles dans la région. Le géant pétrolier russe Lukoil, longtemps considéré comme un levier puissant de la politique étrangère russe, a quant à lui refusé de s'associer au projet et, peu après, son PDG d'origine azérie, Vagit Alekperov, annonçait la vente des dix pourcent détenus par sa compagnie dans le gisement d'Azeri-Chirag-Gounechli à une société japonaise pour la somme de 1,375 milliard de dollars. Cette opération constitue un recul politique autant que commercial.

---

[*] New York Times, 19 septembre 2002.
[†] Wall Street Journal, 8 octobre 2002.
[‡] Moscow Times, 20 septembre 2002.

Dans les jours qui suivent la cérémonie, la télévision nationale azérie rediffuse le discours triomphant du président Aliev. *« Je peux vous assurer que pour l'Azerbaïdjan, c'est un véritable rêve qui se réalise. »* Pourtant, en dehors de la capitale Bakou, bien seule à profiter du boom, les différentes provinces du pays glissent lentement dans la misère. C'est particulièrement le cas à Sumgaït, ancien fleuron de l'industrie chimique soviétique, à une vingtaine de minutes au nord de Bakou. Il y a une dizaine d'années encore, ce complexe pétrochimique comptait quatorze usines et offrait du travail à près de 150 000 personnes. La pollution des nappes phréatiques et du sol, plus importante que dans n'importe quelle autre ville de l'Union soviétique, s'explique par la présence sur le complexe de deux usines chimiques, d'une aciérie et d'une usine d'aluminium. Si les taux de pollution sont aujourd'hui légèrement inférieurs, c'est uniquement le résultat de la fermeture des quatorze entreprises publiques pour manque de rentabilité.

Les énormes hangars situés aux abords de la ville tombent en ruines, leurs vitres brisées et leurs toitures en partie effondrées. Là où des milliers d'hommes et de femmes se rendaient autrefois au travail, les mauvaises herbes gercent aujourd'hui le tarmac des cours et des dizaines de wagons de marchandises rouillent sur les voies de chemins de fer disloquées, dont une partie a été emportée pour faire de la ferraille. Dans ce désert postindustriel apocalyptique, des hommes et des femmes fouillent les décombres à la recherche de quelques morceaux d'aluminium qu'ils espèrent pouvoir revendre au marché noir de Bakou pour quelques centimes. La plupart sont des réfugiés qui ont fui le Karabakh dix ans plus tôt lorsque les troupes arméniennes s'emparèrent de l'enclave. Quelque cinquante mille hommes, femmes et enfants démunis squattent ainsi les bâtiments de béton gris à moitié vides de Sumgaït tandis que d'autres vivent dans des taudis en bois et en tôle ondulée. Presqu'aucun adulte n'a de travail, le trafic de drogue et le crime y sont endémiques et rares sont les enfants qui fréquentent les bancs de l'école. Le million de réfugiés du Karabakh présents dans le pays vivent dans des campements insalubres et constituent la face cachée du boom pétrolier que connaît l'Azerbaïdjan. Facteur important de déstabilisation pour la paix dans le Caucase, les associations de réfugiés, galvanisés par la rhétorique nationaliste de certains responsables politiques, exigent que leur patrie soit reprise aux Arméniens, les retombées immanquablement générées par les dividendes du pétrole devant servir à la mise en place d'une puissante armée rebelle.

Accroupis dans le sable devant un immeuble en béton désaffecté, quelques hommes au visage tanné, vêtus de sombres penailles et coiffés d'imposants chapeaux de feutre, discutent. Parmi eux, Jamil Agaev, fermier de soixante-douze ans originaire du Karabakh, m'invite à prendre le thé chez lui. Empruntant une cage d'escalier humide dans laquelle règne une forte odeur d'urine, nous arrivons devant la porte, simple ouverture rectangulaire pratiquée dans le mur et recouverte d'une tenture. *« Prenez la peine d'entrer ! »*, me dit-il, le souffle lourd. L'homme vit avec sa femme, ses deux belles-sœurs et trois autres membres de sa famille dans une pièce de moins de huit mètres carrés. Deux petites couchettes sont disposées contre les murs. Les femmes, habillées de vêtements de laine colorés, sont assises sur le sol, recouvert de vieux tapis, et tentent tant bien que mal de faire cuire un pain turc à l'aide d'un réchaud électrique. Elles se dépêchent de faire la cuisine car l'électricité, à l'instar de l'eau courante, n'est disponible que très rarement dans l'immeuble.

Plusieurs portraits en noir et blanc représentant deux jeunes hommes sont accrochés au mur, des fleurs en plastique calées derrière les cadres. *« Ce sont nos deux fils, morts à la guerre »*, explique Agaev. Il y a neuf ans, les membres encore en vie de la famille Agaev fuirent la guerre pour se rendre à Sumgaït. *« Une nuit, les troupes arméniennes ont attaqué notre village et nous avons du fuir »*, se souvient-il. Il ajoute ensuite qu'ayant exhumé du cimetière du village les corps de ses deux fils, il les mit dans une caisse et les emporta sur un chariot. *« Je ne pouvais pas les abandonner. Nous les avons transportés pendant des semaines. Heureusement, avec l'hiver, les cadavres ont gelé et l'odeur était moins incommodante. Je les ai enterrés ici. »*

La veille de l'attaque, le commandant des forces azéries chargées de la protection du village avait, sans motif apparent, ordonné à ses hommes de se replier. *« Il a vendu le village aux Arméniens contre des dollars »*, estime Agaev. On a en effet recensé plusieurs cas de corruption de commandants azéris par l'ennemi pendant la guerre.

Gueïdar, le beau-fils d'Agaev, qui vit avec sa famille dans l'un des immeubles voisins, entre dans la pièce et se joint à la conversation. *« Aucun des responsables de ce pays ne s'intéresse vraiment à notre sort ou à notre patrie, le Karabakh*, affirme l'homme de vingt-neuf ans, ancien fantassin dans l'armée régulière et les milices. *Le gouvernement ne nous apporte quasiment aucune aide. Cela fait des années qu'ils parlent des retombées énormes de la manne pétrolière mais nous recevons à peine 15 000 manats par mois – l'équivalent de trois dollars américains – pour acheter du pain. L'argent du pétrole doit aussi servir à aider l'armée à reprendre notre pays. Il faut faire quelque chose, cela ne peut pas continuer comme ça. »* Fixant les portraits de ses deux beaux-frères, Gueïdar ajoute d'un ton solennel : *« Je suis prêt à me battre à nouveau pour venger les membres de ma famille. Il pause un instant. Mais cette fois ci, je n'irai au front que si tout le monde rejoint le combat, y compris le fils du président »*.

Pour la famille Agaev, le boom pétrolier de Bakou sera peut-être un jour synonyme de guerre. Les risques encourus par les habitants de la côte kazakhe de la mer Caspienne, plusieurs centaines de kilomètres au nord, sont sans doute différents mais non moins considérables.

# La Nouvelle terre des promesses

De loin, n'étaient-ce les blocs de glace bleue flottant jusqu'à l'horizon, on dirait une église se dressant sur une île de la lagune de Venise. À mesure que nous approchons, le dôme prend l'aspect d'une tour de forage et l'église se transforme en plate-forme pétrolière de la taille d'un terrain de football. Nous sommes au nord de la mer Caspienne, à quelque trente kilomètres des côtes kazakhes, et nous dirigeons vers la plate-forme Sounkar, mot kazakh signifiant « aigle ». Il s'agit en vérité d'un encombrant édifice qui, il y a quelques années encore, labourait les marais nigérians avant d'être remorqué sur des milliers de kilomètres le long des côtes occidentales de l'Afrique, de traverser la Méditerranée et la mer Noire et de remonter finalement le Don et la Volga pour arriver en mer Caspienne.

*« C'est ici que nous l'avons trouvée, elle est énorme »*, me confie Neil Booth, chef de projet chez Agip, dont le siège kazakh est situé à Atyrau, petite ville du nord de la Caspienne. La compagnie pétrolière italienne fait partie d'un consortium international qui contrôle le gisement de Kashagan, probablement le plus important champ pétrolier de ces dernières décennies. En juillet 2000, les géologues y découvrirent, à plus de 4 000 mètres de profondeur, une bulle pétrolière géante sous un ancien récif corallien. Quelle que fut la direction dans laquelle ils déplaçaient leur sonde, les valves du Sounkar vomissaient un brut à haut taux de concentration. Il ne leur fallut que quelques jours pour se rendre compte qu'il s'agissait là de la plus importante découverte de brut en un seul endroit depuis celle – sensationnelle – de la baie alaskienne de Prudhoe en 1970.

*« Nous n'en croyions pas nos yeux »*, se souvient Booth. Ce cinquantenaire anglais avait déjà fait l'expérience de découvertes exceptionnelles dans la baie de Prudhoe et à Aberdeen dans les années 1970 alors qu'il était manager chez BP. Après s'être servi un expresso à l'une des machines à café situées à chaque étage du quartier général de la société à Atyrau, il enchaîne : *« Au début, personne ne voulait croire aux résultats que nous recevions. Il ne s'agissait après tout que d'un simple forage de reconnaissance »* – expression utilisée dans l'industrie pour désigner un endroit n'ayant jamais été sondé auparavant. Le nord de la mer Caspienne étant une réserve naturelle sous l'ère soviétique, aucune tentative de forage en mer n'y avait été effectuée auparavant. *« Un forage de reconnaissance est toujours un pari. Les chances sont de une sur vingt, pas plus. »* Encouragés par leur découverte, les géologues entreprirent de mesurer la taille du gisement et effectuèrent un second sondage à une quarantaine

de kilomètres de là. Leur audace fut récompensée puisque là encore, on trouva du brut. *« La composition chimique du pétrole trouvé aux deux endroits est quasiment identique,* ajoute Booth, *ce qui tend à prouver que nous avons à faire à un seul gisement. »* D'après les experts, la bulle de quarante kilomètres de long trouvée à Kashagan pourrait contenir la somme astronomique de 30 milliards de barils de brut. Le gouvernement kazakh, dans un élan d'optimisme débordant, estime pour sa part les réserves à 50 milliards de barils, ce qui ferait de Kashagan le deuxième gisement pétrolier au monde après celui de Ghawar en Arabie Saoudite, dont les réserves s'élèvent à quelque 80 milliards de barils. Les gisements de la mer du Nord contiennent quant à eux encore près de 17 milliards de barils. Booth se montre prudent lorsqu'il s'agit de confirmer les estimations. *« À l'heure actuelle, nous ne sommes pas autorisés à divulguer la quantité de pétrole qui repose au fond, cela irriterait nos actionnaires. Mais les quantités sont loin d'être négligeables. »*

Les plantureux bénéfices que la découverte de Kashagan fait miroiter ont influé sur l'équilibre géopolitique de la région caspienne et amorcé une nouvelle phase critique dans la course mondiale aux pipelines et aux hydrocarbures. Le Kazakhstan, simple république soviétique il y a quelques années encore, est en passe de devenir l'un des plus grands exportateurs de pétrole. Dès 2020, le pays pourrait écouler dans le monde jusqu'à dix millions de barils de brut par jour, autant que l'Arabie saoudite. Ces prévisions n'enchantent guère l'Organisation des pays exportateurs de pétrole (OPEP), cartel international qui craint, sans doute à juste titre, de voir les pays non-membres ignorer les limites de production et les accords tarifaires. Avec la Russie, autre pays non-membre de l'OPEP, le Kazakhstan pourrait menacer le monopole saoudien et représenter au XXI$^e$ siècle un acteur stratégique majeur.

La découverte du champ de Kashagan marque le début d'une ère nouvelle et cruciale du Grand Jeu qui consistera à déterminer la façon dont le pétrole kazakh sera acheminé vers un port en eau profonde. Peu enclin à faire dépendre cette manne financière potentielle de Moscou, le gouvernement kazakh a, pour le plus grand plaisir de Washington, rejeté l'idée d'un pipeline traversant la Russie. Une seconde conduite longeant le BTC à travers le Sud-Caucase a bien été envisagée mais il faudrait alors que le pétrole de Kashagan traverse la mer Caspienne à bord de bateaux-citernes, procédé à la fois cher et compliqué. Reste enfin une dernière solution, rejoindre le golfe Persique au sud en traversant l'Iran ou l'Afghanistan.

Les premiers effets de la politique des hydrocarbures se firent déjà ressentir début 2001 lorsque les compagnies pétrolières exploitant le gisement de Kashagan eurent la lourde tâche de désigner un opérateur parmi leurs rangs. La société française TotalFinaElf et l'américaine ExxonMobil semblaient les mieux placées au départ mais cette dernière, sujette aux sanctions économiques imposées contre l'Iran par les États-Unis, se trouvait dans l'incapacité d'adhérer à la lucrative option iranienne. Washington se montrait pour sa part peu favorable à la candidature de Total, les sociétés françaises, dans la plus pure tradition gauloise, ne s'embarrassant guère des sanctions états-uniennes. Les différents partenaires parvinrent à un compromis lors d'une réunion nocturne de la dernière chance tenue en février 2001 à l'aéroport d'Heathrow et désignèrent la société Agip, politiquement neutre.

Alors que la production à Kashagan doit démarrer en 2005, Booth se sent l'âme d'un pionnier. « *L'opération est extrêmement difficile et onéreuse : le gisement est fort éloigné des côtes et la mer est gelée pendant tout l'hiver.* » En outre, le nord de la Caspienne est peu profond – deux à dix mètres à peine en certains endroits – et lorsque le vent du nord souffle en rafales, il chasse les eaux vers le sud et réduit encore la profondeur, modifiant le paysage côtier en très peu de temps. « *L'endroit n'est alors plus qu'une gigantesque flaque et nos brise-glace raclent le fond de la mer.* » Les opérations sont rendues encore plus difficiles par une particularité de la mer Caspienne qui déconcerte les scientifiques depuis des décennies, la montée et la descente périodiques des eaux de plusieurs mètres. En 1977, le niveau de l'eau était ainsi inférieur de plus de trois mètres à celui des années 1930 tandis qu'il a de nouveau augmenté de façon considérable ces vingt-cinq dernières années. Les scientifiques attribuent ces fluctuations aux sources sous-marines et aux mouvements tectoniques. Malheureusement, les urbanistes soviétiques ignoraient ces phénomènes naturels et implantèrent des colonies et des sites industriels non loin du rivage caspien. La mer a aujourd'hui recouvert la plupart d'entre eux, occasionnant plusieurs millions de dollars de dommages.

Atyrau est une agglomération en transition. La vieille ville est un endroit désolé où plusieurs rangées d'appartements soviétiques délabrés se disputent quelques arbres épars. Un buste de Lénine trône dans un parc à l'abandon. Les eaux ondulantes du fleuve Oural traversent la ville, délimitant la frontière entre Europe et Asie avant de se jeter dans la mer Caspienne. La plupart des 150 000 habitants que compte Atyrau tentent de subsister en travaillant dans les secteurs moribonds de la pêche et de la construction navale, où ceux qui ne sont pas au chômage ou alcooliques gagnent à peine trente dollars par mois. La pêche à l'esturgeon de la Caspienne pour le caviar est certes illégale mais offre des revenus plus substantiels.

À côté de cela, on trouve également le nouvel Atyrau, que le Wall Street Journal appelle déjà le « nouveau Houston ». Les avions Tupolev qui la relient à Moscou sont remplis d'hommes d'affaires au costume impeccable qui passent le trajet à tapoter sur leur ordinateur portable. D'énormes panneaux disposés le long de la nouvelle artère asphaltée annoncent la construction d'une nouvelle banque et de nouveaux bureaux. Sur les rives du fleuve Oural, une société italienne fait ériger un centre d'affaires aux vitres teintées qui comprendra bientôt un hôtel de luxe. En attendant, les employés de la plate-forme de Kashagan logent à l'hôtel Chagalla, construit à la hâte et qui charge 149 dollars la nuit dans une chambre simple offrant le confort d'une cabine de bateau en classe économique. Le lieu de résidence des expatriés est coupé du reste de la ville par une énorme barrière de fils de fer barbelés et les gardes armés postés à l'entrée n'autorisent les autochtones à y pénétrer qu'après avoir minutieusement examiné leurs documents et leurs vêtements. Dans le lobby, des employés italiens se regroupent autour des machines à expresso à la fin de leur journée de travail avant de se retirer dans leur chambre.

Leurs collègues anglais préfèrent eux se retrouver pour boire un verre chez O'Neill's, le tout nouveau pub irlandais construit sur les lieux. Dans un capiteux mélange d'alcool et de testostérone, ces fiers gaillards s'échangent des histoires où se mêlent aventures exotiques, femmes et autres agréments. Et comme il n'existe aucune heure de fermeture officielle pour les bars au Kazakhstan, les soirées du O'Neill's finissent souvent en beuveries.

Témoins de la différence marquée entre l'ancienne Atyrau industrielle et la nouvelle Atyrau riche du pétrole, les habitants prennent parti. Galina Tchernova mène la lutte aux côtés de ceux – et ils sont nombreux – qui, à Atyrau, ne se fient pas au boom pétrolier. Il y a cinq ans, cette écologiste mit sur pied un mouvement ayant pour but l'arrêt des forages pétroliers en mer. Dans un pays comme le Kazakhstan, la pratique de l'écologie requiert des nerfs d'acier et Tchernova, avec ses grands yeux verts, son visage intelligent et ses cent kilos, ne semble pas prête à se laisser facilement intimider.

*« Les compagnies pétrolières doivent quitter Kashagan ; le nord de la mer Caspienne est une réserve naturelle depuis 1971 »*, m'explique-t-elle alors que nous nous promenons le long de l'Oural gelé. Plusieurs dizaines de vieillards ont creusé des trous dans la glace dans l'espoir d'attraper quelques poissons. *« Les grandes sociétés ont facilement réussi à persuader notre gouvernement de suspendre son statut de zone protégée. Même à l'époque soviétique, il était strictement interdit de forer le long des côtes. Ici dans le nord, la mer représente un biotope unique comptant 308 sortes d'oiseaux et 209 espèces différentes. »* Parmi les plus connues, on recense le phoque caspien, dont la population est estimée à près de 400 000 individus. De nombreux poissons remontent le cours de l'Oural et de la Volga pour frayer. Parmi eux l'esturgeon, le plus grand poisson d'eau douce, dont l'espérance de vie peut atteindre cent ans et dont on tire un caviar délicieux représentant près de 90 pourcent de la consommation mondiale mais qui est aujourd'hui menacé d'extinction. Du fait de la surpêche illégale et de la pollution des eaux, la récolte annuelle officielle est passée de 30 000 tonnes à la fin des années 1970 à seulement 550 tonnes en 2002. Afin d'éviter l'écroulement du marché du caviar, les États péricaspiens ont temporairement suspendu la pêche à l'esturgeon mais Tchernova exige également, au nom du principe de précaution, l'adoption d'une mesure environnementale supplémentaire contre la pollution de l'eau, à savoir la cessation immédiate des forages pétroliers. *« Les compagnies pétrolières nous disent que leur activité ne constitue aucun danger pour l'environnement mais rien n'est moins vrai*, se plaint-elle. *La mer est tellement peu profonde ici. Même s'il n'y a jamais eu de fuite majeure, de petites quantités de métaux lourds suffisent à contaminer l'eau. »*

Tchernova renchérit : *« Les gens d'ici s'inquiètent des répercussions que le boom pétrolier aura pour eux. Nous ne voulons pas que les grandes compagnies s'enfuient avec le pactole après avoir détruit l'environnement »*. Avec l'aide d'une trentaine d'activistes volontaires – biologistes, géologues et avocats –, elle a soumis pétitions et nouvelles propositions de loi au gouvernement kazakh. *« Le gouvernement ne se préoccupe pas de nous. Il est complètement à la solde des entreprises pétrolières. Ensemble, ils cherchent à s'accaparer nos richesses. »* La majorité des habitants d'Atyrau se soucient cependant plus des problèmes de chômage et d'argent que de la survie du phoque de la Caspienne. *« Mais où sont donc tous ces emplois dont parlent tant les compagnies pétrolières ? Ils n'embauchent quasiment personne ici. »* Tchernova se souvient d'un débat public sur la protection de l'environnement organisé par les compagnies pétrolières. *« La salle était bondée, il y avait des centaines de gens. J'étais ravie. En réalité, il s'est vite avéré que la plupart des personnes présentes étaient venues offrir leurs services afin de décrocher un boulot. »*

Soucieuse de mettre en évidence la fibre environnementale d'Agip, Penny Esson, porte-parole de la société pétrolière, me propose de rencontrer David Preston, responsable environnemental de l'entreprise. Aucune voiture de société n'étant disponible pour le trajet de quelques minutes, nous n'avons d'autre choix que de couvrir à pied la courte distance. Les hauts-talons d'Esson s'enfoncent en permanence dans la boue grisâtre qui recouvre la route tandis que les Lada qui nous dépassent risquent à tout moment de maculer de boue le long manteau de vison blanc qu'elle a enfilé pour la promenade. Étonnés, plusieurs Kazakhs s'arrêtent à notre passage pour la regarder. *« Beau manteau, n'est-ce pas ?*, me glisse-t-elle. *Et tellement chaud ! Je comprends maintenant pourquoi ces bêtes n'ont jamais froid l'hiver. »*

Preston m'accueille chaleureusement et déclare d'emblée : *« Les gens d'ici sont fort inquiets pour l'environnement. C'est parce que les Soviets n'ont jamais rien fait contre la pollution. La population reproche au gouvernement de nous avoir permis de forer à l'intérieur de la réserve naturelle. »* Il énumère alors toutes les mesures de précaution prises par Agip pour éliminer le risque d'une fuite de pétrole, y compris la création de groupes d'intervention rapide. *« Bien sûr, il est impossible d'exclure catégoriquement la possibilité d'une fuite de pétrole. Mais nous faisons tout ce qui est en notre pouvoir pour l'éviter. Après tout, c'est nous qui avons le plus à perdre : nous devrions payer des sanctions et notre réputation serait mise à mal. »* Preston m'assure que la politique de déversement zéro garantit que pas une seule goutte de pétrole n'est déversée dans la mer. Lorsque je lui demande s'il me serait possible de visiter la plate-forme pour vérifier ses dires, il me répond que la chose est en principe possible mais que, malheureusement, plus une seule place d'hélicoptère n'est disponible dans les jours qui viennent.

Kashagan est loin d'être le seul gisement pétrolier qui effraie les habitants d'Atyrau. Située à une cinquantaine de kilomètres à l'est de la ville, Tenguiz est, avec une capacité estimée à 25 milliards de barils, la sixième plus grande bulle pétrolière au monde. Depuis sa découverte en 1979, les ingénieurs soviétiques ne sont jamais parvenus à venir à bout de sa profondeur invraisemblable de 3 600 mètres et à maîtriser la pression incroyable de 800 bars avec laquelle le brut remonte à la surface. En 1985, une éruption fatale occasionna la mort de plusieurs travailleurs et en blessa de nombreux autres. Le puits, projetant des flammes à plus de deux cents mètres dans le ciel, resta allumé pendant plus d'un an. Lorsque les pompiers parvinrent enfin à éteindre l'incendie, les autorités communistes décidèrent – de façon assez inhabituelle – de faire appel au savoir-faire occidental et demandèrent l'aide de la société américaine Chevron. Suite à la chute de l'Union soviétique et à l'indépendance du pays, cette dernière négocia en 1993 avec le gouvernement kazakh l'obtention d'une concession de forage à Tenguiz, devenant ainsi la première compagnie pétrolière occidentale à investir massivement dans un territoire de l'ex-Union soviétique. Chevron, qui forme avec la société pétrolière nationale kazakhe la coentreprise Tenguizchevroil (TCO), a investi plus de deux milliards de dollars dans ce qui constitue son plus grand projet international. En y injectant deux milliards supplémentaires, la société espère atteindre une production de 700 000 barils par jour d'ici 2010, qui seront acheminés grâce à un nouveau pipeline de 2,2 milliards de dollars à travers le nord du Kazakhstan jusqu'au port russe de Novorossiisk sur la mer Noire.

S'il constitue à n'en pas douter une réussite, le gisement de Tenguiz est également au centre d'un vaste scandale de corruption fait de marchés nébuleux et de pots-de-vin de centaines de millions de dollars. Tout débuta à l'automne 1995 lorsque Lucio Noto, PDG de Mobil, concurrent américain de Chevron, résolut de se faire une place dans la coentreprise de Tenguiz et invita le président kazakh Noursoultan Nazarbaïev à venir négocier aux Bahamas dans un jet de sa société. Nazarbaïev, ancien métallurgiste, fut longtemps président du parti communiste kazakh et membre du Politburo de Moscou, ainsi qu'un acteur de premier plan dans le conflit d'influence qui opposa Michail Gorbatchev et Boris Eltsine à la veille de la dissolution de l'Union soviétique. Après s'être fait élire à la tête de la présidence kazakhe, l'homme âgé de soixante-trois ans suscita l'admiration de beaucoup en décidant de plein gré de rendre à la Russie toutes les têtes nucléaires basées dans son pays.

Aux Bahamas, Noto demanda à Nazarbaïev combien il souhaitait pour la moitié des actions détenues par l'État dans Tenguiz. Selon la journaliste Seymour Hersh, le dirigeant kazakh avança une série de demandes extravagantes. Outre une somme d'argent non divulguée, il exigea un nouveau jet Gulfstream, quatre camions avec antenne-satellite pour la chaîne de télévision de sa fille ainsi que de nouveaux terrains de tennis pour sa résidence kazakhe [*]. Mobil a depuis affirmé n'avoir accédé à aucune de ces demandes mais une enquête interne a révélé qu'au milieu des années 1990, Mobil avait payé des centaines de millions de dollars à des sociétés factices en Russie et au Kazakhstan et les enquêteurs de Mobil ont mis à jour des pratiques comptables douteuses et des transferts de plusieurs millions de dollars « apparemment sans aucune justification commerciale valable », tel que le décrit leur rapport. Mobil et d'autres compagnies pétrolières américaines présentes au Kazakhstan ont récemment fait l'objet d'investigations par les grands jurys fédéraux de Washington et de New York. Le département américain de la justice enquête sur d'éventuelles violations du Foreign Corrupt Practices Act (FCPA). Cette loi votée en 1977 interdit à tout citoyen américain de soudoyer des

---

[*] S. Hersh, « The Price of Oil » dans The New Yorker, 9 juillet 2001.

fonctionnaires étrangers, directement ou par le biais d'intermédiaires, lors de la conduite de transactions commerciales.

En mai 1996, Mobil acquit un quart de toutes les actions Tenguiz au prix « officiel » d'un milliard de dollars. Les Kazakhs demandèrent le transfert de cette somme sur des comptes bancaires suisses. Une année plus tard, plusieurs rapports révélèrent que la moitié de l'argent, soit 500 millions de dollars, n'avait jamais été répertoriée dans le budget kazakh et avait disparu sans laisser de traces. Confronté à une pression de plus en plus forte, le président Nazarbaïev accusa son premier ministre. Exilé à Londres, celui-ci organisa un mouvement d'opposition. Nazarbaïev orchestra alors immédiatement une répression policière contre toute opposition interne mais ne put éviter la mise sur pied d'une enquête par le département américain de la justice, qui parvint à convaincre en 1999 le gouvernement suisse de geler plus de 120 millions de dollars reposant sur des comptes bancaires au nom des enfants et de la famille de Nazarbaïev. Outré, le dictateur envoya des émissaires spéciaux kazakhs à Washington en vue d'exiger l'abandon des investigations. En octobre 2001, deux des principaux assistants de Nazarbaïev remirent la question des avoirs gelés sur la table lors d'une rencontre avec le vice-président américain Dick Cheney, mais sans succès *.

En mars 2002, Nazarbaïev fut finalement contraint d'admettre publiquement qu'il avait détourné le milliard de dollars de Mobil sur un compte en banque secret en Suisse. Il justifia son geste par la crainte qu'une telle infusion de liquide dans l'économie kazakhe ne provoque la chute de la devise nationale. Par mesure de sécurité, son parlement fantoche avalisa une nouvelle loi lui garantissant l'immunité à vie contre toutes poursuites ayant trait à des délits commis durant son mandat. On estime que depuis l'indépendance du pays, près de vingt pourcent de la richesse nationale a été transférée sur des comptes en Suisse. Ceci explique sans doute la raison pour laquelle les parlementaires kazakhs ont également, par mesure de précaution, légalisé le blanchiment d'argent. Les fonds ramenés au pays par les ressortissants kazakhs ne doivent ainsi plus être justifiés et ne font en outre l'objet d'aucune taxation. Inutile de se demander qui bénéficie le plus de cette nouvelle législation.

Les Kazakhs ne sont cependant pas les seuls à s'être rempli les poches avec les sommes énormes payées pour le contrat de Tenguiz. Intermédiaire entre les sociétés occidentales et le gouvernement kazakh, James Giffen a lui aussi empoché des millions. C'est durant la guerre froide que cet avocat californien né en 1931 commença à entretenir des relations professionnelles dans le bloc de l'Est. Travaillant alors pour le compte d'un producteur d'acier américain, il vendit durant de nombreuses années des systèmes de forage pétrolier à l'Union soviétique. Au milieu des années 1980, Giffen – qui n'est pas sans accuser une certaine ressemblance physique avec le milliardaire Donald Trump – fonda à New York

---

* New York Times, 11 décembre 2002.

une banque appelée Mercator et continua à entretenir des liens avec les dirigeants soviétiques. Lorsque Nazarbaïev remporta les élections présidentielles en 1991, il fit de Giffen son conseiller personnel. Ce Raspoutine des temps modernes devint alors une figure de proue dans la toute nouvelle industrie pétrolière du pays. Flanqué d'un passeport diplomatique kazakh, de gardes du corps et de nombreuses limousines Mercedes, le courtier fut à l'origine de nombre de contrats signés avec des sociétés étrangères. Il n'est dès lors guère surprenant que Giffen ait joué le rôle d'intermédiaire lorsque Chevron fit l'acquisition des droits de forage du gisement de Tenguiz. En retour de ses services, il obtint une « prime de gain » de sept cents de dollar sur chaque baril de pétrole extrait par Chevron. Au taux de production actuel, cela représente plus de 15 000 dollars par jour, soit plus ou moins 5 millions de dollars par an. Giffen accompagna également Nazarbaïev aux Bahamas pour le contrat de Mobil, voyage pour lequel il reçut une commission officielle de 41 millions de dollars. Il attira une première fois l'attention des autorités fin 1997 lorsqu'un partenaire commercial jordanien engagea à Londres des poursuites contre lui, le ministre kazakh des hydrocarbures ainsi qu'un sous-traitant de Mobil. Le plaignant accusait les trois hommes de lui avoir extorqué des millions de dollars de commissions lors de la conclusion de différents contrats pétroliers. L'enquête révéla suffisamment de détails sur les pratiques douteuses de Giffen pour que le gouvernement américain commence également à le poursuivre pour fraude, corruption et blanchiment d'argent.

Dans les quartiers généraux de Tenguizchevroil (TCO) près de l'aéroport d'Atyrau, mes demandes d'interviews sont plusieurs fois repoussées par les cadres de la société. Je décide alors de leur rendre une visite inopinée et parviens à m'entretenir avec Tom Winterton, directeur-général. Il refuse de discuter des problèmes de corruption, arguant que les patrons de TCO lui ont expressément interdit d'accéder à mes demandes d'interview. « *Vous savez, nous sommes assez conservateurs* », m'explique-t-il.

Après délibération, le directeur de Tenguiz accepte finalement de répondre par écrit à quelques-unes de mes questions. Alors que la plupart de ses réponses sont vagues et dédaigneuses, le communiqué de Winterton sur les activités de Chevron au Kazakhstan est pour le moins ironique quand on songe à l'affaire Giffen et aux poursuites judiciaires pour corruption dont fait l'objet le président Nazarbaïev : « *Le fait d'investir dans un pays nouvellement indépendant et dont le cadre légal et régulateur n'en est qu'à ses débuts pose évidemment toute une série de risques politiques. La direction énergique et la vision stratégique du président Nazarbaïev, ainsi que les efforts fournis par le gouvernement de la république du Kazakhstan pour créer un climat d'affaires stable et positif, ont réussi à minimiser ces risques* ».

Je reçois quelques jours plus tard des éclaircissements plus francs sur la corruption pétrolière grâce à une connaissance qui m'a obtenu un siège sur un vol de la société TCO qui doit quitter Atyrau ce soir-là pour Astana, nouvelle capitale du Kazakhstan. Me glissant le billet entre les mains, mon contact – une jeune Kazakhe – m'avait soufflé à l'oreille : « *Tcherdabaïev, le président de TCO, sera également à bord* ». Trois heures plus tard, je me trouve dans le salon VIP de l'aéroport. Un Tupolev blanc de facture récente se positionne sur le tarmac. La plupart des quinze autres passagers qui attendent pour monter à bord sont des ingénieurs pétroliers kazakhs et des cadres moyens. Vêtu d'un manteau de cachemire noir et flanqué de deux gorilles, Boris Tcherdabaïev entre soudain dans la pièce. Trapu, le visage boursouflé, de type asiatique, l'ancien vice-président de l'entreprise pétrolière nationale kazakhe est un de ces oligarques qui ont bâti leur fortune et leur pouvoir dans l'espace postsoviétique à grand renfort de pétrodollars.

Au Kazakhstan, où le système clanique est omniprésent, les Tcherdabaïev sont l'une des familles les plus puissantes d'Atyrau. En 2000, le président Nazarbaïev plaça l'homme de quarante-huit ans à la tête de TCO, poste où il succéda à son propre frère, lui-même longtemps ministre des hydrocarbures et gouverneur d'Atyrau. Aujourd'hui, le frère de Tcherdabaïev est à la tête des opérations ukrainiennes du groupe public et un de ses neveux occupe un poste important au ministère de l'énergie.

Une fois à bord, Tcherdabaïev s'assied tout à fait par hasard à côté de moi, juste derrière le cockpit. « *Qui êtes-vous ?*, me demande-t-il soudain dans un anglais parfait, *et que faites-vous à bord de mon avion ?* » Ses gardes du corps, debout dans le corridor juste à côté de nous, semblent tout aussi intéressés par ma réponse. Alors que l'avion s'élève à plus de 3 000 mètres, je me présente. Après un long silence, Tcherdabaïev me demande à voix basse : « *Et alors, mon garçon, que pensez-vous des jeunes filles kazakhes ?* »

Tcherdabaïev a grandi dans un village proche de Tenguiz avant de partir étudier en Sibérie au prestigieux Institut soviétique du pétrole et du gaz à Oufa. « *Je travaillais là-bas comme ingénieur lorsque le gisement de Tenguiz fut découvert en 1979* », se remémore-t-il tandis qu'une hôtesse nous sert du champagne et du saumon. « *Mais nous étions incapables de forer jusqu'à 4 000 mètres de profondeur et de maîtriser la pression incroyable. Nous avions besoin de la technologie et de l'argent de Chevron* », ajoute-t-il, visiblement déçu par le recours kazakh à l'aide occidentale. En dix ans, le pays a ainsi reçu près de dix milliards de dollars d'investissements étrangers, bien plus que son voisin russe. Plus récemment cependant, le gouvernement kazakh a renforcé les réglementations en vigueur et les compagnies étrangères ne peuvent plus aujourd'hui investir dans le pays que dans le cadre de partenariats sous contrôle kazakh. La plupart des oligarques, qui ont bâti leur fortune sur ce type de partenariat avec l'étranger, soutiennent cette nouvelle politique et considèrent que le contrat de Kashagan devrait être annulé et renégocié. Tcherdabaïev estime-t-il lui aussi que les étrangers ont acquis les gisements de Tenguiz et de Kashagan en-deçà de leur valeur ? Son visage trahit soudain une impassibilité toute centre-asiatique et le Kazakh se tait, refusant de répondre à ce qui demeure une question taboue.

On aperçoit dans la pénombre les contours flous de la côte caspienne. De minuscules îlots semblent flotter sur une mer de glace tandis que sur la rive, les conduites du gisement de Tenguiz crachent d'énormes flammes orangées qui ne sont autre que les excédents de gaz s'échappant durant la production. Illuminés par ces feux, d'énormes amas jaunâtres recouvrent la steppe comme autant de lingots d'or géants, un monceau de 4,5 millions de tonnes de soufre solidifié craché par le sol en même temps que le brut depuis le début des opérations de forage. Chaque jour, 4 500 tonnes de soufre supplémentaires viennent s'ajouter à ces amoncellements bilieux, où ils se solidifient pour former une masse poreuse. Afin de se débarrasser de ce matériel hautement acide, TCO a commencé à le transformer en granulés d'engrais qu'il revend ensuite en Europe.

« *Quelle est la meilleure université de Grande-Bretagne ?*, me demande soudain Tcherdabaïev. *Je veux y envoyer mon fils. Il a quatorze ans et aucune école au Kazakhstan n'est assez bonne pour lui.* » Tcherdabaïev a déjà envoyé ses deux filles en pension dans un collège de Boston, dans le Massachussetts. Il me demande ce que les gens là-bas, et les Occidentaux en général, pensent du Kazakhstan. Rien que du bien, lui dis-je, même si la corruption est perçue comme un grand problème. *« C'est vrai, la corruption représente un grand problème mais pas seulement ici – en Europe et en Amérique aussi. »*

On prétend, lui dis-je aussi, que les compagnies pétrolières étrangères basées au Kazakhstan ont dû payer des pots-de-vin pour obtenir des concessions de forage. *« Ah bon ? C'est vraiment ce que pensent les gens ? Et qui diable pensent donc être les Américains pour porter de telles accusations à notre encontre ? Une femme qui a deux amants n'a pas le droit de traiter une autre femme de prostituée sous prétexte qu'elle dort avec cinq hommes ! »* Un des gorilles de Tcherdabaïev nous lance un regard tandis que son patron commence à s'énerver. *« Nous avons longtemps souffert du joug communiste ici ! Quand j'étais jeune homme, ce marasme m'énervait prodigieusement. Et puis soudain, nous nous sommes retrouvés abandonnés et avons dû résoudre seuls nos problèmes. Ces dix dernières années ont été passionnantes, c'est vrai, mais certainement pas faciles. Chacun devait s'occuper de ses affaires. Et de sa famille aussi. »*

L'hôtesse remplit nos verres de champagne. *« Corruption ! Facile à dire ! Dites-moi alors comment George W. Bush est devenu président des États-Unis !*, me lance-t-il énervé avant de planter sa fourchette dans son saumon. *Les Américains sont les bienvenus s'ils veulent nous aider, aucun problème ! Mais qu'ils ne pensent pas en plus pouvoir venir nous faire la leçon »*, conclut-il alors que le pilote annonce notre descente vers Astana et recommande des vêtements chauds, les températures étant descendues largement en-dessous de zéro.

En face du terminal, une limousine sombre attend Tcherdabaïev et celui-ci offre de me conduire en ville. Nous arrêtant devant un hôtel du centre ville, il m'accompagne à l'intérieur et enjoint au réceptionniste de me donner une des meilleures chambres. *« Je vous offrirais bien la chambre, mon garçon,* lance-t-il en regagnant sa limousine, *mais cela aurait des allures de corruption, vous ne croyez-pas ? »*

*« La population ne reçoit absolument rien des bénéfices du pétrole »*, déclare Elena Karaban, de la branche kazakhe de la Banque mondiale. *« Le fossé entre les quelques riches et la population pauvre est abyssal. »* Karaban soutient les organisations non-gouvernementales qui surveillent la façon dont le gouvernement dépense ses pétrodollars. Elle explique comment la corruption et l'injustice sont à l'origine de tensions sociales qui pourraient à terme mener le pays vers une crise politique violente. *« Une grande partie de la population est ulcérée par la façon dont les richesses sont distribuées. Elle estime que le gouvernement et les sociétés étrangères pillent les richesses du pays. »*

Alors que la majorité des seize millions de Kazakhs vivent dans la pauvreté, nulle part ailleurs qu'à Astana on ne trouve de preuves plus éclatantes de cet énorme gaspillage. Il s'agissait d'une simple petite ville de province jusqu'à ce jour de 1995 où le président Nazarbaïev déclara que le gouvernement quitterait la charmante ville d'Almaty pour un nouvel endroit. Située dans les steppes du nord, la bourgade s'appelait encore Akmola, ce qui en kazakh signifie la « tombe blanche ». Ce nom ne convenant pas vraiment à une capitale, Nazarbaïev la renomma Astana – ce qui, fort à propos, signifie « capitale » – et consacra plus d'un milliard de dollars à différents projets de construction, en ce compris 50 millions de dollars pour un nouveau palais présidentiel ainsi qu'un parlement.

Almaty a toujours été le centre culturel du pays mais les observateurs politiques prétendent que Nazarbaïev voulait envoyer un message clair à Moscou. Moins de la moitié des habitants du pays sont kazakhs et plus du tiers sont des Russes qui vivent essentiellement dans le nord. Suite à l'indépendance des anciennes républiques soviétiques, les nationalistes russes exigèrent le rattachement des régions septentrionales du pays à la Fédération de Russie. En déplaçant sa capitale vers le nord, Nazarbaïev entendait étouffer cet irrédentisme dans l'œuf.

La grand-place qu'entourent les bâtiments du gouvernement à Astana est décorée de fontaines d'eau gelée et de drôles de lampadaires chinois qui ressemblent à des palmiers et au sommet desquels pend un bouquet de tubes fluorescents où dodelinent des lampes au néon, ce qui semble en dire long sur le goût prononcé du créateur pour les substances narcotiques. Non loin de là se dresse un centre commercial. Décorés de marbre clair, les trois étages de cette galerie sont reliés par des escalators et remplis de magasins de luxe. Étant donné que les prix en vigueur sont bien trop élevés pour la majorité des Kazakhs, le centre, à l'exception des vendeurs, est quasiment désert. Un point-presse affublé d'une enseigne « Presse internationale » vend des journaux russes.

Sur les berges de la rivière Ishim, de somptueux immeubles, dont la plupart des appartements sont inoccupés, s'élèvent vers le ciel. On trouve au pied de ces gratte-ciel de vieilles maisonnettes dont le gouvernement, soucieux d'impressionner les visiteurs officiels, a fait recouvrir les murs gris et piteux de trompe-l'œil en plastique à l'effet marbré. Malheureusement, le « marbre » commence déjà à se décoller sur les côtés.

Andrew Rearick, directeur d'un groupe de réflexion basé à Almaty prodiguant des conseils aux sociétés étrangères désireuses d'investir en Asie centrale, explique : « *Dans sa façon de générer les revenus soudains du pétrole, le Kazakhstan n'a certes pas fait aussi mal que le Nigéria mais, d'un autre côté, ce n'est pas non plus la Norvège* ». Le pays scandinave est souvent cité comme l'exemple d'une nation étant parvenue à gérer l'impact d'un jackpot pétrolier sans crise politique ou sociale majeure tout en redistribuant les revenus de manière relativement égale. Pour la plupart des États pétroliers du globe, cependant, l'arrivée soudaine de pétrodollars s'est révélé être un cadeau empoisonné provoquant corruption, tensions sociales, coups d'État et guerres civiles.

Après le choc pétrolier de 1973, la plupart des gouvernements des pays exportateurs de pétrole dépensèrent leurs énormes revenus dans des investissements à grande échelle portant sur des programmes sociaux, des infrastructures ou l'armée, et subsidièrent des compagnies publiques. Leurs économies furent cependant incapables d'absorber un tel afflux de liquide et lorsque les prix du pétrole s'effondrèrent dans les années 1980, ils se trouvèrent dans l'incapacité de couvrir les dépenses et le boom prit fin. Les gratte-ciel modernes de Lagos et de Caracas restèrent désespérément vides tandis que le chômage et la pauvreté prirent des proportions gigantesques. Dans la plupart des pétro-États, la croissance économique lors des deux décennies suivant 1973 fut inférieure à celle d'avant le choc pétrolier et le revenu par habitant chuta *.

De nombreux pays durent faire face à des crises politiques et sociales majeures. En Iran, le programme de réformes mis en œuvre par le Shah dans le cadre de la révolution blanche entraîna la révolution islamique et le Nigéria fut le théâtre d'une série de coups d'État. Des guerres civiles sanglantes frappèrent l'Algérie et le Soudan tandis que le Venezuela fut la proie d'émeutes constantes et de renversements militaires qui faillirent immobiliser le pays – et son industrie pétrolière – sous la présidence d'Hugo Chavez.

Afin d'éviter la ruine économique, les pays de l'OPEP obtinrent des prêts portant sur des milliards de dollars. Aujourd'hui, l'Arabie saoudite et de nombreux autres États connaissent des taux d'inflation à deux chiffres et une dette extérieure faramineuse. Les économistes imputent cela à un phénomène appelé le « syndrome hollandais » que l'on rencontre dans les pays qui concentrent leurs revenus sur un seul segment de l'industrie tout en négligeant les autres. Les gouvernements qui retirent de planureux bénéfices de l'exportation des matières premières estiment ainsi souvent ne plus devoir subvenir aux secteurs de la construction et de l'agriculture. Les entreprises actives dans ces domaines font alors faillite, de nombreuses personnes perdent leur emploi et les employés les plus qualifiés s'expatrient. Une manne pétrolière inattendue soumet les devises nationales à une

---

\* D. Hoffmann, « The Politicisation of Oil » dans R. Ebel et M. Rajan, *Energy and Conflict in Central Asia and the Caucasus*, Rowman & Littlefield, 2000, p. 55-77.

surévaluation artificielle et rend les exportations plus difficiles. Le regard que porte Rearick sur ce « Far-East » n'est guère réconfortant : *« Le syndrome hollandais commence à se faire ressentir dans tous les États péricaspiens »*.

La corruption demeure cependant le principal fléau des pays confrontés à un brusque enrichissement pétrolier, comme l'explique Rearick : *« Le pétrole fait flamber les enjeux dans la course au pouvoir »*. La Norvège écarta le danger en créant un fonds spécial pour les revenus du pétrole de la mer du Nord destiné entre autres à financer hôpitaux et universités. Cette politique est considérée comme un modèle pour les pétro-États en voie de développement et activement encouragée par les gouvernements occidentaux. L'Azerbaïdjan et le Kazakhstan ont également créé de tels fonds pour les revenus du pétrole. *« Le président Nazarbaïev a injecté un milliard de dollars dans le fonds kazakh pour la seule année 2001,* explique ainsi Rearick. *Le problème, c'est qu'il a tout simplement amputé cette somme du budget national. »* De façon guère surprenante, ce fonds pétrolier est géré par des proches du président Nazarbaïev. Les dépenses ne sont pas transparentes et il n'existe pas de règles pour l'attribution de ces sommes. *« Personne ne sait ce qu'il fait de cet argent. Ils disent aux gens : 'Faites-nous confiance, nous faisons ce qu'il faut pour vous', mais au Kazakhstan, le népotisme n'est pas considéré comme de la corruption mais plutôt comme une marque de responsabilité envers le clan. »*


Le destin des oléoducs représente un risque d'embrasement énorme non seulement pour les États de la région caspienne mais également pour les puissances externes rivales. La Russie, voisine septentrionale du Kazakhstan, met ainsi tout en œuvre pour que le pétrole en provenance de Kashagan soit acheminé par l'actuel réseau de conduites jusqu'au terminal de Novorossiisk sur la mer Noire. Mais dans la mesure où une partie du pétrole de Tenguiz passe déjà par le territoire russe à travers une toute nouvelle conduite de plus de 1 700 kilomètres, le Kazakhstan n'a guère envie de faire dépendre l'entièreté de ses exportations de brut du bon vouloir de Moscou. Le consortium de Kashagan appréhende également les taxes exorbitantes exigées par la Russie ainsi que les fermetures et autres actes de sabotage bureaucratique auxquels les opérateurs de Tenguiz ont déjà été confrontés par le passé.

Les États-Unis souhaitent que le pétrole traverse la Caspienne par bateau jusqu'à Bakou pour être ensuite déversé dans le pipeline qui doit rejoindre le terminal méditerranéen de Ceyhan en Turquie. L'Iran a pour sa part suggéré un tracé qui traverse le Turkménistan en longeant la rive orientale de la Caspienne avant de passer par l'Iran pour terminer sa course dans le Golfe. La République islamique a même proposé pour ce faire une aide financière de 1,6 milliard de dollars. Une route en direction du sud-est à travers l'Afghanistan post-talibans serait une autre possibilité, évoquée par le président Nazarbaïev lors d'une visite officielle en Inde début 2001.

Un autre acteur régional s'est également immiscé dans la course au pétrole kazakh. En 1997, les dirigeants communistes chinois – dont la politique extérieure est de plus en plus conditionnée par les hydrocarbures – sommèrent la China National Petroleum Corporation (CNPC) d'acquérir soixante pourcent des parts du troisième plus important champ pétrolier kazakh, celui d'Aktiubinsk. Les Chinois, en payant bien plus que le cours du marché, mirent rapidement la main sur deux gisements supplémentaires et parvinrent à un accord avec le gouvernement kazakh portant sur la construction d'un pipeline de deux mille kilomètres à travers la steppe kazakhe reliant la mer Caspienne à Urumqi, capitale de la province occidentale du Xinjiang.

En fin de compte, ce sont les Kazakhs eux-mêmes qui devront déterminer le chemin qu'empruntera le pétrole de Kashagan. Sabr Yessimbekov, ancien ambassadeur kazakh au Japon et étoile montante de la société KazMunaiGas (KMG), est le responsable officiel de la planification des oléoducs kazakhs. Il fait partie de cette nouvelle génération de Kazakhs qui ont fait leurs études en Occident et parlent l'anglais presqu'aussi bien que le russe. Il rentre d'une tournée d'inspection sur un chantier où Chinois et Kazakhs travaillent à la construction d'un pipeline de taille moyenne qui pourrait à terme être étiré jusqu'au Xinjiang. *« C'est un bon projet, dit-il, nous préférons en général acheminer notre pétrole vers l'est plutôt que vers l'ouest car c'est là que la demande est la plus forte. »*

Selon Yessimbekov, les coûts de constructions faramineux ne poseront plus de problèmes une fois que les Chinois auront trouvé assez de pétrole au Kazakhstan. Pourtant, lorsqu'il se remémore sa dernière visite sur le site de construction, il roule de gros yeux avant d'ajouter : *« La collaboration avec les équipes chinoises n'est pas très facile. Leur style est encore très soviétique : ils ont un plan quinquennal et entendent le respecter quoi qu'il arrive. Ils sont très bureaucratiques et inflexibles ».* L'amertume de Yessimbekov envers la forte présence chinoise dans son pays est partagée par beaucoup de Kazakhs. L'ancrage profond des préjugés raciaux trouve son origine dans la propagande soviétique envers le « péril jaune » suite à la dispute entre Khrouchtchev et Mao Zedong à la fin des années 1950, ainsi que dans la crainte ancestrale du désir chinois de s'accaparer des terres à l'Ouest.

*« Si on examine l'histoire, les Chinois ont – tout comme les Russes – toujours agi au détriment des Kazakhs, explique Yessimbekov. À l'heure actuelle, les Chinois sont redevenus très agressifs et veulent à tout prix pénétrer au Kazakhstan. C'est pourquoi le stationnement de troupes américaines en Asie centrale est une bonne chose car cela contient les Chinois. Ces soldats nous protègent et envoient aux Russes et aux Chinois un signal clair que le monde a changé. L'Amérique encercle aujourd'hui militairement la Chine et personne n'imagine un seul instant que la soi-disant guerre contre le terrorisme menée par les États-Unis a un quelconque rapport avec Oussama Ben Laden. Cette guerre est la nôtre, c'est notre pétrole qu'ils veulent. »*

La conduite du BTC que favorisent les Américains et qui doit transporter le pétrole de Kashagan à Ceyhan en Méditerranée n'est toutefois pas l'option préférée de Yessimbekov. *« La Géorgie demeure un problème ; le pays n'est pas assez stable. Il suffirait d'un seul fou pour faire sauter le pipeline. »* Pour lui, le choix du tracé ne fait aucun doute. *« Nous estimons que le tracé iranien est le plus rentable et le plus raisonnable du point de vue économique. Et nous choisirons la solution qui est la meilleure pour le Kazakhstan. »* Le président Nazarbaïev a maintes fois demandé à l'administration Bush de lever son opposition au projet perse. Les Kazakhs ont également essayé de rafraîchir la mémoire du vice-président américain Dick Cheney lors de pourparlers. Celui-ci, alors qu'il était PDG de la société pétrolière Halliburton – qui a de nombreux intérêts commerciaux en Iran – avait appelé à plusieurs reprises à la suspension des sanctions américaines.

Cependant, même après les attentats du 11 septembre 2001, alors qu'un dégel des relations entre les États-Unis et le régime iranien anti-talibans semblait se dessiner, Washington persista dans sa ligne dure. Lors d'une visite à Astana en décembre 2001, le secrétaire d'État américain Colin Powell déclara ainsi : *« Aucun élément consécutif au 11 septembre ne me porte à croire qu'il conviendrait de réviser la politique américaine sur les oléoducs centre-asiatiques »*. À peine Powell avait-il fini que Nazarbaïev s'empara du micro pour préciser que le tracé iranien *« serait le plus profitable et le plus efficace »* pour le Kazakhstan et toutes les compagnies pétrolières présentes dans le pays et réitéra, sous le regard impassible de Powell, son intention de construire le pipeline persan.

Un mois plus tard, dans son discours sur l'état de l'Union, le président Bush désignait l'Iran comme faisant partie d'un « axe du Mal », un message clair pour le Kazakhstan selon certains observateurs.

Lors d'une visite d'État au Kazakhstan en avril 2002, le président iranien Mohammed Khatami s'adressa à un parterre d'entrepreneurs étrangers et au corps diplomatique d'Almaty dans son ensemble, en ce compris l'ambassadeur américain. Habillé comme à son habitude de la robe brune et du turban noir chers aux mollahs, Khatami entama son discours par la formule islamique *« Bismillah-ir-Rahman-ir-Rahim ! »* (« Au nom d'Allah, clément et miséricordieux ! ») avant de s'attaquer à la politique américaine au Proche-Orient et de mettre en garde contre un monde unipolaire. Assis à côté de son hôte, Nazarbaïev s'empressa d'acquiescer. Khatami déclara ensuite que la présence de troupes américaines en Asie centrale était une *« humiliation »* pour la région. Un fonctionnaire kazakh de haut rang commenta le discours de Khatami en déclarant que *« les Américains ne veulent pas comprendre qu'ils ne sont ni nos voisins ni nos amis mais simplement un peuple riche et puissant qui vit très loin d'ici. Nous recherchons leur amitié uniquement parce qu'il vaut toujours mieux être du côté du vainqueur »*.

L'administration Bush exige du régime de Nazarbaïev qu'il arrête de faire les yeux doux à l'Iran. *« Ils menacent les sociétés kazakhes de sanctions, soutiennent l'opposition basée à Londres et nous parlent de droits de l'Homme,* explique Maulen Ashimbaïev, directeur de l'Institut kazakh des études stratégiques et proche conseiller du président Nazarbaïev. *Plus embêtant encore, le département américain de la justice compte poursuivre ses investigations sur notre président. »*

En novembre 2002, les relations entre les États-Unis et le Kazakhstan connaissaient une nouvelle période de tension lorsque la société ChevronTexaco décida unilatéralement de postposer indéfiniment un projet depuis longtemps planifié d'augmentation de la production du gisement de Tenguiz portant sur trois milliards de dollars. Ce retrait faisait suite à une violente dispute avec le gouvernement kazakh sur la manière de financer le projet, qui aurait permis d'accroître la production jusqu'à 430 000 barils par jour en 2005. *« Nous n'avons pas eu d'autre choix que de suspendre toutes nos activités »*, déclara Peter Robertson, vice-président de Chevron, visiblement frustré. La société insista sur le fait qu'il convenait de financer le nouvel investissement à l'aide des profits générés par la production actuelle, ce qui aurait eu pour conséquence une réduction massive des taxes payées à l'État kazakh. Le réinvestissement des profits aurait signifié une perte de revenus taxatifs s'élevant à 200 millions de dollars par an jusqu'en 2006. Apeuré, le gouvernement kazakh exigea la renégociation des termes du contrat de Tenguiz, une revendication qui trouvait son origine dans l'opinion fortement répandue selon laquelle la plupart des contrats signés avec des compagnies pétrolières occidentales au début des années 1990 étaient iniques et tiraient profit de l'inexpérience des États péricaspiens et de leur besoin pressant de devises étrangères. Lasse de ce marchandage, la compagnie ChevronTexaco prit le gouvernement au mot et licencia du jour au lendemain près d'un millier de travailleurs. Le gouvernement kazakh fut contraint de céder et demanda très vite à l'entreprise de revenir à la table des négociations.

« Le Kazakhstan reçoit une leçon de politique énergétique », titrait ce jour-là le New York Times, mais cette impasse ne constitue-t-elle qu'une manche supplémentaire dans la lutte féroce pour le pouvoir que se livrent les multinationales occidentales et les gouvernements du tiers-monde dans l'économie mondialisée d'aujourd'hui ? \* ou marque-t-elle au contraire un tournant décisif dans le nouveau Grand Jeu caspien en portant un coup dur aux intérêts américains ? Je pose ces questions à l'ambassadeur Steven Mann, proche conseiller du président Bush pour la diplomatie énergétique en région caspienne. Ce diplomate de carrière est le principal fonctionnaire de Washington en charge des questions énergétiques dans la région. Ancien envoyé au Turkménistan, Mann acquit une certaine notoriété dans les milieux diplomatiques centre-asiatiques lorsque l'excentrique dictateur Saparmourat Niazov, mécontent de la politique extérieure américaine, l'obligea à vider une carafe de vodka entière lors d'une réception officielle. La légende veut que Mann, imperturbable, se soit montré à la hauteur.

Me recevant dans son bureau au département d'État, le diplomate, homme affable de cinquante-deux ans que sa chemise bleue à col blanc fait ressembler à un trader, est de toute évidence déçu par les derniers événements au Kazakhstan. *« Le gouvernement kazakh est en train de véritablement harceler Chevron*, dit-il en s'enfonçant dans son luxueux fauteuil un café à la main. *Les Kazakhs essaient de voir jusqu'où ils*

---

\* New York Times, 16 novembre 2002.

*peuvent aller en matière de climat d'investissement.* » Son boulot consiste maintenant à faire ce qu'il appelle du « soutien commercial », c'est-à-dire tenter de résoudre le différend. « *Nous essayons évidemment d'obtenir de bons contrats pour les sociétés américaines. C'est pourquoi nous nous asseyons à la table des négociations avec les Kazakhs.* » Le but n'est pas, souligne Mann, de faire pression sur le gouvernement kazakh mais bien de le persuader que sa ligne de conduite n'est pas prudente, l'idéal pour le gouvernement américain étant que les sociétés privées misent sur leurs propres atouts commerciaux. Mann sourit : « *J'aime à dire dans la région que je représente les forces les plus puissantes du monde… celles du marché !* » Il ajoute qu'il est de l'intérêt de l'administration Bush d'acheminer le pétrole caspien vers les marchés à un prix compétitif. « *Comme ce pétrole ne dépend pas de l'OPEP, il pourrait servir à fixer une limite de prix. Après tout, il s'agit bien de la plus grande croissance de production au monde hors OPEP.* »

Quelques heures auparavant, Mann apprit qu'un tribunal kazakh avait – apparemment par mesure de rétorsion – infligé à Chevron une amende de 70 millions de dollars pour avoir violé les règles environnementales en stockant du soufre sur le site de la société. « *Il s'agit d'une nation souveraine, ils peuvent faire ce qu'ils veulent – en tout cas, ils ont le droit d'essayer* », déclare-t-il avant de mettre le régime de Nazarbaïev en garde contre les conséquences de ses agissements pour les futurs investisseurs. « *Ils doivent comprendre qu'ils sont en concurrence mondiale. Leurs concurrents ne sont pas les autres nations caspiennes mais l'Angola, le Brésil ou le Mexique. De nos jours, le plus important est d'offrir le meilleur climat d'investissement.* » Mann rejette les objections kazakhes selon lesquelles les accords pétroliers du début des années 1990 favoriseraient outrageusement les multinationales occidentales. « *Ils n'étaient pas naïfs, ils savaient très bien que les compagnies ne se risqueraient à investir dans l'ex-Union soviétique qu'avec une prime de risque.* » Pourtant, lorsque je lui pose la question de savoir s'il n'est pas logique qu'un gouvernement national tente de s'assurer un maximum de revenus taxatifs pour en faire bénéficier la population, il répond dédaigneusement : « *Ce n'est pas notre problème, c'est là une affaire interne* ».

Le diplomate jette un œil à sa montre. Dans quelques heures, il doit s'envoler pour Londres afin d'y conduire des négociations entre des officiels gouvernementaux kazakhs et les opérateurs du BTC emmenés par BP. « *C'est notre première réunion avec les Kazakhs pour déterminer leur calendrier de participation dans le pipeline du BTC.* » Je demande à Mann si les récents événements avec Chevron ne vont pas pousser le régime de Nazarbaïev plus encore vers le tracé iranien. « *Écoutez*, répond-il, *cela fait dix ans qu'on nous parle du pipeline iranien mais ce sont les nôtres qu'on est en train de construire.* » L'option iranienne est basée sur la « *croyance naïve* » selon lui que l'opposition américaine va s'évaporer. « *Mais tel ne sera pas le cas*, insiste Mann. *Il s'agit de la volonté populaire américaine et elle est ferme. En d'autres termes, la Banque mondiale ne payera jamais pour un oléoduc iranien.* »

Sur le mur derrière Mann est accrochée une affiche de propagande datant de 1919 sur laquelle le mot « vengeance » est inscrit en russe. On y voit la cavalerie tsariste montée sur de splendides étalons blancs repoussant dans les enfers un

Lénine à la mine patibulaire et ses camarades bolchéviques. Dans le fond, on remarque des dragons crachant du feu en train de torturer les communistes à mort à grand renfort de détails. *« J'aime regarder cette affiche, elle me plaît tant esthétiquement qu'idéologiquement,* ajoute Mann – qui parle un russe parfait – en riant. *Je suis un anticommuniste ; la révolution est sans aucun doute la pire chose qui pouvait arriver à la Russie. Il aurait fallu que les Blancs gagnent la guerre civile. »*

Son intransigeance idéologique pourrait aider Mann lorsqu'il s'agira de négocier bientôt avec la nation qui constitue sans doute le rival le plus acharné des États-Unis dans le cadre du Grand Jeu centre-asiatique : la Chine communiste.

# Le Réveil du géant

Pour gagner la Chine depuis Almaty, il me faut effectuer un détour par le Kirghizstan, au sud du Kazakhstan, et traverser la frontière chinoise au col d'Irkeshtam, à quelque 300 kilomètres au sud-est de la ville kirghize d'Osh. De là, j'emprunte à l'aube une ancienne jeep UAZ russe en direction de Kachgar, dans la province chinoise occidentale du Xinjiang, qui est en passe de devenir rapidement un autre terrain important du Grand Jeu. Sergueï, mon chauffeur russe, a l'air d'avoir trop bu la veille et me raconte son histoire. Il travaillait autrefois dans une usine produisant des pompes à eau pour tout l'empire soviétique mais celle-ci, à l'instar des aciéries et des usines de textile, a fermé ses portes il y a longtemps. La plupart des gens d'Osh sont maintenant sans emploi et la seule compagnie florissante en ville est la distillerie de vodka. *« Et pour éviter que cela ne change, je bois un verre de temps à autre »*, ajoute-t-il avec une logique implacable. Cinq heures plus tard, notre véhicule aborde la dernière centaine de mètres qui nous sépare du sommet du col. La route n'est guère plus qu'un sentier de terre et de boue. Nous sommes à une altitude de 3 000 mètres et une mince couche de neige recouvre les flancs des montagnes du Pamir. Nous avons déjà franchi plusieurs barrages militaires et arrivons en vue du dernier poste de contrôle.

Le poste-frontière est constitué de plusieurs baraquements délabrés alignés le long d'une esplanade boueuse. À l'une des extrémités, un portail de barbelés se dresse devant quelques camions KamAZ remplis de ferraille. Les gardes-frontières kirghizes, mal rasés et engoncés dans des uniformes mal ajustés et en lambeaux, ont l'air un peu perdu. S'adressant à mon chauffeur, l'un d'eux dit : *« Il y a eu un accident et la frontière chinoise est fermée »*. Un camion a apparemment fait une embardée dans le no man's land d'un kilomètre qui sépare les deux pays et la route est bloquée. Deux officiers s'approchent de notre véhicule et, un peu honteusement, demandent à Sergueï s'il peut les emmener sur le lieu de l'accident car le réservoir de leur voiture de service est vide. Sergueï accepte et les trois hommes se mettent en route. Entre-temps, les autres gardes-frontières m'invitent à boire un verre de vodka dans leur conteneur.

Un poêle à bois chauffe la pièce. Nous nous asseyons sur des sacs de pommes de terre apparemment abandonnés par un chauffeur en guise de droits de douane. Les hommes jettent leur chapeau – toujours orné de l'étoile rouge soviétique – sur la table et sortent trois bouteilles de vodka ainsi qu'une boîte de sardines à l'huile.

Les heures défilent, les toasts aussi. Un des douaniers, vétéran de la guerre en Afghanistan, tire de son veston un éléphant en peluche dont le ventre mou contient une batterie qui émet un son de trompette quand on lui secoue la trompe. *« Fabrication chinoise ! »*, rigole-t-il. Trois jeunes femmes d'allure avenante pénètrent alors dans la pièce. L'une d'elles se présente, elle s'appelle Loudmira. Elles vident quelques verres en notre compagnie, les rires vont bon train et Loudmira me demande si je ne veux pas la rejoindre dans une autre cabine pour cent soms – plus ou moins deux dollars américains.

C'est à ce moment que Serguéï nous rejoint en compagnie des deux officiers. Les Chinois ont dégagé la route et la frontière est de nouveau ouverte. Nous buvons un dernier verre pour la route et Loudmira me souhaite bonne chance en Chine. Je traverse ensuite le no man's land avec un chauffeur kirghize jusqu'au poste-frontière chinois. La benne de son Kamaz – camion de fabrication russe – est chargée, comme toutes les autres sur cette route, d'énormes morceaux de ferraille, derniers témoins de ces usines que l'on ferme et démantèle au Kirghizstan et dans les autres républiques de l'ancienne URSS. Achetées par des entrepreneurs chinois, celles-ci sont fondues et servent à la construction de nouvelles usines. Un empire en plein essor dépèce ainsi le cadavre d'un autre en pleine déliquescence.

Roulant en première, le convoi de Kamaz arrive à hauteur d'un drapeau rouge et, après un ultime tournant, parvient en vue du poste-frontière chinois, qui offre un contraste stupéfiant avec la frontière que je viens de franchir. Devant nous se dresse un complexe de bâtiments blancs flambant neufs, tout de métal et de vitres bleutées, évoquant un terminal d'aéroport. Des caractères chinois en rouge proclament « République populaire de Chine ». Une énorme horloge indique l'heure de Beijing, la même pour tout le pays. Le toit est orné de centaines de drapeaux miniatures multicolores. L'équipement technique est du dernier cri et comprend des barrières électroniques, des machines radiographiques et des caméras de surveillance. Contrairement à leurs collègues kirghizes, qui doivent se contenter de véhicules militaires vétustes, les gardes-frontières chinois disposent d'une flotte de Mitsubishi Pajero toutes neuves et ne connaissent visiblement pas de problèmes de ravitaillement.

Le sentier boueux a cédé la place à une route en asphalte impeccable. Les camionneurs se garent sur un parking énorme avec trottoirs et parterres de fleurs et éteignent leur moteur. Deux gardes chinois à l'uniforme fringant passent d'un véhicule à l'autre pour récolter les passeports. Bien que minuscules, les Chinois traitent les chauffeurs turciques avec un mélange d'arrogance et de condescendance. *« Ils nous prennent pour des barbares »*, se plaint un Ouzbek. Agrippant son sac de couchage, il descend de son camion et le ferme à clé. *« Autant aller se coucher. De toute façon, ils ne nous laisseront pas passer avant demain matin. »*

Personne ne semble vouloir revenir avec nos passeports et malgré que le soleil soit encore haut dans le ciel, l'heure de Beijing indique également celle de la fermeture. Les barrières sont alors refermées et, le complexe entier résonnant au son d'une musique militaire, les gardes-frontières rejoignent leurs quartiers en colonne. La manœuvre est impeccable, les bottes frappent le sol en cadence, tout cela a un côté légèrement absurde parmi les solitudes montagneuses qui nous entourent. Tout espoir de rejoindre l'oasis de Kachgar avant la nuit semble s'évanouir, aussi je décide de passer la nuit en compagnie des chauffeurs dans un des petits hôtels bas de gamme construits par des entrepreneurs chinois dans les hangars qui jouxtent le parking. Il fait rudement froid mais de copieuses rations de vodka et de soupe de nouilles chinoises nous aident à nous réchauffer.

Le lendemain matin, nous sommes réveillés au son maintenant familier des marches militaires. Le soleil se blottit encore derrière les montagnes grises mais l'horloge de Beijing indique déjà neuf heures. Devant le bâtiment du terminal, les gardes se rassemblent pour l'appel du matin. Un officier leur aboie des ordres et ceux-ci regagnent aussitôt leur poste. Pendant l'inspection des passeports, je fais la conversation avec Wan, officier originaire de Beijing. *« Nous avons ouvert ce poste-frontière il y a trois ans*, m'explique-t-il dans un anglais passable. *Mais le boulot n'est pas évident en raison du trafic. »* Il lance un regard en direction des Kamaz surchargés de ferraille. *« On peut cacher n'importe quoi là-dedans, de la drogue par exemple. »* Les services de répression internationaux ont en effet constaté que le Xinjiang constitue une plaque tournante de plus en plus prisée pour le trafic d'opium et d'héroïne afghans à destination de la Russie. Wan de conclure : *« Mais le plus grand danger, ce sont évidemment les armes que les trafiquants font parvenir aux terroristes séparatistes ».*

C'est la raison pour laquelle je me rends au Xinjiang. Je tiens à me rendre compte sur place de l'importance du mouvement séparatiste ouïgour qui tente d'endiguer la colonisation de la province par les Hans chinois. De nombreux actes terroristes visant des bâtiments officiels de la province ont été attribués aux séparatistes dans les années 1990 et les liens étroits qui unissent les neuf millions de musulmans ouïgours qui y vivent aux peuples turciques d'Asie centrale ont inévitablement entraîné la Chine dans le nouveau Grand Jeu.

L'officier Wan me rend mon passeport et me souhaite un bon séjour en Chine. Vingt-quatre heures exactement après mon arrivée au poste-frontière sino-kirghize, un chauffeur chinois consent à m'emmener à Kachgar. L'excellente route en asphalte que nous empruntons serpente entre des crêtes sableuses à l'aspect grandiose et sillonne quelques villages ouïghours aux maisons de terre. L'air est sensiblement plus sec, les températures plus douces. Des chameaux sauvages aux bosses hirsutes traversent la route. Au sud se dressent les sommets enneigés du Pamir tandis que devant nous, à l'est, s'étirent les solitudes sablonneuses du Taklamakan. J'imagine fort bien ce qu'a dû ressentir le diplomate et franc-tireur anglais Fitzroy Maclean lorsque ses pérégrinations orientales l'amenèrent ici pour la première fois : *« Il est au monde peu de territoires habités qui soient plus reculés et, pour le voyageur ordinaire, plus inaccessibles, que le Sin-Kiang ou, comme on l'appelle également, le Turkestan chinois. Les cartes représentent simplement le Sin-Kiang comme une province ordinaire de la Chine, mais, bien qu'on puisse apprendre beaucoup par les cartes, celles-ci ne disent pas toujours tout. Géographiquement, le Sin-Kiang est séparé de la Chine par la formidable étendue du désert de Gobi, et ses habitants sont pour la plupart non pas des Chinois, mais des Turcs, apparentés par la race, la langue et la religion, aux habitants du Turkestan russe* \* ».

Différents khans contrôlèrent la région pendant plusieurs siècles avant qu'elle ne soit conquise par les troupes chinoises de la dynastie Qing au milieu du XVIII<sup>e</sup> siècle. Le légendaire général chinois Zuo Zongdang, connu également sous le nom de général Tso, consolida plus tard le pouvoir chinois dans ce qu'il nomma le Xinjiang – ou « Nouveau territoire » –, qui demeura interdit aux Occidentaux jusqu'à la fin du XIX<sup>e</sup> siècle. Le Turkestan chinois devint un poste avancé du Grand Jeu lorsqu'un ancien danseur tadjik reconverti en homme de guerre et aventurier, Yakoub Beg, s'empara de la Kachgarie au milieu des années 1860. Cet aventurier musulman qui prétendait descendre directement de l'émir médiéval Tamerlan expulsa les dirigeants chinois et se fit proclamer roi. Soucieux de se ménager des appuis face à une dynastie mandchoue avide de revanche, ce rusé despote alloua des concessions commerciales tant aux Russes qu'aux Britanniques. En homme avisé, il cherchait ainsi à monter l'une contre l'autre les deux puissances principales du Grand Jeu. Craignant de s'attirer les foudres chinoises, le régime tsariste se montra tout d'abord réticent à l'idée de traiter avec Beg. De retour d'une expédition à Kachgar dans les années 1870, l'explorateur russe Nikolaï Prjevalski notait : « *Yakoub Beg ne vaut pas mieux que les autres asiatiques calculateurs et l'empire de Kachgarie ne vaut pas un kopek* † ».

Les Britanniques, eux, ne s'embarrassèrent pas de tels scrupules et sautèrent sur cette occasion d'étendre leur influence dans la région. Le marchand et aventurier Robert Shaw fut le premier Anglais à atteindre la mystérieuse cité de Kachgar à l'automne 1868. Beg le reçut dans son palais et les deux hommes sympathisèrent aussitôt, le despote local allant même jusqu'à déclarer : « *La reine d'Angleterre est pareille au soleil qui réchauffe toutes les choses sur lesquelles il pose ses rayons. Pour ma part, je suis dans le froid. Je souhaiterais que quelques rayons parviennent jusqu'à moi* ‡ ».

Dans les années suivantes, les Britanniques abandonnèrent leur politique d'« inactivité magistrale » en Asie centrale pour une stratégie plus agressive, au grand dam de la Russie et de la Chine, envoyant plusieurs missions d'Inde vers Kachgar à travers les montagnes du Karakoram. À la mort de Yakoub Beg en 1877, les Chinois parvinrent cependant à reconquérir leurs marches occidentales et à y asseoir une domination ferme. C'est seulement en 1933 que des rebelles séparatistes ouïghours parvinrent à déclarer une éphémère République islamique du Turkestan oriental à Kachgar. Le contrôle qu'ils exerçaient de façon semi-autonome sur d'autres parties de la province sous le régime du Guomindang prit fin lorsque les troupes communistes de Mao arrivèrent au pouvoir en 1949. Une dernière rébellion ouïgoure fut écrasée à Khotan en 1954.

---

\* F. Maclean, *op. cit.*, p. 113.
† K. Meyer et Sh. Brysac, *Tournament of Shadows: The Great Game and the Race for Empire in Asia*, Counterpoint Press, 1999, p. 329.
‡ P. Hopkirk, *Le Grand Jeu: Officiers et espions en Asie centrale*, Nevicata, 2011, p. 349.

À la chute de l'Union soviétique au début des années 1990, les Chinois se sont soudain trouvés confrontés à un trou noir géopolitique le long de leur frontière occidentale. Au début, le régime communiste considérait les États limitrophes nouvellement indépendants comme une menace pour son intégrité territoriale. Au Xinjiang, l'exemple des anciennes républiques soviétiques incita les Ouïgours à résister à l'emprise de Beijing. L'extrémisme islamiste qui gagna le pays en provenance d'Asie centrale compliqua encore la donne. Plusieurs centaines d'Ouïgours partirent étudier dans des madrasas au Pakistan et affiner leurs techniques de combat aux côtés des talibans en Afghanistan. Le gouvernement chinois somma ses voisins d'Asie centrale, où vivent plusieurs dizaines de milliers d'Ouïgours, de surveiller leurs activités politiques.

L'importance du Xinjiang pour la Chine et, partant, pour le nouveau Grand Jeu s'explique par le fait qu'il s'agit de la plus grande région du pays, couvrant un sixième de sa superficie totale. Même si elle ne compte qu'un soixantième de la population, elle abrite les trois quarts de ses ressources minérales et regorge de vastes réserves en hydrocarbures, principalement dans le bassin du Tarim au nord de la province. Le fait qu'une conduite de brut en provenance du Kazakhstan devrait immanquablement passer par cette région souligne également son importance.

Les dirigeants chinois ont bien compris les bénéfices qu'ils pouvaient espérer tirer d'une meilleure coopération avec leurs nouveaux voisins. Leur frontière commune de près de 3 000 kilomètres fait l'objet d'un commerce en augmentation constante depuis plusieurs années pour atteindre un volume de quelque 950 millions de dollars en 1998. Des zones d'échanges économiques spéciales ont été créées et les visites officielles se sont multipliées. En juin 2001, Beijing et Moscou signaient un pacte économique et sécuritaire avec tous les États d'Asie centrale à l'exception du Turkménistan. L'Organisation de coopération de Shanghaï (OCS) est devenue l'alliance géostratégique la plus importante de la région. Bien qu'elle ait été créée dans le but de combattre le terrorisme, Beijing y voit également un instrument à même d'endiguer l'ingérence américaine en Asie centrale. Selon l'ancien président chinois Jiang Zemin, son objectif est de *« soutenir la multipolarité dans le monde »*. En octobre 2002, la Chine conduisit même des exercices militaires communs avec le Kirghizstan, envoyant pour la première fois des soldats chinois en mission à l'étranger.

Après quatre heures de route, nous atteignons l'antique cité de Kachgar, la célèbre oasis musulmane sur la Route de la soie visitée dès le Moyen Âge par de nombreux voyageurs reliant l'Europe à la Chine. Le trafic est dense et nous nous retrouvons dans un enchevêtrement pestilentiel de motos, de chevaux, de charrettes à ânes, de bus, de camions et de touk-touk. C'est aujourd'hui dimanche, jour de marché, et des dizaines de milliers de personnes se pressent dans les ruelles du bazar, qui résonnent aux cris de *« boish-boish ! »* - « Attention ! » en ouïgour.

Kachgar est le lieu de rendez-vous de toutes les physionomies possibles et imaginables de l'Asie centrale : Kazakhs, Kirghizes, Ouzbeks, Tadjiks et même quelques Turkmènes. Les Ouïgours sont reconnaissables à leurs traits légèrement mongoloïdes. De nombreux hommes arborent une barbe longue et fine et portent sur la tête une calotte appelée *doppa*. Les anciens sont chaussés de bottes traditionnelles et portent le *hitay*, un long manteau noir. Certains exhibent à leur ceinture une dague précieuse. Les femmes sont habillées de toutes les façons, de la plus orthodoxe à la plus séculaire. Certaines ont adopté le hijab et portent de longues robes tandis que d'autres préfèrent les pantalons de nylon et laissent leurs cheveux pendre négligemment sur leurs épaules. Un grand nombre de femmes, qu'elles soient jeunes ou âgées, sont recouvertes de la tête aux pieds en stricte conformité avec le code vestimentaire islamique que je n'avais rencontré jusque-là qu'en Afghanistan. Au lieu des burqas de soie colorée que l'on rencontre là-bas, les femmes de Kachgar ont la tête et les épaules recouvertes d'un triste morceau de tricot brunâtre. Ce tissu n'est même pas percé d'un trou pour les yeux, comme c'est le cas pour la burqa, même si le tissu grossièrement maillé permet de voir au travers.

On croise parfois dans la foule des Chinois hans, à l'exemple de ces policières à moto, mais la plupart des gens sont des fermiers des villages alentours qui viennent en ville vendre de la viande ou le produit de leur récolte. Des melons s'empilent en tas énormes le long de la route et les vendeurs découpent des morceaux juteux qu'ils tendent aux passants. Les marchands proposent tapis artisanaux, nattes, bottes et chapeaux, ustensiles en métal et outils divers. Dans les échoppes de nourriture, on trouve le naan, pain traditionnel en forme de bagel, les laghman, ou nouilles aux œufs, et l'incontournable plov à base de riz et de mouton. Les Ouïgours raffolent également de la tête de mouton grillée, autre spécialité de la région, et mâchent avec délectation le peu de viande qui colle aux os pour ne laisser que les yeux.

Le marché aux bestiaux de Kachgar, qui se tient dans un champ en dehors de la ville, est l'endroit ou s'échangent des centaines, voire des milliers de moutons, de vaches et de chameaux. Les bêlements sont assourdissants et une odeur d'excréments frais emplit l'air. Le bétail déambule nonchalamment, soulevant des nuages de poussière. Un fermier inspecte la qualité des dents d'un chameau tandis qu'un autre essaie un âne, fouettant furieusement la pauvre bête qui ne semble pourtant montrer aucun signe d'entêtement. Le bazar se dissout seulement lorsque les ombres des peupliers jaunâtres s'allongent et que le soleil se couche derrière les étendues sans fin du désert du Taklamakan.

Épuisé par le long voyage, je m'offre une suite dans un hôtel du centre ville qui abritait autrefois le consulat russe de Kachgar et est aujourd'hui encore meublé à la mode européenne de la fin du XIXe siècle, lorsqu'il était la résidence du prodigieux consul russe Nikolaï Petrovski. Cet anglophobe invétéré transforma le consulat en véritable poste d'observation du Grand Jeu, usant de son influence auprès des dirigeants chinois pour tenir les marchands et agents politiques britanniques à l'écart du Xinjiang. C'était compter sans l'obstination du vice-roi d'Angleterre à Calcutta, qui envoya en 1890 le célèbre explorateur anglais Francis Younghusband, accompagné de George Macartney, en mission à Kachgar dans le but avoué de mettre un terme au monopole de Petrovski. Reçus par le *taotaï*, ou gouverneur chinois, les deux hommes ouvrirent rapidement le premier consulat britannique, qui reçut le nom de Chini-Bagh – ou jardin chinois. Si le nom est resté, le bâtiment a été transformé depuis en hôtel de luxe. Petrovski, qui ne voyait pas d'un bon œil l'arrivée des Britanniques, fit tout ce qui était en son pouvoir pour contrecarrer leurs plans. Younghusband écrivait à son propos : *« Sa compagnie était agréable en un lieu où il n'y en avait pas d'autre. Mais il était le prototype du Russe que nous devions combattre* * ». Tandis que l'explorateur reprenait la route du Pamir dès l'année suivante, Macartney, alors âgé de vingt-quatre ans et promu entre-temps au rang de consul britannique, passa vingt-huit années à jouer au chat et à la souris avec Petrovski, tous deux devenant des légendes du Grand Jeu. Les consulats durent finalement fermer leurs portes en 1949 lorsque les communistes chinois remportèrent la guerre civile.

Le lendemain, je fais la connaissance de Mamtimyn, enseignant ouïgour en poste à Kachgar. *« Le simple fait de parler à un étranger pourrait me valoir de graves ennuis »*, me confie l'homme de trente-six ans, de taille moyenne, en triturant nerveusement sa moustache noire ; aussi dois-je lui promettre de ne pas révéler son vrai nom. *« Les autorités chinoises sont actuellement très pointilleuses à ce sujet. »* Enfourchant sa Suzuki, il m'emmène faire un tour dans son village natal. Par-dessus le bruit infernal du moteur, il me lance : *« C'est bon, nous pouvons parler maintenant »*.

Notre escapade débute au pied du monument dédié à Mao Zedong. Mesurant près de vingt mètres, la statue en fer à l'effigie du dirigeant communiste orne la place du Peuple depuis 1971 et est l'une des plus hautes du pays. Manteau au vent, sempiternelle casquette à l'étoile rouge vissée sur la tête et bras droit étendu, le Grand Timonier semble montrer la voie d'un avenir meilleur, ce qui le différencie d'ailleurs sensiblement des statues soviétiques du camarade Lénine, qui semble lui toujours indiquer le bas.

Nous atteignons ensuite le quartier marchand de Kachgar. Le contraste avec la romance qui émane du bazar est frappant : de chaque côté d'une artère à six voies nouvellement revêtue sur laquelle circulent un nombre impressionnant de voitures de luxe, se dressent de gigantesques tours d'acier et de verre poli abritant des bureaux flambant neufs. Arpentant de larges trottoirs que des parterres de fleurs soignés séparent de la chaussée, des Chinoises à la toilette irréprochable virevoltent

---

* P. Hopkirk, *op. cit.*, p. 476.

de boutique en boutique. Les vitrines sont ornées de toutes sortes de produits occidentaux allant des jeans aux parfums. Les noms des magasins et les publicités s'étalent en idéogrammes chinois surmontant une minuscule traduction en ouïgour reconnaissable aux caractères arabes. Un panneau d'affichage officiel annonce l'ouverture prochaine aux abords de la ville d'un énorme centre commercial dans lequel des produits provenant de toute l'Asie centrale s'échangeront pratiquement hors taxes. Son nom officiel anglais – « Yield Fast » ou « Rendement rapide » – n'est pas sans rappeler le célèbre dicton « Enrichissez-vous ! » de Deng Xiaoping, successeur de Mao dont les réformes économiques sans précédent à la fin des années 1980 amorcèrent une croissance inlassable pour le pays. *« L'écrasante majorité des gens qui vivent et travaillent ici sont des Hans »*, m'explique Mamtimyn par-dessus son épaule, le bruit du moteur ne parvenant pas à dissimuler la colère dans sa voix. *« Nous autres, Ouïgours, ne nous sentons pas vraiment à l'aise ici. »* Il m'indique un bloc de béton blanc qui domine la cité et dont la structure parfaitement symétrique est surmontée d'une antenne géante. *« C'est le bâtiment de la sécurité d'État »*, me lance Mamtimyn avant d'appuyer sur l'accélérateur.

La fièvre modernisatrice qui s'est emparée de la Chine n'a pas épargné le célèbre quartier médiéval de la ville, en grande partie rasé pour faire place à de nouvelles routes et à des bâtiments d'affaires, ce qui entraîna l'expulsion de dizaines de milliers d'habitants exclusivement ouïgours dans des quartiers modernes à la lisière de la ville. Selon Mamtimyn, *« le gouvernement cherche uniquement à déstabiliser les communautés ouïgoures et à détruire notre culture »*. Conséquence de la politique d'établissement de Chinois hans dans le Xinjiang mise en œuvre par le gouvernement communiste depuis des décennies, on compte aujourd'hui plus de Hans que de Ouïgours dans la capitale régionale d'Urumqi. Des investissements de plusieurs milliards de dollars, doublés d'alléchants incitants fiscaux, attirent de plus en plus de travailleurs du Sud-est vers l'ouest de la Chine. En 1949, le Xinjiang comptait à peine 300 000 Hans sur une population de cinq millions d'habitants. Ils sont aujourd'hui près de dix millions. Mamtimyn enrage : *« La majorité de ces Chinois se comportent envers nous comme des colonisateurs »*.

Notre promenade nous emmène ensuite devant une rangée de vieux immeubles ou plus exactement ce qu'il en reste. Une nouvelle route en ligne droite devant passer par là, des bulldozers ont tout simplement tranché les bâtiments en deux, laissant des pans entiers de façade et de toiture comme coupés au rasoir. À la place des murs, des trous béants permettent maintenant de voir à l'intérieur des appartements, dont certains sont encore meublés. Dans l'un d'eux, trois vieilles femmes ouïgoures observent, assises, le trafic qui passe en-dessous d'elles. *« Évidemment, certaines personnes sont très contentes de pouvoir quitter leurs vieilles maisons exiguës pour de nouveaux appartements avec eau et électricité*, admet Mamtimyn, *mais la plupart sont surtout tristes. »* Selon lui, 2 500 bâtiments supplémentaires vont être démolis dans les mois qui viennent, entraînant l'expropriation de plus de dix mille personnes.

Nous garons la moto et allons nous promener dans les quartiers encore épargnés de la vieille ville. Des maisons en briques et en terre cuite couleur sable bordent de petites allées étroites où forgerons, vanneurs et sculpteurs exercent leur art centenaire. La plupart des personnes portent le costume traditionnel ouïgour et de nombreuses femmes ont le visage couvert. Au détour d'un carrefour, un groupe de garçons sort d'une école coranique. Pour Mamtimyn, la discrimination que subissent les Ouïgours fait partie de la vie quotidienne. *« Aucune banque chinoise ne consentirait à allouer un prêt à un entrepreneur ouïgour. Et si un Ouïgour est impliqué dans un accident avec un Chinois, la police favorisera souvent ce dernier. »*

Des voix d'enfants s'élèvent de la cour d'une école primaire. Une cinquantaine de filles et garçons, vêtus de chemises rouge clair et d'uniformes scolaires, se mettent en rang pour l'appel du matin. Un professeur entame un chant, bientôt repris par les écoliers. *« C'est un chant politique*, m'explique Mamtimyn avant d'en traduire les paroles : *Le Parti communiste sert toujours le peuple / C'est son devoir, sans le Parti communiste / Il n'y aura pas de Chine nouvelle »*. Les enfants et le professeur chantent avec la même indifférence plate que les écoliers américains récitant le serment d'allégeance.

Selon Mamtimyn, la discrimination envers les Ouïgours se fait particulièrement ressentir dans l'éducation. Il enseigne depuis dix ans les sciences naturelles dans une école secondaire où étudient 2 200 élèves ouïgours. Les étudiants chinois, eux, ont leur propre lycée. *« L'école chinoise possède des équipements bien plus modernes*, se plaint-il. *Les autorités y ont fait installer des ordinateurs et des laboratoires de langues alors que nous n'en avons pas. Ils ont le chauffage central alors que nous nous chauffons toujours avec des poêles. »* Il y a quelques mois pourtant, admet-il, le vice-premier ministre Li Lanqing, de passage à Kachgar, est venu visiter l'école ouïgoure. Le campus fourmillait de cadres du Parti communiste, de soldats et de gardes du corps. Mamtimyn fut chargé de souhaiter la bienvenue au visiteur de marque. *« Comme je considère le chinois comme une langue étrangère, je lui ai adressé la parole en anglais*, se souvient-il. *Li fut fort surpris de constater que les Ouïgours savaient parler anglais. Il nous a alors promis 500 000 yuans pour aménager un nouveau laboratoire de langues. »* Fidèle à sa promesse, le politicien envoya la somme en question.

Il va sans dire que l'amélioration des conditions de vie qu'entraîne le boom économique profite également aux Ouïgours. Mamtimyn me raconte fièrement que son salaire mensuel est passé de 200 à 250 dollars au début 2002. À l'instar de la plupart des autres minorités du pays, les Ouïgours bénéficient de règles plus souples en matière de contrôle des naissances. Contrairement aux couples chinois, qui ne peuvent avoir qu'un seul enfant, les Ouïgours ont le droit d'en avoir deux, voire trois pour les familles établies à la campagne. Mamtimyn, lui, a deux filles. *« Exactement comme le prévoit le plan gouvernemental »*, lance-t-il amèrement. Si sa femme tombait encore enceinte, il serait forcé de payer une amende de 10 000 yuans – près de 1 250 dollars. *« Si je souhaite avoir un troisième enfant, il me faut soumettre une demande aux autorités et soudoyer l'officiel en charge du dossier. »*

Au détour d'une rue, nous croisons deux anciens élèves de Mamtimyn qui tiennent maintenant un magasin d'épices et de vêtements. L'un d'eux invite son ancien professeur à son mariage, une grande fête qu'il compte donner dans la vieille ville. Sa fiancée est une Ouïgoure originaire d'Urumqi, la capitale. Lorsque je lui demande s'il envisagerait d'épouser une Chinoise, le futur élu me regarde d'un air décontenancé, tout comme Mamtimyn. *« Je ne toucherai jamais à une Chinoise,* répond-il sèchement. *Ce sont des êtres impurs. Je ne veux pas d'un seul de ces mangeurs de porc à mon mariage. Qu'ils nous laissent tranquilles !* » Alors que nous poursuivons notre route, mon regard tombe, au détour d'un carrefour, sur une affiche représentant les visages de Mao Zedong, de Deng Xiaoping et du président Jiang Zemin en-dessous desquels on peut lire le slogan : *« Pour l'unité des nationalités ! »* Un policier chinois se tient en dessous du panneau.

Nous pénétrons dans la mosquée Id Kah, l'une des plus grandes de Chine, construite en 1442 et dont l'immense cour intérieure peut accueillir jusqu'à vingt mille fidèles. Cet après-midi, seuls quelques vieillards sont rassemblés sous les grands platanes. La mosquée principale me faisant par trop l'effet d'un musée, je me dirige vers l'une des 90 mosquées plus intimes que compte la vieille ville. Mamtimyn n'est pas très chaud à l'idée mais y consent néanmoins. Tandis que je monte les escaliers qui mènent au bâtiment, plusieurs musulmans en sortent et me ferment la porte au nez. Mamtimyn m'explique : *« En tant qu'étranger, vous n'avez pas le droit d'entrer dans la mosquée. Sinon, la communauté aurait de sérieux problèmes avec les autorités ».* Depuis que le mouvement séparatiste d'inspiration islamique a repris du poil de la bête au Xinjiang, de nombreuses mosquées et écoles coraniques illégales ont été obligées de fermer leurs portes. Tous les imams sont sous le contrôle de l'État. De mars à décembre 2001, les huit mille imams que compte le pays furent conviés à un programme de rééducation politique et forcés de suivre des cours portant sur la politique religieuse du gouvernement et l'histoire du Xinjiang telle que décrite par le Parti communiste. *« Ces cours sont indispensables à la stabilité à long terme du Xinjiang,* rapporta l'Agence de presse officielle, *car ils permettront aux élèves d'éviter toute erreur ou confusion idéologique* \*. »

Toute contestation politique ouverte à l'égard des discriminations dont font l'objet les musulmans du Xinjiang est pratiquement impossible. Les postes importants du Parti et de l'administration sont occupés par des Chinois hans ou des Ouïgours aux ordres de Beijing. Les Ouïgours manquent également d'une figure charismatique telle que le dalaï-lama au Tibet. Seul le Congrès national du Turkestan oriental, groupe de résistance exilé à Munich en Allemagne, parvient de temps en temps à faire entendre sa voix, tandis que le gouvernement réprime brutalement les manifestations organisées de temps à autre par le peuple. Suite à l'arrestation des responsables d'un centre religieux pour adolescents, des centaines de jeunes Ouïgours sont descendus dans les rues en février 1997 pour réclamer l'égalité des droits. Attendus de pied ferme par la police, neuf participants, selon

---

\* New York Times, 16 décembre 2001, p. 1.

plusieurs témoins oculaires, trouvèrent la mort dans les échauffourées et de nombreux autres furent arrêtés et condamnés à mort ou à de longues peines d'emprisonnement. Les troubles des années 1990 se traduisirent par une augmentation sensible du nombre d'exécutions officielles. Amnesty International rapporte ainsi qu'entre janvier 1997 et avril 1999, au moins 190 personnes ont été exécutées au Xinjiang, près de deux condamnations par semaine en moyenne. Toutes furent tuées d'une balle de revolver dans la nuque. Le régime communiste concède que la Chine compte actuellement quelque deux mille prisonniers politiques, accusés pour la plupart d'atteinte à la sécurité nationale. Ce nombre ne tient pas compte des innombrables personnes enfermées dans des camps de travail sans procès équitable [*].

Depuis le 11 septembre 2001, le gouvernement a invoqué la lutte internationale contre le terrorisme pour multiplier les persécutions. En janvier 2002, le Conseil d'État chinois publiait un rapport intitulé « Pas d'impunité pour les organisations terroristes du Turkestan oriental », selon lequel plus de deux cents attaques terroristes auraient été perpétrées par diverses factions entre 1990 et 2001, entraînant la mort de 162 personnes. Le rapport fait également mention d'attaques contre des bureaux de police et d'attentats à la bombe dans des bus ; il cible particulièrement l'obscur et minuscule Mouvement islamique du Turkestan oriental (MITO). Prétendument lié aux talibans afghans et au réseau terroriste Al-Qaida d'Oussama Ben Laden, Hassan Mahsoum, chef du MITO, a démenti ces accusations dans un entretien téléphonique avec Radio Free Europe, tout en justifiant le combat armé contre les « envahisseurs » chinois dans le Xinjiang [†].

En marge de pourparlers avec les autorités chinoises début décembre 2001, le général Frank Taylor, envoyé spécial américain contre le terrorisme, déclarait que *« les États-Unis ne considèrent pas l'organisation du Turkestan oriental comme un groupement terroriste »*, ajoutant que des préoccupations légitimes *« devaient être résolues politiquement plutôt qu'en utilisant des méthodes antiterroristes* [‡] *»*. Un an plus tard, Washington faisait volte-face. Suite à d'intenses négociations sur la non-prolifération avec les autorités chinoises, le vice-secrétaire d'État américain Richard Armitage annonçait que l'administration Bush avait décidé de mettre le MITO sur sa liste des organisations terroristes. Le gouvernement chinois ne manqua pas d'applaudir cette décision visant à empêcher l'émergence d'un nouveau Kosovo en Asie.

Notre randonnée touche à sa fin et Mamtimyn m'emmène boire un thé vert dans une tchaïkana. *« Les communistes ont aujourd'hui tout le loisir de justifier leur répression par la lutte mondiale contre le terrorisme mais en vérité, à l'exception de quelques jeunes mécontents, personne ici ne soutient le terrorisme. »* Je lui demande qui finance leur combat. *« Quelques riches entrepreneurs ouïgours et, bien sûr, de nombreux mollahs »*, me souffle-t-il

---

[*] Ibid.
[†] New York Times, 13 septembre 2002, p. 6.
[‡] Jane's Intelligence Review, 1er mars 2002, p. 47.

en guise de réponse. Depuis quelques années, l'islam a le vent en poupe au Xinjiang, tant du point de vue religieux que politique. À la fin des années 1980 déjà, les Ouïgours avaient le droit – pour autant qu'ils aient les ressources nécessaires – d'effectuer le hajj, ou pèlerinage musulman à La Mecque. Pour beaucoup, le périple s'accompagna d'une prise de conscience religieuse, certains envoyant même leurs fils dans des madrasas (écoles coraniques) au Pakistan, où des prédicateurs wahhabites radicaux leur faisaient la plupart du temps subir un véritable lavage de cerveau. On estime ainsi que plusieurs centaines d'Ouïgours sont partis en Afghanistan rejoindre les talibans dans leur combat. Depuis la guerre en Hindou Kouch, ils ont regagné leur province, où les autorités chinoises craignent qu'ils ne poursuivent la guerre sainte.

Combien d'Ouïgours veulent-ils l'indépendance ? « *Tous*, affirme Mamtimyn. *Mais beaucoup craignent également la tournure que pourraient prendre les événements une fois le pas franchi. Une guerre civile entre les mollahs et le peuple n'est pas à exclure. Ils veulent la sharia mais nous, nous voulons la démocratie.* » Mais le gouvernement central injecte de grandes sommes d'argent dans la région et de nombreux Ouïgours sont satisfaits de leur niveau de vie en forte progression. « *Le gouvernement de Beijing cherche à démontrer que nous sommes entre de bonnes mains en Chine. Nos matières premières aussi, bien sûr.* »

Le lendemain, jour de fête nationale chinoise, le Parti communiste organise sur la Place du peuple de Kachgar une cérémonie officielle de lever du drapeau, quelques jours après une parade militaire. Les premiers bus transportant des villageois ouïgours des alentours arrivent avant l'aube. La place est bientôt remplie de milliers de personnes, parmi lesquelles les fonctionnaires communaux, dont la présence est obligatoire. Mamtimyn fait partie de la chorale qui se tiendra près de la statue de Mao et ne peut m'accompagner. Arrivés dans des limousines Pajero, les cadres du Parti et autres dignitaires prennent place dans la loge officielle. Les paysans ne se soucient guère de cette incongruité et s'assoient sur des tapis à même le sol pour un copieux déjeuner champêtre fait de naan, de saucisses et de thé.

Une douzaine de soldats défilant au pas hissent le drapeau rouge chinois et la chorale entonne l'hymne national sur fond de mélodie crachée par des haut-parleurs. Un cadre du Parti assène quelques slogans, les soldats s'en vont, la cérémonie est terminée. Les fermiers plient leurs couvertures et remontent dans les bus. Sans presqu'un souffle de vent, le drapeau chinois claque mollement dans le ciel.

Je parviens de justesse à prendre le bus de onze heures pour Tachkurgan, ville située dans l'extrême sud-ouest de la province, à la croisée des frontières chinoise, pakistanaise, afghane et tadjike. Le trajet vers les sommets du Pamir est éreintant mais d'une beauté époustouflante. Le soleil illumine un ciel d'azur pâle et inonde les flancs escarpés de tonalités sans cesse renouvelées. Chameaux, yaks et chevaux déambulent sur les hauts plateaux. Lorsque nous atteignons le lac Karakul, d'un bleu profond, les premiers sommets enneigés, trônant à plus de sept mille mètres, s'offrent à notre vue. Les habitants des quelques villages que nous croisons sont Ouïgours, Kirghizes ou Tadjiks.

Vers le milieu de l'après-midi, le bus arrive à Tachkurgan, bourgade guère réjouissante peuplée de Tadjiks. Un groupe de jeunes voyageurs chinois acceptent de m'offrir une place dans leur minibus et, après des longs pourparlers avec des soldats à un poste de contrôle, nous obtenons enfin la permission de continuer notre route en direction de la frontière pakistanaise, à une quarantaine de kilomètres de là. Traversant des paysages désolés sans arbres, la route grimpe de plus en plus et atteint après une heure le dernier poste de contrôle, où trois militaires chinois tremblotent sous les effets d'un air froid et raréfié. À près de 5 000 mètres d'altitude, la frontière sino-pakistanaise du col de Khunjerab est l'une des plus hautes au monde.

Devant nous, la route du Karakorum s'étire vers le sud en direction du Pakistan. Surnommée la neuvième merveille du monde, cette autoroute de montagne construite entre 1966 et 1980 est le résultat des efforts conjoints d'unités militaires chinoises et pakistanaises. Elle traverse le royaume montagneux perdu de Hunza, haut-lieu du Grand Jeu au cours du XIX$^e$ siècle. C'est en contrebas de l'endroit où nous sommes que des troupes russes et britanniques se croisèrent pour la première fois dans le cadre de leur rivalité en Asie centrale. Chacune des deux parties, désireuse de mettre la main sur une zone inexplorée d'à peine quatre-vingts kilomètres de largeur entre les frontières russe et afghane, avait depuis longtemps déjà envoyé des expéditions dans la région.

Fin 1890, Francis Younghusband, alors âgé de vingt-huit ans, rencontra le capitaine Grombchevsky, son formidable homologue russe, sur un sentier de montagne. Une fois que leurs escortes armées eurent dressé leur camp à proximité l'un de l'autre, les deux officiers dînèrent ensemble. Younghusband décrivit la scène des années plus tard : *« Le dîner fut un repas consistant et le Russe me servit généreusement de vodka* »*. Les langues déliées par l'alcool, les hommes abordèrent leur rivalité en Asie centrale et Grombchevsky avoua que l'armée russe brûlait d'envahir les Indes britanniques, ce que ses cosaques ne manquèrent pas de confirmer à grands cris.

La rencontre russo-britannique suivante, moins d'un an plus tard, se révéla beaucoup moins courtoise. Le colonel russe Yanov, à la tête d'un détachement de 400 cosaques, prit possession du secteur au nom du Tsar. Sa route croisa inévitablement celle de Younghusband, qui était occupé à cartographier la région. La rencontre eut lieu dans un endroit désolé portant le nom de Bozai Gumbaz et fut tout d'abord des plus cordiales. À l'instar du capitaine Gromchevsky avant lui,

---

* P. Hopkirk, *op. cit.*, pp. 468-469.

le colonel Yanov se montra fort affable et invita Younghusband à un dîner somptueux. Trois nuits plus tard cependant, il se présenta devant la tente de l'Anglais en compagnie de trente cosaques et expliqua qu'il avait reçu l'ordre d'escorter son hôte en dehors de ce qu'il convenait maintenant de considérer comme un territoire russe. Face à un tel déploiement de force, Younghusband n'eut d'autre choix que de plier bagage. Ce triomphe russe fut toutefois de courte durée puisque les Britanniques reprirent ensuite le contrôle de la région par la voie d'efforts diplomatiques.

Le soir tombe et le vent se lève lorsque je quitte le col du Khunjerab, après avoir accepté non sans joie l'offre des touristes chinois de me ramener à Kachgar. Rien dans leur coûteux équipement Gore-Tex ou leurs appareils photographiques ne permet de distinguer ces huit hommes et femmes trentenaires originaires de Shanghaï – ingénieurs, consultants et chargés de relations publiques – de n'importe quel autre touriste occidental de par le monde. Ce ne sont pas des amis, ils viennent en fait de se rencontrer pour la première fois sur Internet dans le but d'effectuer ce voyage.

Nous parlons politique chinoise. « *Il n'y a pas de politique*, me confie David l'ingénieur dans un anglais parfait. *Le Parti communiste va rester au pouvoir pendant des dizaines d'années encore et c'est une bonne chose car cela permettra d'éviter la guerre civile et de poursuivre le développement économique.* » Selon lui, l'absence de droits politiques est le prix que le peuple chinois doit payer pour plus de richesse. Lorsque je leur demande ce qu'ils pensent du massacre de la place Tiananmen en juin 1989, leurs regards se font fuyants et le silence est lourd. David est le seul à répondre : « *Que voulez-vous savoir ? Cela ne nous intéresse pas, inutile d'en discuter* ». Il souligne qu'à l'époque des faits, le gouvernement chinois avait expliqué qu'aucun changement ne pouvait être le fruit de « pressions émotionnelles ». Certes, il avait lui aussi manifesté à Shanghaï. « *Et puis, nous avons reçu les nouvelles de Pékin et avons su que tout était fini. Nous sommes rentrés chez nous et nous sommes concentrés sur notre vie et notre carrière.* » Et la vie a beaucoup changé depuis en Chine. Ce qui compte pour David aujourd'hui, c'est le boom économique. « *C'est pour cela que les étudiants sont morts à l'époque.* »

C'est la première fois que les jeunes Hans se rendent au Xinjiang, pour venir y voir les montagnes. Tous partagent le même sentiment inébranlable à propos de la question de l'indépendance de la région. « *Le Xinjiang fait partie de la Chine depuis maintenant deux mille ans et nous ne nous en séparerons jamais* », déclare ainsi David. Selon lui, sans le Xinjiang, la Chine se désintégrerait et connaîtrait la guerre civile comme l'ex-Union soviétique. « *Et puis, nous avons besoin du pétrole et du gaz pour notre économie* », ajoute-t-il sans la moindre arrière-pensée.

Le charbon subvient aujourd'hui encore à soixante-dix pourcent des besoins énergétiques du pays. La pollution de l'air dans les grandes villes atteint des records et si le gouvernement encourage depuis peu l'utilisation massive du gaz, plus propre, ce dernier ne représente à l'heure actuelle encore que trois pourcent de la production énergétique totale du pays. Des entreprises chinoises sont actuellement en charge de la mise en valeur d'un champ gazier géant dans le bassin du Tarim au nord du Xinjiang, et, en partenariat avec plusieurs multinationales, de la construction d'un pipeline de près de 4 000 kilomètres reliant la province à Shanghaï, véritable poumon commercial du pays. La moitié des coûts de construction – 5,2 milliards de dollars au total – seront assumés par un consortium international emmené par la Shell Corporation. À partir de 2008, le pipeline devrait pomper pour deux milliards de dollar de gaz par an vers le sud-est, zone la plus peuplée du pays, et ce pour une durée de quarante ans *.

Le Xinjiang possède également d'importantes réserves pétrolières et représente un couloir de transit majeur pour le pétrole kazakh. L'économie chinoise a connu un tel essor que ses ressources ne suffisent plus à subvenir à ses besoins énergétiques. D'exportateur net de pétrole en 1993, le pays est à présent devenu un importateur vorace. Un tiers des 250 millions de tonnes de brut consommé chaque année dans le pays proviennent ainsi de l'étranger. Tout comme les États-Unis, le gouvernement chinois s'inquiète de sa dépendance au Moyen-Orient, d'où proviennent soixante pourcent de ses importations mais qu'il juge trop instable.

Le département américain à l'information énergétique estime que la consommation pétrolière de la Chine devrait passer de 4,78 millions de barils par jour en 2000 à 10,5 millions en 2020, ce qui explique en grande partie les pérégrinations à l'étranger de l'entreprise publique China National Petroleum Corporation (CNPC). Ses dirigeants commerciaux acquirent ainsi en 1998 et 1999 pour plus de huit milliards de dollars de concessions au Soudan, au Venezuela, en Irak et au Kazakhstan. Pékin a également entamé il y a peu d'intenses négociations avec Moscou pour la construction de conduites devant l'approvisionner en hydrocarbures sibériens. Mais les dirigeants chinois voient d'un mauvais œil toute dépendance énergétique vis-à-vis de leur ancienne rivale en Asie orientale. Les coupures d'énergie brutales consécutives à la rupture sino-russe des années 1960 et le rappel par Moscou de ses ingénieurs alors que l'industrie pétrolière chinoise n'en était qu'à ses balbutiements sont encore dans toutes les mémoires.

La CNPC a acheté et développe actuellement trois importants gisements pétroliers au Kazakhstan et les deux pays sont parvenus à un accord sur la construction d'un oléoduc traversant la steppe kazakhe pour relier la Caspienne à Urumqi, capitale du Xinjiang. Les Chinois ne parviendront à honorer les coûts – estimés à 9,6 milliards de dollars – qu'en faisant appel à des investisseurs occidentaux. Le tracé d'une longueur de plus de deux mille kilomètres traverse des régions à la topographie extrêmement compliquée, y compris des chaînes montagneuses à la frontière entre les deux pays. Pour corser le tout, Pékin envisage d'étendre la conduite sur quatre mille kilomètres supplémentaires afin de relier

---

* New York Times, 3 juillet 2002, p. 1.

Shanghaï. Ce sont des camions-citernes qui acheminent à présent le brut kazakh vers l'Empire du milieu, un procédé cher et inefficace.

De retour au Kazakhstan, je décide de visiter les quartiers généraux de la CNPC à Almaty pour en savoir plus. Les Chinois occupent en plein centre ville un somptueux palais blanc dont la façade est ornée d'une colonnade de piliers massifs. L'ambassade américaine, plus loin dans la rue, fait pâle figure à ses côtés. Le bâtiment est entouré d'une énorme palissade de treillis et des sentinelles à la mine patibulaire montent la garde. Au-dessus de l'entrée principale, une bannière en caractères chinois informe les passants kazakhs : « Nous faisons de bonnes affaires au Kazakhstan ! »

Zheng Chenghu, homme courtois et intelligent affublé de petites lunettes à monture métallique, est le directeur-général de la CNPC au Kazakhstan. *« Nous produisons actuellement quatre millions de tonnes de pétrole au Kazakhstan mais c'est encore loin d'être suffisant. Nous comptons bien acquérir plusieurs autres gisements pétroliers en Asie centrale dans les années à venir. »* Si le taux de croissance de l'économie chinoise se maintient au niveau actuel, le pays devra dans quelques années importer de l'étranger plus de cent millions de tonnes de brut. C'est pourquoi la CNPC, qui emploie près d'un million et demi de personnes, a décidé d'acheter des champs pétroliers en Afrique et en Amérique du sud. *« J'ai passé deux ans sur un gisement au Soudan mais le Kazakhstan est aujourd'hui la priorité,* déclare ce géophysicien de formation. *Dans un avenir proche, plus d'une centaine de concessions à terre seront mises à prix et nous tenons à remporter chacune d'elles, ce qui nous permettra de remplir notre pipeline vers le Xinjiang. »* En ce qui concerne les puits de forage en mer tels que celui de Kashagan, la CNPC admet qu'elle manque encore d'expérience.

Chenghu fait cependant face à un problème plus pressant. *« Notre situation s'est fortement dégradée récemment ; les Américains nous chassent de la région. Les États-Unis se sont montrés très agressifs depuis le 11 septembre et leur décision de stationner des troupes dans la région n'est une bonne nouvelle ni pour nous, ni pour les autochtones. »* Depuis le début de la campagne américaine en Afghanistan contre le régime des talibans à l'automne 2001, des milliers de soldats américains occupent plusieurs bases en Ouzbékistan et au Kirghizstan, à quelques kilomètres à peine de la frontière kazakhe. *« Les troupes américaines sont ici pour contrôler les réserves pétrolières de l'Asie centrale »*, estime Chenghu. Il est d'ailleurs loin d'être le seul à le penser.

Les troupes américaines n'ont pas encore conquis ou occupé un seul puits de pétrole, dis-je en plaisantant. *« Leurs méthodes de contrôle sont indirectes,* rétorque aussitôt mon interlocuteur. *Depuis que les troupes US sont à ses portes, le gouvernement kazakh préfère signer des contrats avec des sociétés occidentales plutôt qu'avec nous. »* Si cette situation devait perdurer, il n'est pas impossible que Beijing doive renoncer à son grand pipeline vers l'est. *« L'armée américaine est stationnée au Kirghizstan tout près de la frontière chinoise. Les États-Unis ont aussi des bases au Japon, dans les Philippines, en Corée du Sud, à Taiwan et maintenant ici. La Chine sera bientôt encerclée ! »*

S'il fait grise mine lorsque je quitte les bureaux de la CNPC, Chenghu n'aura sans doute pas manqué d'apprécier l'annonce surprenante faite en mars 2003 par la compagnie pétrolière publique chinoise CNOOC d'acquérir une participation de 615 millions de dollars dans le gisement kazakh de Kashagan. L'accord octroie à la CNOOC le contrôle de 10% des réserves et donne à croire que le pétrole pourrait finalement couler vers l'est plutôt que vers l'ouest et traverser le Kazakhstan pour rejoindre la Chine. Cette dernière entend de la sorte riposter à l'influence croissante des États-Unis mais elle est loin d'être le seul acteur du Grand Jeu dont Washington doit se méfier. L'Iran représente en effet dans l'immédiat une menace bien plus importante pour les intérêts américains.

# Atouts perses

Il fait déjà nuit lorsque le Tupolev-154 d'Iran Air en provenance d'Almaty au Kazakhstan se pose sur le tarmac de l'aéroport de Téhéran avec sept heures de retard. L'atterrissage est si brutal que plusieurs compartiments à bagages s'ouvrent sous le choc et propulsent leur contenu sur la tête des voyageurs. Deux hôtesses de l'air ont beau présenter leurs excuses à chaque passager à la descente de l'appareil, les répliques sont loin d'être aimables. Arrivé à l'emplacement réservé aux taxis qui jouxte le terminal, je prends congé de l'homme d'affaires iranien que j'ai rencontré quelques heures plus tôt dans le hall d'attente de l'aéroport d'Almaty. Après une poignée de main longue et franche, l'homme, plutôt grand et la barbe noire en bataille, me chuchote d'un air conspirateur : *« N'oubliez pas ce que je vous ai dit. Vous vous souviendrez de mes paroles ».*

Tandis que le taxi m'emmène vers mon hôtel, dans la banlieue sud de Téhéran, je ne peux m'empêcher de repenser à cette rencontre purement fortuite. Un homme d'affaires persan, le costume chiffonné après plusieurs heures d'attente passées sur les sièges inconfortables de l'aéroport d'Almaty, est assis à mes côtés. Nous entamons la conversation et je lui demande ce qu'il fait là. Il me dévisage, ne sachant trop s'il doit me faire confiance, mais un vague sentiment de solidarité entre deux passagers bloqués dans la ville kazakhe finit par l'emporter. *« Je travaille dans le pétrole*, me répond-il. *Nous venons de mener des pourparlers avec le gouvernement kazakh concernant un important contrat. »*

À mesure que la conversation progresse, je me rends compte que je suis en train de discuter avec Hamid Honarvar, agent de Téhéran en Asie centrale pour les contrats pétroliers à risque et un des acteurs les plus rusés du nouveau Grand Jeu. En tant que représentant de la zone caspienne du cinquième plus grand exportateur mondial de pétrole, Honarvar ne recherche évidemment pas la publicité et préfère au contraire agir dans l'ombre. Basé à Londres, il dispose d'un budget de plusieurs milliards de dollars que la National Iranian Oil Company (NIOC) lui alloue dans un but bien précis : contrecarrer les visées des États-Unis sur les ressources énergétiques de la mer Caspienne.

Honarvar connaît bien ses opposants. À l'instar de la plupart des représentants de l'élite iranienne, ce fils de professeur a fait ses études aux États-Unis, dans le riche État pétrolier du Texas, dans les années 1970. Le jeune homme apprit les sciences informatiques à la Southern Methodist University de Dallas, souvent surnommée l' « université super-millionnaire ». « *Il y avait des centaines d'étudiants iraniens à l'université,* se souvient-il. *Comme les États-Unis soutenaient encore le régime du chah, il était très facile à l'époque d'obtenir un visa.* » Il ne tarda pas à rejoindre un mouvement qui demandait l'abolition de la monarchie Pahlavi. *« C'est de cette époque-là que date mon anti-américanisme. J'ai alors pris conscience de l'impérialisme des États-Unis et de la façon dont ils contrôlaient notre pays.* » Comme de nombreux autres exilés iraniens, Honarvar ne pardonnait pas au gouvernement américain le rôle qu'il avait joué dans les événements de 1953. Deux ans plus tôt, Mohammed Mossadegh, un nationaliste de gauche âgé de soixante-dix ans, était arrivé au pouvoir en Iran et avait enclenché des réformes sociales et économiques sans précédents. L'une de ses premières mesures consista à nationaliser l'Anglo-Iranian Oil Company, filiale de British Petroleum, qui jouissait depuis des décennies d'un monopole sur les richesses pétrolières du pays. En 1953, lors d'un bref séjour du chah à l'étranger, la CIA fomenta un complot contre le réformateur Mossadegh. Si celle-ci ne parvint pas à privatiser à nouveau l'industrie pétrolière, l'ambassadeur américain devint néanmoins un des hommes les plus influents de Téhéran. Le chah remercia ses protecteurs en faisant voter en 1964 une loi qui offrait l'immunité à tous les soldats américains présents dans le pays. L'ayatollah Ruhollah Khomeiny, leader charismatique de l'opposition religieuse, protesta violemment et fut exilé en Turquie, puis en France.

La crise pétrolière de 1974 amorça le déclin de la monarchie. Les revenus que le gouvernement tirait du pétrole passèrent de 4 à 20 milliards de dollars en moins d'un an et le dictateur prodigue reversa une partie de ces bénéfices aux marchands d'armes américains qui lui vendaient de l'équipement militaire de pointe qu'il laissait ensuite à l'abandon dans le désert. Alors qu'une petite élite se remplissait les poches de pétrodollars, les mouvements d'opposition étaient brutalement réprimés. Washington, qui considérait l'Iran comme un important fournisseur de brut et un allié capitaliste dans la guerre froide, se contenta de détourner le regard.

En novembre 1978, le chah imposa la loi martiale et ordonna à ses forces de sécurité de tirer sur des centaines de manifestants descendus dans les rues. Peu à peu, le régime perdit le soutien de l'Occident. À Dallas, Honarvar mit ses études entre parenthèses et organisa des manifestations contre le chah. *« C'était une période exaltante. Partout au Texas, des dizaines de milliers de personnes participaient à nos manifestations. Je faisais de nombreux discours dénonçant l'exploitation de l'Iran par les Américains.* » En décembre, alors que les événements chez lui prenaient un tour de plus en plus révolutionnaire, Honarvar abandonna sa thèse de doctorat et regagna l'Iran pour soutenir le combat. *« J'ai pris un avion pour Téhéran quelques jours avant que le chah ne quitte le pays. Nous avions gagné.* » Le 1er février 1979, l'ayatollah Khomeiny s'envola de Paris en direction de son pays, où des millions de partisans l'accueillirent triomphalement. Il se fit élire Guide suprême de la première République islamique du monde.

Mais pour Honarvar, alors âgé de vingt-sept ans, et ses compagnons d'armes, le combat est loin d'être fini. Fidèle au précepte de « révolution après la révolution » prôné par Khomeiny, il rejoint les quatre cents gardes révolutionnaires qui prirent d'assaut l'ambassade américaine en novembre 1979 et retinrent cinquante-deux diplomates en otage pendant 444 jours. *« Au départ, nous n'avions pas l'intention de les garder si longtemps mais il se trouvait parmi eux de nombreux espions et agents qui tentaient d'organiser un contrecoup*, explique Honarvar sans la moindre trace de remords. *Nous ne pouvions oublier que, des années durant, l'ambassadeur américain avait donné des ordres à notre gouvernement. C'était notre façon à nous de nous venger de cette exploitation. »*

Je lui demande alors s'il n'apprécie donc rien aux États-Unis. *« Si, tout ! »* Le visage de l'ancien révolutionnaire s'illumine. *« J'adore l'Amérique. C'est un endroit extraordinaire. Pour moi, c'était le pays de toutes les opportunités. »* Constatant mon étonnement, il précise : *« À l'époque, notre révolution n'était pas en soi hostile aux relations avec l'Occident ou les États-Unis mais bien à la nature injuste de ces relations. »* Comme la plupart des Iraniens, Honarvar tient à faire savoir qu'il ne reproche absolument rien au peuple américain mais uniquement à son gouvernement, retenu d'après lui en otage par les sionistes et les impérialistes. Il avait beaucoup d'amis américains à l'époque de ses études mais les a peu à peu perdus de vue. *« Peut-être essaierai-je un jour de les retrouver par Internet. »*

C'est l'heure de la prière. Honarvar sort un petit tapis de son sac de voyage et se dirige vers un endroit calme de la salle d'embarquement. Il déroule le tapis et pose sa valise noire près de lui. Avant de s'agenouiller, il demande la direction de La Mecque à deux Kazakhs. Quelque peu décontenancés par la question, ceux-ci se concertent longuement avant de lui recommander d'orienter son tapis un peu plus vers la droite. Honarvar les remercie et se met à prier d'une voix calme. Les personnes assises alentours, essentiellement kazakhes, l'observent avec curiosité tandis que d'autres se détournent, visiblement gênées par un déploiement de piété que soixante-dix années d'athéisme soviétique ont rendu déconcertant pour la plupart des Centre-asiatiques. À aucun moment durant la prière, Honarvar ne quitte des yeux sa mallette noire.

Il me rejoint vingt minutes plus tard, tenant toujours sa valise à deux mains. Quand je lui demande ce qu'elle contient, il me répond : *« Pas d'argent, juste des documents. La chose n'est pas encore officielle mais les pourparlers ont été couronnés de succès et nous allons effectuer un échange pétrolier avec les Kazakhs. Cents mille barils par jour, et ce n'est qu'un début ».* Si ce que me dit Honarvar est vrai, le gouvernement kazakh – et sans doute quelques sociétés pétrolières occidentales avec lui – ont tout simplement fait fi des exhortations de Washington à ne pas traiter avec l'Iran.

Depuis des années, l'Iran propose aux pays centre-asiatiques d'effectuer des échanges pétroliers. L'idée est simple et pratique : l'Iran dispose d'énormes ressources pétrolières mais celles-ci sont situées dans le sud du pays. Or, 80 % des soixante-dix millions d'Iraniens vivent dans le nord et c'est là que la demande est la plus forte. Ceux-ci consomment chaque jour 1,4 million de barils de pétrole raffiné, qui doit être acheminé par pipeline sur près de mille kilomètres à travers le désert, une procédure coûteuse et compliquée. Un échange pétrolier permettrait de faire parvenir le brut kazakh par pétrolier, à travers la Caspienne, jusqu'au port iranien de Neka. Il serait alors traité dans de nouvelles raffineries avant d'être consommé par les habitants du nord, principalement les quatorze millions d'habitants que compte Téhéran. En échange, un montant équivalent en brut iranien serait chargé sur des pétroliers affrétés par les Kazakhs dans les terminaux du golfe Persique pour être acheminé vers les marchés mondiaux, où la demande en brut provenant du désert iranien, léger et pauvre en soufre, est forte. Le nord de l'Iran serait ainsi fourni en énergie et le Kazakhstan pourrait se passer d'oléoducs coûteux pour tirer profit de son pétrole.

En mai 1996 déjà, le président kazakh Nazarbaïev se rendait à Téhéran pour conclure une série d'échanges pétroliers avec Ali Akbar Hachémi Rafsandjani, alors président de la République islamique. Moins d'un an plus tard, une première livraison de 90 000 tonnes de brut était acheminée à bord de dix-huit pétroliers du port kazakh d'Aktau vers celui de Neka. Il s'agit à ce jour du seul échange de ce type. Les deux gouvernements publièrent en effet des déclarations officielles justifiant l'arrêt soudain des livraisons par le fait que les raffineries iraniennes devaient subir des améliorations techniques pour leur permettre de faire face à la haute teneur en soufre du brut kazakh. Mais les motivations étaient également d'ordre politique. Les États-Unis n'ont cessé d'accuser l'Iran de produire des armes de destruction massive, de soutenir le terrorisme international et de saboter le processus de paix au Proche-Orient. Afin de limiter les moyens dont dispose le régime des mollahs pour financer ces activités, les diplomates américains firent pression sur le gouvernement kazakh pour qu'il renonce aux échanges pétroliers.

L'intervention de Washington ne visait pas uniquement le gouvernement kazakh. Deux ans auparavant, le Congrès américain avait ainsi approuvé la mise en place de sanctions économiques, interdisant aux entreprises américaines de commercer avec l'Iran et prohibant expressément les échanges pétroliers. Un amendement controversé, la loi D'Amato, menaçait également de lourdes peines les sociétés européennes investissant en Iran. Le brut utilisé par les Kazakhs dans le cadre de l'échange provenait du gisement de Tenguiz. Or, l'État kazakh ne détient qu'un quart des actions, le reste étant entre les mains des sociétés américaines Chevron et Mobil. Le département américain du commerce reçut la preuve que Mobil trempait illégalement dans l'échange pétrolier avec l'Iran par le biais d'intermédiaires et de filiales. Sheila Heslin, membre du Conseil de sécurité nationale, appela les responsables de Mobil dans son bureau et les menaça de sanctions juridiques. Peu de temps après, l'accord avec l'Iran capotait\*.

Il est pourtant possible que l'échange pétrolier iranien renaisse de ses cendres. En 2005, le Kazakhstan pourrait produire jusqu'à 500 000 barils par jour. *« Les Kazakhs se montrent très ouverts à nos propositions*, sourit Honarvar. *Ils ne font plus confiance aux Américains, qui les ont dupés à tant de reprises. Après tout, c'est dans l'unique*

---

\* S. Hersh, *op. cit.*

*but de s'assurer quelques maigres rentrées en liquide que les Kazakhs ont bradé leurs meilleurs gisements.* » Après le mauvais coup qu'ils ont eu en Iran, les États-Unis ont, selon lui, modifié leurs méthodes de contrôle des autres pays et les injonctions politiques abruptes ont fait place à des contrats restrictifs assurant des bénéfices aux seuls Américains. « *Les Kazakhs s'en sont rendu compte et ils regrettent aujourd'hui d'avoir mis tous leurs œufs dans le même panier. Ils sont à la recherche de nouvelles relations et personne n'est plus proche d'eux que l'Iran.* »

À bord du vol nous emmenant vers Téhéran, Honarvar n'a de cesse de vanter le succès des négociations tenues à Almaty. « *Si nous faisons de bonnes affaires avec les Kazakhs, les Américains n'y pourront absolument rien.* » Selon lui, c'est la frustration résultant de cette situation qui aurait poussé Washington à envoyer des troupes en Asie centrale et, pis encore, c'est le gouvernement américain lui-même qui aurait fomenté les attaques du 11 septembre 2001 à la recherche d'un prétexte pour la guerre en Afghanistan et un déploiement militaire dans la région.

Comme partout ailleurs dans le monde arabe, de tels soupçons sont monnaie courante en Iran. Pourtant, lorsque je lui demande pourquoi le gouvernement américain – en supposant qu'il accepte la mort de milliers de ses citoyens et l'humiliation provoquée par l'effondrement du World Trade Center – aurait intentionnellement attaqué son propre département de la défense, Honarvar est incapable de me fournir une explication rationnelle et reste convaincu que « *les Iraniens représentent un danger pour les États-Unis car nous sommes les seuls dans la région à ne pas accepter leur domination. Les sanctions qu'ils nous imposent nous font moins de mal qu'à leur propre économie* ». D'après lui, le Kazakhstan serait sur le point de se libérer du joug américain mais l'Azerbaïdjan, autre voisin septentrional de l'Iran, est toujours sous la coupe de Washington. L'homme d'affaires téhéranais admet d'ailleurs en toute franchise : « *Je n'ai pas pu faire grand-chose. Toutes mes missions à Bakou pour discuter d'échanges pétroliers ont échoué* ». L'Azerbaïdjan a placé tous ses espoirs dans le pipeline vers Ceyhan. Selon Honarvar, celui-ci se révélera être le plus grand désastre industriel de l'histoire, ce qui laisse supposer que Téhéran a les moyens de mettre à mal le projet de conduite. Il ne tient cependant pas à préciser, expliquant qu'il ne s'occupe pas de la politique des oléoducs. Il griffonne cependant un nom et un numéro de téléphone sur un bout de papier et me le glisse dans la main. « *Allez voir cet homme à Téhéran et dites-lui que vous venez de ma part. Peut-être vous en dira-t-il plus.* »

Le trafic téhéranais est légendaire. En quittant mon hôtel le lendemain matin, je suis assailli par une sarabande infernale de klaxons de voitures, de cris de chauffeurs et de crissements de pneus de camions freinant à bloc pour ensuite redémarrer de plus belle. L'écrasante majorité des quatorze millions d'habitants que compte la ville semble posséder une Peyhan et passer la journée entière derrière le volant à écumer les rues. Peyhan signifie « flèche » en persan, expression assez ironique quand on considère l'engorgement permanent qui caractérise les artères de la capitale. L'avenue Ferdowsi, que le taxi de l'aéroport avait traversée en trombe la veille au soir, n'est plus maintenant qu'un amas bruyant de véhicules à l'arrêt. Plusieurs Peyhan tentent de s'insinuer dans le moindre passage, aussi étroit fut-il, tandis que leurs conducteurs s'abreuvent d'invectives. Un motard affublé d'un masque destiné à le protéger de la puanteur des gaz d'échappement file à contre-sens.

Une douce brise chasse le smog, d'habitude intolérable, en dehors de la ville et permet de distinguer, au nord, les pentes enneigées du gigantesque volcan Elbourz. Nous sommes aux premiers jours du printemps et un soleil généreux inonde les passants qui se promènent le long des vitrines de l'avenue Ferdowsi. Les cerisiers plantés entre les immeubles commencent à fleurir.

Au bout de l'avenue, un monument à la mémoire du poète national Ferdowsi – l'Homère persan – trône au centre d'un rond-point. Face à l'arabisation progressive de la culture persane au cours du X$^e$ siècle, celui-ci prit le parti délibéré d'écrire ses poèmes en farsi, langue nationale dont il est aujourd'hui considéré comme le principal sauveur. Le Shâh-Nâme – « Livre des rois » –, célèbre poème épique auquel Ferdowsi travailla pendant trente ans, est long de cinquante mille vers, soit huit fois plus que l'Iliade d'Homère, et raconte les hauts-faits de héros aryens avant la conquête islamique. La statue de Ferdowsi est l'une des seules que les mollahs n'osèrent pas faire tomber lorsqu'ils arrivèrent au pouvoir en Iran en 1979. S'ils considéraient à juste titre les vers héroïques et païens du poète comme anti-islamiques, ils pouvaient difficilement nier son rôle fondateur pour la culture nationale.

Vingt ans plus tard, l'élan de la révolution islamique ayant quelque peu perdu de son ardeur, le Shâh-Nâme fait à nouveau partie de la liste des ouvrages imposés aux étudiants iraniens et Ferdowsi représente plus que jamais ce que le nationaliste français Charles de Gaulle, qui refusait de désigner l'Union soviétique autrement que par Russie, aurait appelé « la Perse éternelle ».

Bien sûr, la révolution islamique a donné ses propres héros au peuple iranien. Sur les principaux boulevards de la ville, de gigantesques portraits de l'ayatollah Khomeiny, l'air digne et sévère, tapissent le moindre emplacement disponible. En comparaison, le visage à lunettes de l'ayatollah Ali Khamenei, qui succéda à Khomeiny comme Guide suprême à la mort de ce dernier en juin 1989, fait pâle figure. En plus de ces portraits, on compte également de nombreuses peintures murales représentant des martyrs et des scènes sanglantes de la guerre contre l'Irak, qui coûta la vie à un million de soldats entre 1980 et 1988. Les *chouhada*, morts en héros, semblent regarder les passants avec l'intention de leur remémorer leur propre destin.

Sur le parvis de l'université de Téhéran, les drapeaux des États-Unis et d'Israël sont peints à même le sol pour permettre aux étudiants de les piétiner quotidiennement. La plupart des jeunes hommes et femmes qui franchissent le porche ce matin contournent, inconsciemment ou non, les couleurs nationales défraîchies. Presque personne ne semble prêter attention à une bannière suspendue à une clôture sur laquelle on peut lire « Mort aux USA ! ». Sur l'énorme campus, que ses fontaines et ses arbres font ressembler à un parc, les étudiants sont assis en groupes sur des bancs ou à même la pelouse. Certains discutent avec agitation, d'autres sont plongés dans leurs livres en préparation de l'un ou l'autre examen. Étonnamment, on rencontre beaucoup de jeunes femmes. Il faut dire qu'elles forment la majorité des étudiants. Dans certaines facultés, comme les sciences naturelles ou les mathématiques, elles représentent jusqu'à 70 % des inscrits. Les cours sont cependant donnés dans des bâtiments strictement séparés.

Sur le campus, toutes les jeunes femmes portent le tchador, cette robe noire qui recouvre le corps de la tête aux pieds. En-dessous, cependant, beaucoup portent des jeans et des baskets en vogue, et les lunettes de soleil à la mode sont aussi nombreuses que les portables. Le foulard avec lequel la loi oblige les femmes iraniennes à couvrir leurs cheveux est souvent porté de façon fort laxiste ; de nombreuses étudiantes le portent fort en arrière, révélant ainsi une belle et longue chevelure. La chose aurait été impensable il y a quelques années seulement, lorsque la police religieuse châtiait à coups de fouets la moindre mèche apparente. Aujourd'hui, les femmes de Téhéran essaient de voir jusqu'où elles peuvent rabattre leur foulard. De nombreuses jeunes filles se maquillent avec de généreuses doses de fard à paupières. Un tel comportement n'est pas sans risques. Les femmes qui dépassent les limites sont régulièrement arrêtées par les forces de sécurité et condamnées à payer une amende. En juillet 1999, la police envahit les halls de l'université et assaillit les étudiants au hasard, tuant un jeune homme. Afin de prévenir de tels incidents, le Majlis, ou Parlement national, décida un an plus tard d'obliger les forces de police à obtenir la permission du doyen avant de pénétrer dans l'enceinte universitaire.

Malgré tous les revers, les visages rayonnants des femmes iraniennes sont un signe indéniable des changements qui s'opèrent dans le pays. Ceux-ci ont débuté en 1997 lorsque, de façon surprenante, le mollah modéré Mohammad Khatami fut élu à la présidence du pays avec 69 % des suffrages, provenant principalement d'une jeunesse désillusionnée par le marasme économique et culturel du pays sous le régime des mollahs. La moitié de la population iranienne a moins de vingt-quatre ans et n'a pas connu la révolution. Un quart est au chômage. Ces hordes des jeunes gens qui peuplent les rues de Téhéran n'ont jamais connu d'autre système et ne peuvent comparer les politiques de leurs dirigeants avec le règne brutal du chah, dont ils n'ont jamais fait l'expérience. Depuis son arrivée au pouvoir, Khatami a entamé des réformes libérales visant à réprimer les pires excès de la révolution islamique. Les lois religieuses ont été assouplies, donnant aux citoyens de plus grands droits démocratiques. Khatami fut réélu avec une écrasante majorité en 2001.

Le président doit cependant faire face à un opposant de taille en la personne du Guide suprême Khamenei, qui peut s'appuyer sur le soutien du Conseil des gardiens, composé de mollahs ultraconservateurs qui considèrent toute libéralisation culturelle comme un signe de décadence occidentale. Le Conseil des gardiens, qui contrôle les forces de sécurité nationales, a jusqu'à présent bloqué toutes les lois et décisions gouvernementales qu'il juge trop progressistes. Les mollahs occupent tous les postes de pouvoir dans une économie considérablement nationalisée. Des dizaines de journaux favorables aux réformes ont été interdits et leurs éditeurs arrêtés. Depuis 1998, plusieurs intellectuels favorables au président Khatami ont été assassinés. L'Iran est sans doute le seul pays au monde où l'opposition est menée par le président en place. La lutte d'influence entre les deux gouvernements parallèles a mené à une impasse et paralyse les structures politiques et sociales de l'État. En fin de compte, le foulard ne peut être reculé indéfiniment. Soit il reste en place, soit il tombe et, dans l'état actuel des choses, aucune Iranienne n'oserait opter pour la deuxième solution en public.

Selon Amir Loghmany, éditeur politique de longue date d'Hamchari, le plus grand quotidien du pays, le foulard est un repère qui permet de sonder l'humeur du pays. *« Avant, sous le chah, de nombreuses femmes portaient le foulard en signe de soutien à la révolution. Aujourd'hui, elles veulent à nouveau s'en débarrasser. »* Loghmany, un des analystes politiques les plus respectés du pays, regarde un groupe de quatre jeunes filles en train de s'amuser à mettre du rouge à lèvres. *« Notre pays est bien vivant et les mentalités changent. Après tout, c'est pour ça que nos têtes sont rondes et pas carrées. »*

Nous sommes à Darband, but d'excursion à la mode au nord de Téhéran. L'air est frais et le smog qui recouvre la capitale n'atteint pas les premiers contreforts de l'Elbourz. Nous sommes vendredi, jour saint, et des milliers de jeunes gens suivent un ruisseau de montagne le long de sentiers escarpés menant à un défilé. Nombre d'entre eux sont venus ici dans de coûtux 4x4. Ce sont les enfants de familles riches établies depuis longtemps dans les quartiers chics du nord de la ville. *« Ils viennent ici pour s'amuser dans les montagnes »*, m'explique Loghmany. Son visage légèrement espiègle et ses longs cheveux gris lui donnent un air de ressemblance avec Abolhassan Bani Sadr, premier président iranien après la révolution. *« Plus ils montent, plus ils sont libres de faire ce qui leur serait strictement interdit en ville. Aucun mollah n'a le courage de monter jusqu'ici. »* Sur un pont en bois enjambant le ruisseau en furie, un jeune couple visiblement amoureux se tient par la main. Le foulard de la jeune fille pend négligemment sur ses épaules, découvrant de longues tresses sombres. Loghmany sourit. *« Encore quelques centaines de mètres et ils pourront s'embrasser. Et s'ils parviennent à trouver un endroit reculé derrière l'un ou l'autre rocher, qui peut dire alors ce qui se passera ? »*

Un groupe de garçons en jeans et vestes de cuir passent derrière le couple. L'un d'eux porte une chaîne stéréo d'où s'échappe une musique rock bruyante. C'est à leur visage que l'on distingue le plus clairement ces jeunes rebelles de leurs pendants occidentaux des années 1970. Ils sont tous rasés de près. En Iran, la barbe est portée par la classe dirigeante. D'après un sondage commandité récemment par le gouvernement, plus de 75 % des jeunes Iraniens ne prient pas. Téhéran compte moins de mosquées que Le Caire ou Amman et l'appel à la prière du muezzin se fait rarement entendre. *« Les jeunes n'acceptent plus tout et tournent le dos* à l'islam. L'Iran est une société séculaire, même les mollahs ne croient plus en ce qu'ils prêchent, fait ainsi remarquer Loghmany. *En élevant l'islam au rang d'idéologie nationale, ils l'ont pratiquement vidé de sa véritable substance religieuse.* »

Pendant quinze années, de 1963 à 1978, Loghmany, fils d'un riche docteur et d'une diplomate, étudia et travailla à Würzburg, Bâle et Francfort. C'est là qu'il étudia les sciences politiques et découvrit l'École de Francfort lors des conférences de Theodor Adorno et Max Horkheimer. « *Nous étions des idéalistes dans les années 1960, mais rien de ce que nous prédisions ne s'est finalement réalisé* », avoue l'homme de cinquante-cinq ans en se remémorant son passé de rebelle soixante-huitard. Il garde pourtant d'excellents souvenirs des soirées, des bars et des filles dans les foyers universitaires francfortois. « *C'était une époque folle.* » Tout comme le spécialiste du pétrole Honarvar au Texas, Loghmany rejoignit bientôt un groupe d'exilés opposés au chah Reza Pahlavi, au grand désespoir de son père monarchiste. Comme des milliers d'autres manifestants, il était dans la foule à Berlin lors de la visite officielle du chah en Allemagne en 1967. Ce jour-là, à quelques mètres à peine de lui, la police abattit l'étudiant Benno Ohnesorg.

En qualité de docteur ès sciences politiques, Loghmany rendit visite à l'ayatollah Khomeiny durant son exil parisien. « *Il était très distant et un air de mystère l'entourait en permanence* », se souvient-il. Fin 1978, Loghmany regagna l'Iran pour soutenir le soulèvement populaire contre le chah. « *Notre révolution était sociale, pas religieuse. Je suppose que nous voulions créer le paradis sur terre. Mais tout est ensuite allé beaucoup trop vite et nous avons assisté à des scènes d'hystérie populaire totalement inutiles. C'est alors que nous avons donné le contrôle aux mollahs, et ils l'ont gardé jusqu'aujourd'hui.* » Resté au pays, l'homme entama une carrière de journaliste, effectuant des reportages sur le front lors de la guerre contre l'Irak dans les années 1980 et échappant de peu à la mort lors d'une attaque irakienne au gaz sur la ville kurde de Halabja. « *Je n'ai jamais rien vu de plus terrible que ces femmes et ces enfants asphyxiés devant leurs maisons.* »

Après la guerre, Loghmany rentra à nouveau en politique, travaillant dans les arcanes du pouvoir conservateur en tant que conseiller du président Rafsandjani et de l'ayatollah Khomeiny. C'est seulement au milieu des années 1990 qu'il commença à utiliser sa position au quotidien libéral Hamchari pour soutenir la candidature aux élections présidentielles de Khatami, chef de la Bibliothèque nationale et à l'époque dans une impasse politique. Les deux hommes se connaissent aujourd'hui personnellement. « *Le mouvement de libéralisation qui souffle sur l'Iran ne peut plus être arrêté, estime Loghmany. C'est comme si nous venions de quitter le cinéma juste après avoir vu le film des mollahs. La clarté du jour nous aveugle encore mais nous n'avons aucunement l'intention de retourner dans les ténèbres.* »

Loghmany se montre cependant prudent en ce qui concerne une contre-révolution imminente. Comme la jeune génération n'est pas prête à courir le risque d'un soulèvement armé, tout changement devra se faire progressivement et de manière pacifique. Il n'hésite pas à établir un parallèle avec la chute des régimes communistes en Europe de l'Est en 1989. « *Les mollahs sont encore dangereux*, dit-il.

*Contrairement aux dirigeants communistes de 1989, ils n'ont pas perdu la foi en leur légitimité morale. »* Comme lui, de nombreux journalistes en firent l'expérience. Ceux qui osaient mettre en doute les conservateurs de manière trop flagrante furent arrêtés et condamnés à de longues peines d'emprisonnement. Le président Khatami resta de marbre lorsque la dynamique de liberté de la presse mise en branle par son élection fut à nouveau battue en brèche. Loghmany se souvient : *« L'espace d'un instant, nous avons cru que nous pouvions tout écrire. Nous avions tort ».*

L'issue de la lutte interne pour le pouvoir en Iran sera d'une importance capitale pour le nouveau Grand Jeu. Si les réformateurs qui soutiennent le président Khatami l'emportent, l'Iran a une chance de sortir de son isolement international et de s'ouvrir à l'Occident. Si ses liens traditionnels avec l'Europe ont tout à gagner, il est cependant douteux que sa rivalité avec les États-Unis dans la région s'en trouvera amoindrie. Les intérêts économiques et stratégiques des deux pays sont pour l'instant par trop incompatibles.

*« Le gouvernement de Washington a tout ressort pour améliorer ses relations avec nous »*, déclare Loghmany alors que nous nous promenons sous les platanes de la splendide avenue Vali-e-Asr, domicile de l'ancienne résidence d'été du chah. *« Mais il est sous la coupe du puissant lobby juif américain. Les Juifs ont besoin d'un ennemi comme l'Iran pour justifier leur répression brutale contre le peuple palestinien. »* Loghmany s'empresse d'ajouter qu'aucun Iranien n'est anti-américain et que seule une infime minorité militante crie des slogans tels que « Mort aux USA ! ». L'écrasante majorité des gens sont au-dessus de cela. Il estime que Washington peut discuter de n'importe quel sujet avec Téhéran à condition que le respect soit mutuel. *« Nous tenons à ce qu'on nous traite sur pied d'égalité. Nous sommes des Perses, un peuple fier et orgueilleux, et notre culture est vieille de plusieurs milliers d'années. »*

Nous ne manquons pas d'aborder l' « axe du Mal » du président George W. Bush, qui regroupe l'Iran, l'Irak et la Corée du Nord. Loghmany se montre nonchalant : *« Cela nous fait bien rire. On peut difficilement prendre au sérieux ce que dit ce cow-boy texan inculte ».* Tripatouillant en permanence le revers de sa veste en loden, l'homme allume une cigarette de ses mains fines et soignées qui tremblent légèrement, avant de s'emporter soudainement. *« Quelle insulte de nous comparer avec un régime totalitaire comme la Corée du Nord ! Les Américains et leurs doubles standards ! Nous autres Iraniens sommes plus démocratiques que n'importe quel émirat arabe allié des États-Unis ! »*

Aux yeux de nombreux Iraniens, le discours virulent du président Bush n'est qu'un tissu d'insultes. Pendant des années, Téhéran a soutenu l'opposition afghane contre le régime des talibans et le réseau terroriste Al-Qaida. En agissant de la sorte, l'Iran cherchait à se venger du meurtre de diplomates iraniens en Afghanistan par les talibans sunnites, responsables également de persécutions brutales à l'encontre des Hazaras, minorité chiite d'Afghanistan. Téhéran entendait également contrecarrer l'influence dans la région du Pakistan et de l'Arabie saoudite, deux régimes soutenant les talibans. Les Iraniens fournirent armes et argent, et des milliers de combattants de l'Alliance du Nord passèrent par des camps d'entraînement situés dans l'est de l'Iran. Le pays accueillit également deux millions de réfugiés afghans.

Le soir du 11 septembre 2001, de nombreuses personnes à Téhéran allumèrent spontanément des bougies pour exprimer leur horreur et leur solidarité avec les victimes américaines du terrorisme. L'Iran soutint en silence la campagne antiterroriste des forces américaines en Afghanistan, promettant même d'apporter son aide à tout pilote américain abattu. Aujourd'hui pourtant, les États-Unis accusent Téhéran de se mêler des affaires intérieures de l'Afghanistan et les Iraniens se sentent menacés par une administration Bush appliquant ouvertement la doctrine de guerre préventive et ayant déjà démontré en Afghanistan qu'elle ne plaisantait pas. Les menaces de Washington font également le jeu des mollahs conservateurs qui n'hésitent pas à utiliser la peur que celles-ci engendrent dans leur lutte avec les réformateurs libéraux. Selon Loghmany, *« seule l'image des États-Unis en tant qu'ennemi permet au régime de se maintenir en place et de contenir les aspirations à la liberté »*.

En fait, de nombreux Iraniens craignent que la véritable intention des Américains en Afghanistan ne soit d'encercler et d'attaquer leur pays. Même les efforts de Washington pour renverser le régime de Saddam Hussein, ennemi juré des Iraniens, ne réconforte personne à Téhéran et nombreux sont ceux qui croient que le but avoué de la nouvelle politique agressive des États-Unis est d'éliminer l'Iran en tant que pouvoir rival au Moyen-Orient et dans la zone caspienne. Depuis la fin de la guerre froide, Washington s'est montré de plus en plus inquiet de l'influence grandissante du « pays des mollahs » dans l'ancienne Asie centrale soviétique. Sur le plan économique, Téhéran cherche à tirer profit des antiques liens culturels et linguistiques perses qui s'étendent jusqu'en Inde et la politique extérieure consistant à tenter d'exporter la révolution islamique a depuis longtemps été reléguée au second plan. Quelle que soit son issue à court terme, il n'est plus permis de négliger le rôle essentiel joué par l'Iran dans le nouveau Grand Jeu. Loghmany de conclure : *« Qu'importent les agissements des Américains. Ils peuvent difficilement nous exclure de la région et devront compter sur nous en Asie centrale »*.

La ville de Machhad, dans le nord-est de l'Iran, est située à un endroit stratégique. La frontière avec le Turkménistan et l'Afghanistan est à moins de deux heures de route. Pendant des siècles, marchandises et armes de toutes provenances y ont transité. Les routes principales sont en excellent état et une nouvelle voie ferrée reliant Achgabat, la capitale turkmène, à plus de trois cents kilomètres au nord-ouest, vient d'être inaugurée. Pendant de nombreuses années, les moudjahidins afghans se sont entraînés dans des camps à proximité de la ville avant d'aller combattre les Soviétiques d'abord et les talibans ensuite. Depuis la chute de ces derniers, Machhad a retrouvé sa place au centre d'un des principaux champs de bataille du nouveau Grand Jeu.

Contrairement à Téhéran, de plus en plus séculaire et libérale, Machhad est encore fermement contrôlée par les mollahs. On croise dans ses rues de nombreux clercs au turban noir et les tchadors des femmes ne laissent pas entrevoir la moindre mèche de cheveux. Il y a trois ans, Machhad fit la une de la presse internationale lorsqu'on y retrouva les corps de plusieurs prostituées sauvagement assassinées. La ville la plus sainte du pays abrite le tombeau de Reza, huitième imam et seul successeur du Prophète enterré en Iran. Son mausolée est le plus important lieu de pèlerinage chiite et plus de douze millions de partisans d'Ali s'y rendent chaque année pour honorer celui qui fut empoisonné au IX$^e$ siècle par les Sunnites sur ordre du calife abbasside Al-Ma'moun. Le schisme entre les deux principales composantes de l'islam remonte à la lutte de succession qui suivit la mort du prophète Mohammed. Les Chiites élurent Ali, gendre du prophète, comme premier imam d'une lignée en comportant douze. Les Sunnites refusèrent d'avoir des chefs spirituels et firent du beau-père de Mohammed le premier de quatre califes séculaires.

Un imposant dôme doré, flanqué de deux plus petits en émeraudes, surmonte l'énorme mausolée. Un drapeau noir flottant sur un toit rappelle à tous les pèlerins le *mouharram*, ou mois islamique du deuil. Toutes les grandes avenues de cette ville de deux millions d'âmes mènent au site sacré. Aux différentes entrées – séparées pour les hommes et les femmes –, des gardes en armes vérifient vêtements et bagages, précaution nécessaire depuis l'explosion en 1994 d'une bombe ayant tué des dizaines de personnes présentes sur les lieux.

L'entrée donne sur un complexe désordonné mais harmonieux de mosquées, de madrasas et de bâtiments divers entourant le lieu saint. Des centaines de personnes se promènent dans la cour qui précède le mausolée, dans une atmosphère décontractée et joyeuse. Des hommes et des femmes sont assis en groupes sur des tapis à même le sol de marbre froid. Ils prient ou chantent tandis que d'autres lisent calmement le Coran. D'autres encore ont apporté de la nourriture et font un pique-nique, discutant calmement en mangeant des galettes de pain et en buvant du thé vert. Trois petits garçons se poursuivent en brandissant des revolvers en plastique. L'un d'eux manque de se cogner contre un groupe d'hommes transportant à la hâte un cercueil hors du mausolée. Les hommes sont tellement pressés que la boîte en bois ouverte, qu'ils soutiennent d'une seule main, tangue comme un navire sur une mer agitée. Le cadavre, recouvert d'un linceul blanc, oscille dans sa caisse. Le cortège s'arrête dans un coin de la cour, les hommes posent le cercueil au sol et forment un cercle. Une dizaine de femmes, toutes vêtues de noir, certaines pleurant à chaudes larmes, se tiennent en retrait. Le corps est entouré d'un ruban noir, indiquant que le défunt est une femme. Un imam s'approche du groupe et entame une prière à haute voix, bientôt rejoint par les hommes. Son office terminé, un des proches de la défunte lui tend quelques billets de banque. Les porteurs soulèvent à nouveau le cercueil et se ruent vers la sortie, où ils manquent de peu heurter un autre groupe de pleureurs qui, cercueil sur les épaules, se dirigent vers le tombeau.

Près d'une fontaine au milieu de la place, des pèlerins font leurs ablutions, les dernières d'une série de rites pratiqués par les musulmans avant de pénétrer dans le mausolée. Ils marchent ensuite pieds nus jusqu'au tombeau de l'imam Reza. Pour y arriver, ils doivent traverser un dédale de couloirs et de voûtes où des pèlerins agenouillés écoutent les sermons de prêtres à la longue barbe. Tous les plafonds sont décorés d'innombrables fragments de miroirs scintillants reflétant chaque rayon de lumière à l'infini. Les lourdes portes en bois séparant les différentes pièces sont ornées de serrures dorées, que les croyants embrassent et effleurent de la main avant de s'avancer vers le sanctuaire principal. Le sarcophage apparaît alors, à l'intérieur d'une gigantesque cage en argent légèrement surélevée. Par vagues successives, les personnes présentes tentent de s'approcher d'assez près pour pouvoir toucher les grilles du tombeau. Des hommes en transe grimpent sur les barreaux et tendent les bras vers le sarcophage, à grand renfort de prières et de louanges. De l'autre côté du tombeau, séparées par une balustrade, des vagues de femmes en noir vont et viennent comme une marée de lamentations. Les pèlerins jettent sur la tombe des offrandes sacrificielles, souvent des billets, parfois des bijoux.

Des représentants de la fondation Astân-e Qods-e Razavi, qui gère le mausolée, rassemblent ensuite les dons. À l'instar d'autres institutions religieuses iraniennes, la fondation a acquis un pouvoir et une richesse considérables au cours des vingt dernières années. Cet empire économique, détenu en partie par l'État, possède mines, fabriques, usines de tissage, sociétés laitières, ainsi que les célèbres manufactures de tapis de Machhad. Le président de la fondation, un ayatollah proche de Khamenei, est l'un des mollahs les plus influents du pays. Le complexe saint s'est tellement agrandi sous ses ordres qu'il englobera bientôt un dixième de la ville. De plus en plus de quartiers résidentiels font place à des chantiers de construction de nouveaux bâtiments religieux ou de minarets. Un nouveau tunnel autoroutier urbain est en passe d'être creusé directement sous le site sacré et sera accompagné d'une ville souterraine possédant son propre centre commercial.

*« Les mollahs sont corrompus et les fondations servent uniquement à les enrichir »*, me confie Ahmed, professeur d'anglais à la retraite que je rencontre sur le parvis de la mosquée après les prières du soir. Comme de nombreux Iraniens, il ne mâche pas ses mots lorsqu'il s'agit de critiquer les clercs : *« Qui sait quelle proportion de l'argent versé au tombeau finit sa course dans les poches des dirigeants de la fondation ? »* Chiite très pieux, l'enseignant ne raterait pour rien au monde les prières matinales et vespérales à la mosquée. Il a, lui aussi, soutenu la révolution islamique mais estime aujourd'hui que les échelons supérieurs de l'État sont occupés par des voleurs et des arrivistes. *« Heureusement, la doctrine chiite oblige l'homme à se révolter contre un gouvernement injuste. »*

On considère les Chiites plus enclins au soulèvement politique que les Sunnites. Outre la question de la succession du Prophète, une autre pomme de discorde importante sépare les deux sectes musulmanes. Les Sunnites considèrent que la bonté divine légitime naturellement tout pouvoir temporel tandis que les Chiites soutiennent qu'Allah se doit d'être juste et estiment par conséquent qu'il est du devoir de chaque musulman de résister contre les dirigeants injustes et les faux prêcheurs, par la voie du martyr si nécessaire. La propension chiite à la rébellion, qui propulsa les mollahs au pouvoir en 1979, pourrait bientôt provoquer leur chute.

De retour à Téhéran, je ressors le morceau de papier sur lequel l'agent pétrolier Hamed Honarvar avait griffonné le numéro de téléphone de Sayed Reza Kasaei Zadeh, directeur-analyste de la National Iranian Oil Company (NIOC). *« Ah oui, on m'a informé*, répond une lourde voix au bout du combiné. *Venez à l'adresse suivante, aujourd'hui à cinq heures. »*

Notre lieu de rendez-vous est situé non loin de l'ancienne ambassade américaine où, pendant plus d'un an, Hamed Honarvar et d'autres étudiants radicaux ont gardé en otage plusieurs ressortissants américains. Le fastueux complexe est situé dans un gigantesque parc orné de pins. Sur la porte d'entrée principale, on distingue les restes lacérés de l'emblème national avec à côté une banderole proclamant « Mort aux USA ! ». L'armée iranienne occupe aujourd'hui l'ancienne ambassade et deux soldats perchés en haut d'un mirador surplombant le portail regardent passer les piétons. Les murs de l'enceinte extérieure sont recouverts de slogans et de fresques murales révolutionnaires. L'un d'eux annonce : « Le jour où les États-Unis nous encenseront sera un jour de deuil ». Un artiste a dessiné l'avion de ligne d'Iran Air abattu sans raison apparente par le navire de combat américain U.S.S. Vincennes en 1987, entraînant la mort de plus de 250 passagers. Une prophétie de l'ayatollah Khomeiny dit : « Nous infligerons à l'Amérique une défaite sévère » tandis qu'à coté, la statue de la Liberté est représentée ornée d'une tête de mort.

Les bureaux de la compagnie pétrolière nationale NIOC sont situés dans un immeuble du centre de Téhéran. Le cabinet du directeur-analyste Zadeh est joliment décoré. Les portraits de Khomeiny et de Khamenei, son successeur, pendent au mur derrière son bureau. Le président Khatami, lui, brille par son absence. Par les fenêtres du huitième étage, l'homme jouit d'un panorama embrassant la ville entière et les sommets de l'Elbourz, hauts de plus de quatre mille mètres. En contrebas, dans l'ombre de la NIOC, on distingue l'ambassade américaine. Zadeh sourit : *« Nous appelons maintenant l'ambassade américaine le nid d'espions ».*

Contrairement à son collègue Honarvar, l'homme, élégant et la voix douce, ne fut jamais révolutionnaire mais occupait au contraire d'importantes fonctions dans l'administration de l'ancien régime. Après l'éviction du chah, cet ingénieur pétrolier de formation gravit les échelons de la NIOC pour devenir responsable de la raffinerie d'Abadan, dans le sud de l'Iran. Il y a vingt ans encore, ce complexe construit par les Britanniques, non loin de la frontière irakienne, était le plus grand au monde. Il devint la cible privilégiée des missiles irakiens lorsque Saddam Hussein envahit l'Iran en 1980. Zadeh se souvient : *« Lorsque les premières rumeurs d'attaque nous sont parvenues, j'ai immédiatement fait cesser les opérations. Mais il y avait évidemment encore beaucoup de pétrole sur place et lorsque les avions irakiens commencèrent à bombarder les entrepôts de stockage, le brut s'écoula dans la rivière avant d'exploser. C'était vraiment horrible ».* De nombreux ouvriers perdirent la vie et Zadeh ne parvint à s'enfuir qu'avec beaucoup de chance. Il fut ensuite chargé de la gestion des neuf raffineries que compte le pays.

L'industrie pétrolière iranienne traverse actuellement des difficultés. À l'instar d'autres pans de l'économie, une grande partie des exploitations et des équipements nationaux sont obsolètes. La NIOC ne dispose pas des ressources financières nécessaires pour investir dans la modernisation de ses techniques de production, comme la réinjection du gaz par exemple. Les réserves pétrolières avérées du pays s'élèvent à 93 milliards de barils, soit près de 10 % des réserves mondiales. Mais la production est en baisse, passant de 4,3 millions de barils en 1978, dernière année du régime du chah, à 3,7 millions en 1997. Pendant cette même période, la part de brut destinée à l'exportation est passée de 88 à 67 % *.

Pourtant, Zadeh est de bonne humeur. Il a, aux côtés de Honarvar, assisté à la réussite des négociations avec le gouvernement kazakh à Almaty. *« Nous sommes parvenus à un très bon accord et sommes actuellement occupés à mettre en œuvre tous les préparatifs nécessaires à l'échange pétrolier. »* Un nouveau terminal a déjà été construit dans le port caspien de Neka et les quarante premiers kilomètres d'un nouvel oléoduc de quatre-vingts centimètres de diamètre en direction de Téhéran ont été posés. En outre, la NIOC a construit au nord de la capitale deux nouvelles raffineries qui permettront de traiter jusqu'à 500 000 barils de pétrole kazakh par jour. Ces opérations sont manifestement en cours depuis plusieurs années, et Iraniens et Kazakhs semblent avoir prévu depuis longtemps une reprise des échanges pétroliers. C'est pourquoi je demande à Zadeh s'il est possible que le pétrole kazakh provienne également du gisement de Tenguiz. L'homme s'enfonce dans son fauteuil et, le sourire aux lèvres, déclare : *« Nous ne savons pas encore d'où proviendra le pétrole ».* Est-il possible que des sociétés comme ChevronTexaco ou ExxonMobil participent – illégalement – à l'échange ? Zadeh joint les mains, un magnifique anneau Aghigh illuminant sa main gauche. *« Nous n'avons aucun contact avec des sociétés privées et traitons uniquement avec le gouvernement kazakh. »* Même sur son lit de mort, l'homme n'accepterait pas de révéler si des entreprises pétrolières ont effectivement participé au contrat, ainsi que ce fut le cas dans le premier échange de 1997 ; le risque d'une intervention américaine est bien trop élevé.

Mon interlocuteur poursuit : *« Le pétrole ne provient pas uniquement du Kazakhstan mais également du Turkménistan ».* Il désigne alors le poste de télévision posé dans un

---

* G. Kemp, « U.S.-Iranian Relations » dans R. Ebel et M. Rajan, *op. cit.*, p. 155.

coin de son bureau, sur lequel trône un cube en verre orné d'une plaque qui porte l'inscription : « En commémoration du premier accord d'échange pétrolier entre la République islamique d'Iran et le Turkménistan en février 2000 ». Il y a quelques années, malgré les protestations de Washington, les Turkmènes construisirent effectivement un petit pipeline en direction du nord de l'Iran. Derrière la plaque, le cube conserve quelques gouttes de pétrole de la première livraison turkmène, pompeusement décrites comme « les premières gouttes de brut du troisième millénaire ».

Parlant des conduites caspiennes, Zadeh ajoute : *« Outre les échanges pétroliers, nous allons également proposer un oléoduc alternatif destiné à concurrencer les autres projets. Après tout, notre réseau est déjà complètement développé »*. Sur une grande carte d'Iran accrochée au mur de son bureau, il m'indique les conduites existantes, représentées par des petits tubes en plastique. Le tracé proposé partira du Kazakhstan et longera la côte orientale de la Caspienne pour traverser le Turkménistan jusqu'à la frontière iranienne et, de là, traverser la partie orientale du pays pour rejoindre la ville portuaire de Bandar-e Abbas. *« Nous sommes à même d'amener le pétrole caspien sur les marchés à des coûts bien plus avantageux que le pipeline Bakou-Ceyhan*, me confie Zadeh lorsque je quitte son bureau. *Et les Américains ne peuvent rien y faire. »*

En octobre 2002, l'Iran appela les pays caspiens producteurs à ignorer les sanctions américaines et à faire passer leur pétrole par l'Iran. *« Mon message, je tiens à le souligner, n'est pas politique mais bien économique »*, avait déclaré Mahmoud Khagani, préposé aux affaires caspiennes du ministère iranien de l'énergie, avant d'ajouter : *« Le pont d'or qui relie la Caspienne au golfe Persique est dorénavant ouvert et les sociétés actives dans la région caspienne peuvent être sûres que leurs ressources atteindront les marchés internationaux* [\*] *»*.

Jusqu'à présent, les sanctions à l'encontre de l'Iran ont dissuadé les compagnies pétrolières américaines d'accepter l'offre du pipeline iranien. Pourtant, les investisseurs américains eux-mêmes concèdent que le tracé persan serait plus court, plus sûr et meilleur marché que n'importe quel autre oléoduc à l'étude traversant la Russie, le Sud-Caucase ou l'Afghanistan. Même si les sociétés européennes présentes en Iran encourent de lourdes amendes aux États-Unis, peu d'entre elles se sentent réellement tenues par les sanctions américaines. Lorsqu'en septembre 1997, la compagnie française TotalFinaElf et le géant pétrolier russe Gazprom signèrent avec l'Iran un accord de deux milliards de dollars portant sur le développement de l'énorme champ gazier offshore de Pars Sud, dans le golfe Persique, Washington proféra des menaces de sanctions à peine voilées contre les filiales du groupe aux États-Unis mais Thierry Desmarest, PDG de Total, ne se montra nullement impressionné. *« Personne ne reconnaît le caractère extraterritorial de cette loi, qui va à l'encontre du principe de souveraineté des nations dans leurs relations. Nous estimons être libres de nos mouvements »*, déclara-t-il. Desmarest reçut également le soutien de

---

[\*] BBC Business News, 4 octobre 2002.

Lionel Jospin, alors premier ministre français, qui ajouta que *« personne ne saurait accepter que les États-Unis imposent leurs lois au reste du monde\* »*. L'administration Clinton s'inclina et garantit au groupe français qu'il n'encourrait aucune suite légale dans ce dossier.

Les compagnies européennes profitent de l'absence de concurrence américaine sur le marché du pétrole iranien. Total effectue en ce moment une étude de faisabilité de l'oléoduc iranien. *« Nous soutenons la compagnie dans ce projet*, déclare un diplomate français rencontré à Téhéran, *et condamnons encore et toujours les sanctions américaines et leur logique d'isolement de l'Iran. »* La France, à l'instar d'autres pays européens, cherche au contraire, par le biais d'une intégration économique de Téhéran, à soutenir les réformateurs libéraux du président Khatami dans leur lutte acharnée pour le pouvoir avec les mollahs conservateurs, et même si les théocrates refusent toujours d'ouvrir entièrement le pays aux influences étrangères, la balance commerciale entre la France et l'Iran s'est accrue de 50 % pour la seule année 2001.

Le gouvernement américain mène une politique inflexible à l'encontre des États européens traitant avec l'Iran. *« Ils devront s'habituer à être traînés devant les tribunaux américains et il n'est pas impossible que des managers européens soient interdits de séjour aux États-Unis »*, m'avait ainsi un jour affirmé un diplomate américain de haut rang, et rien ne changera tant que l'Iran continuera à soutenir le terrorisme international. L'émissaire prit pour preuve la découverte en Méditerranée, quelques jours auparavant, d'un navire soupçonné de livrer aux Palestiniens des armes en provenance de Téhéran. L'intention avouée du gouvernement kazakh d'accepter l'offre du pipeline iranien contrariait visiblement le diplomate. *« Les Kazakhs pensent de façon fort schématique ; ils prennent une latte et tracent la ligne la plus courte vers le golfe Persique. Nous essayons de leur faire comprendre que d'un point de vue sécuritaire, cette idée est loin d'être la meilleure. »* Le diplomate consentit cependant à admettre que de tous les tracés caspiens, l'oléoduc iranien était le plus attractif du point de vue strictement économique. *« Commercialement, le tracé iranien est parfait, mais certainement pas du point de vue stratégique. »*

Dans sa tentative de maintenir les États-Unis hors de la zone caspienne, l'Iran a trouvé dans la Russie un allié pour le moins surprenant. Les activités américaines dans la région ont amené les deux pays à mettre temporairement de côté leur hostilité séculaire. Depuis qu'ils ne partagent plus de frontière commune suite à la chute de l'Union soviétique, leurs relations seraient même presque devenues cordiales. Malgré les critiques acerbes de Washington, Moscou encourage les compagnies russes à vendre des armes à l'Iran et à aider le pays à bâtir sa première centrale nucléaire civile à Bushehr. Ce projet d'un montant de 800 millions de dollars, dont la complétion est prévue pour 2004, suscite d'énormes inquiétudes dans l'administration américaine et chez les experts de la non-prolifération, qui

---

\* M. P. Amineh, *op. cit.*, p. 113.

craignent que l'Iran ne transforme les déchets nucléaires de l'usine en matière radioactive à usage militaire et ne redouble ainsi ses efforts pour développer son propre arsenal nucléaire. L'aide apportée par la Russie à l'Iran constitue la principale pierre d'achoppement dans l'actuel rapprochement américano-russe.

L'un des principaux architectes de l'alliance nouvelle entre Moscou et Téhéran est Alexandre Maryasov, depuis longtemps ambassadeur de Russie en Iran. Nous avons convenu de nous rencontrer pour le thé à l'ambassade russe, située dans un complexe tellement immense que Maryasov dépêche une voiture à l'entrée pour venir me chercher. Lentement, la limousine traverse le parc rempli de palmiers et de pins. L'immense ambassade apparaît enfin, nichée derrière un petit lac artificiel. Le bâtiment, construit dans le style ronflant des années 1930, comporte un nombre hallucinant de pièces, évoquant le Palais du peuple de l'orgueilleux dictateur Nicolae Ceausescu à Bucarest. Six mètres au moins séparent le parquet du plafond en stuc et toutes les pièces sont désertes.

J'attends l'arrivée de l'ambassadeur dans une pièce aussi grande qu'un gymnase. Les murs sont ornés de peintures représentant des scènes de guerre et le sol est recouvert de tapis persans. Contraste frappant avec les autres objets, trois rangées de fauteuils bas, style années 1970, sont placés dans la pièce.

Maryasov, grand et sec, a les cheveux noirs séparés par une raie et porte d'énormes lunettes à monture d'écaille. Ses traits minces lui confèrent une élégance sévère et aristocratique qui n'est pas sans rappeler celle des diplomates russes de la vieille école, avant la période soviétique.

*« Savez-vous quel événement historique s'est déroulé entre ces murs ?*, me demande-t-il en me serrant la main en guise de bienvenue. *C'est ici que Staline, Roosevelt et Churchill se sont réunis en décembre 1943 lors de la conférence de Téhéran. »* La rencontre était la première d'une série de quatre grandes conférences de guerre organisées par les Alliés en lutte contre l'Allemagne nazie. Alors que le cours de la guerre se retournait inexorablement contre Hitler, les dirigeants alliés se réunirent pour discuter de stratégie. Il était tout d'abord convenu que la rencontre aurait lieu à l'Ouest mais Staline refusa de quitter la sphère d'influence soviétique. La Perse, qui était à l'époque occupée conjointement par les troupes britanniques et soviétiques, semblait offrir un bon compromis. C'était la première fois que Staline rencontrait personnellement les deux hommes d'État occidentaux, qui avaient effectué un long et périlleux voyage pour arriver jusque là. Staline les pressa d'ouvrir un second front à l'Ouest pour venir en aide à l'Armée rouge dans son combat désespéré. *« C'est ici qu'ils étaient assis et débattaient »*, explique Maryasov en désignant une table en acajou poli dans la pièce attenante. *« Staline était assis ici, et Roosevelt et Churchill respectivement là et là,* poursuit le diplomate de cinquante-quatre ans, comme s'il avait assisté à la scène. *Des bruits couraient selon lesquels les agents allemands, à l'époque fort nombreux à Téhéran, projetaient d'assassiner Roosevelt. C'est pourquoi le président américain ne regagna pas son ambassade et passa les nuits en notre compagnie. »*

Aucun Russe ne connaît Téhéran mieux que Maryasov qui, outre le français et l'anglais, parle couramment le farsi. Le diplomate moscovite fut tout d'abord envoyé comme consul dans le pays en 1969 avant d'être accrédité à Téhéran lors de la révolution de 1979. « *Khomeiny considérait les Russes et les Américains comme de véritables démons. Il craignait le communisme.* » Il se souvient que lors de la prise d'otage des diplomates américains, le ministre iranien des affaires étrangères avait proposé d'occuper également l'ambassade soviétique. Cela n'aurait pas été la première fois. En 1829, une foule en furie prit d'assaut l'ambassade russe à Téhéran, taillant en pièces l'ambassadeur Alexandre Griboïedov, poète et ami proche d'Alexandre Pouchkine, ainsi que tout le personnel. Suite à une campagne victorieuse contre les Perses, celui-ci avait dicté au chah des termes de capitulation extrêmement sévères. Le meurtre, dont Saint-Pétersbourg soupçonne qu'il fut orchestré par les alliés britanniques des Perses, fit de Griboïedov une des victimes les plus illustres du Grand Jeu. Cent cinquante ans plus tard, Khomeiny eut cependant la prudence de ne pas affronter simultanément les deux superpouvoirs.

Durant 444 jours, les diplomates russes eurent le loisir d'observer le sort fait à leurs homologues américains et rivaux de la guerre froide. « *Bien sûr, nous admirions le caractère anti-impérialiste de la révolution et estimions que ce revers pour les États-Unis était une bonne chose* », déclare Maryasov, un scintillement pervers dans les yeux.

Après l'invasion soviétique de l'Afghanistan en 1979, les relations se tendirent entre Moscou et Téhéran. Dans les années 1980, l'Iran fournit des armes et de l'argent aux moudjahidins dans leur combat contre l'Armée rouge, qui se retira de l'Hindou Kouch défaite et humiliée en 1989.

Maryasov explique : « *Depuis que nous n'avons plus de frontière commune avec l'Iran, nos positions politiques sont devenues sensiblement identiques. C'est particulièrement vrai en Asie centrale, où l'Iran a fait preuve de flexibilité et de bon sens, et où nous avons de nombreux objectifs communs* ». Le diplomate se félicite de ce que Téhéran ne cherche pas à exporter la révolution islamique vers les anciennes républiques soviétiques. Lors de la guerre civile qui frappa les Tadjiks, cousins ethniques des Perses, l'Iran se montra un médiateur calme et pragmatique.

Cette nouvelle alliance transcaspienne s'explique par ces « positions identiques » avec l'Iran, à propos desquelles Maryasov se montre fort disert. « *Nous estimons, de concert avec Téhéran, qu'aucune autre grande puissance étrangère n'a le droit d'étendre son influence sur la mer Caspienne.* » Sans vouloir mentionner personne, il se montre néanmoins critique vis-à-vis du soutien apporté par les États-Unis au pipeline Bakou-Ceyhan qui traverse l'ancien Sud-Caucase russe. « *Nous nous opposons à ce projet parce qu'il est basé sur des motivations politiques et stratégiques.* » Leur opposition commune à l'oléoduc méditerranéen rapproche insensiblement la Russie et l'Iran, partenaires pourtant inégaux et rivaux sur le marché du pétrole.

« *Un pipeline passant par l'Iran recevrait le soutien de la Russie* », indique Maryasov avant d'ajouter « *mais uniquement lorsque toutes les conduites russes opéreront à pleine capacité.* » Moscou craint également que Téhéran n'exagère ses rodomontades vis-à-vis de l'Azerbaïdjan, un voisin qu'elle apprécie peu. *« Cela pourrait facilement fournir à une puissance étrangère un prétexte pour s'immiscer dans la région*, estime Maryasov. *L'Azerbaïdjan pourrait par exemple demander aux États-Unis d'envoyer des troupes dans le Caucase. »*

L'homme rejette fermement les accusations proférées par Washington selon lesquelles la Russie fournirait à l'Iran des armes de destruction massive ainsi que la technologie nécessaire à la construction de bombes nucléaires. *« Tout comme les États-Unis et d'autres pays, nous vendons à l'Iran de l'armement conventionnel et il n'existe absolument aucune preuve de la vente de têtes nucléaires. »* Il souligne en outre que l'aide apportée par les ingénieurs russes dans le cadre de la construction de la première usine nucléaire iranienne à Bushehr est soumise aux contrôles réguliers de l'Agence internationale pour l'énergie atomique (AIEA). *« Tout est clair et transparent. Personne ici ne construit de bombes secrètes. »* À l'instar de nombreux diplomates occidentaux en poste à Téhéran, l'ambassadeur russe se montre dubitatif face aux déclarations du président Bush associant l'Iran à un quelconque « axe du Mal ». *« Ce sont des doubles standards*, insiste-t-il. *Tout cela est l'œuvre du lobby israélien à Washington. Les Américains n'ont encore rien appris dans leurs relations avec l'Iran. Ils sont bornés, ne regardent pas assez attentivement et n'écoutent pas. »*

Se départant de sa réserve diplomatique, Maryasov poursuit : *« Les Américains ont maintenant envoyé des troupes en Asie centrale. Il ne saurait être question de partenariat entre nous et les États-Unis si ces derniers s'obstinent à agir de manière unilatérale et sans prendre la peine de nous consulter. Un moment arrivera où nous estimerons que notre sécurité nationale est menacée. »* Lorsque je lui demande quels peuvent bien être selon lui les intérêts américains en Asie centrale, le diplomate ne mâche pas ses mots : *« L'armée américaine a prétexté de la présence de terroristes en Afghanistan pour s'immiscer en Asie centrale. Tout cela n'est pour eux qu'une question d'intérêts économiques, le pétrole caspien en particulier ».*

L'ambassadeur est convaincu que le conflit avec les États-Unis pour la maîtrise de l'Asie centrale est particulièrement indécis. *« Une fois que notre économie aura repris le dessus, nous rétablirons nos anciennes relations avec l'Asie centrale et le Sud-Caucase, et réintégrerons notre sphère d'influence dans la région. »* Les propos catégoriques de Maryasov démontrent à quel point l'approche pragmatique et coopératrice du président Poutine vis-à-vis de Washington pourrait encore rencontrer une opposition forte au sein même de l'appareil d'État russe.

Tout voyageur sain d'esprit et doté d'un budget suffisant choisirait l'avion pour parcourir les mille kilomètres qui séparent Téhéran de Bakou. Je décide pourtant de prendre la route afin de pouvoir emprunter la côte septentrionale de l'Iran. Idéalement située entre la mer et les versants escarpés de la chaîne de l'Elbourz, c'est là une des plus belles régions de toute la Caspienne. Pour m'y rendre,

Loghmany a déniché une Chevrolet Nova de 1977, relique de l'ère pro-occidentale du chah, une des seules voitures américaines à écumer encore les rues de Téhéran. Les Iraniens raffolent également de ces rutilantes Cadillac des années 1960 qu'on ne voit guère plus aujourd'hui que dans les films américains. Leur préférence va cependant à la Nova. *« J'aimerais encore mieux la réparer cent fois que de m'en débarrasser »*, confie Homayoun, mon chauffeur, alors que nous quittons les faubourgs de Téhéran au petit matin. En quinze ans de conduite, le chétif Homayoun a remis le compteur à zéro par deux fois, voire même trois. Délaissant la route principale à notre gauche, nous escaladons les monts Elbourz. *« Vous verrez, cette voiture peut venir à bout de n'importe quelle côte. »* Une heure plus tard, à près de 4 000 mètres d'altitude, nous sommes pris dans une tempête de neige terrible. On n'y voit pas à dix mètres et une dizaine de centimètres de neige recouvre déjà la route. La chaleur printanière de Téhéran n'est plus qu'un lointain souvenir.

Après quatre heures d'une ascension angoissante le long de précipices à couper le souffle, le véhicule d'Homayoun entame sa descente vers la côte. Le soleil fait à nouveau son apparition et la végétation devient luxuriante. Le climat humide a recouvert les flancs nord de pins. À Chalous, nous atteignons la route côtière qui longe le littoral sur des centaines de kilomètres. La plage, jonchée d'algues, de détritus et d'oiseaux morts, est décevante ; les hautes vagues, indicatrices de courants traitres, viennent s'écraser directement sur la côte. D'affreux immeubles modernes défigurent la plupart des villages côtiers ; le littoral est constellé de villas, la plupart en ruine. Construites trop près de la mer, certaines sont aujourd'hui submergées par la montée des eaux.

*« Il y avait beaucoup d'animation ici auparavant*, explique Homayoun dans un anglais parfait. *Nous faisions la fête toute la nuit. C'est ici que les premières discothèques ouvrirent leurs portes et les plus belles filles de Téhéran venaient bronzer sur la plage. »* Aujourd'hui, hommes et femmes se baignent dans des zones strictement séparées et ces dernières n'ont pas le droit d'enlever leur tchador. Homayoun indique une villa située dans une petite forêt de pins longeant la côte. *« Elle appartenait à notre famille ; c'est là qu'enfant, je venais passer les vacances d'été. »*

Fils d'un général de l'armée iranienne, Homayoun a grandi dans la banlieue nord de Téhéran. *« Nous étions très riches. Mes frères, mes sœurs et moi avions des nourrices et un domestique. »* Comme leur père faisait partie de l'état-major du chah, deux gardes militaires amenaient les enfants à l'école chaque matin. *« Bien sûr, tout le monde n'avait pas une vie aussi belle que la nôtre mais le chah était un homme bon. À aucun moment il ne s'est montré aussi peu soucieux de la population que les mollahs aujourd'hui. »*

Nous atteignons Ramsar, l'une des stations balnéaires les plus en vue à l'époque. C'est ici que le gotha du Moyen-Orient venait faire la fête dans les années 1970 ; le roi Hussein de Jordanie y passait ses vacances. Nous apercevons, perché sur une colline surplombant la ville, le magnifique hôtel dans lequel le chah avait l'habitude de descendre. *« J'ai toujours rêvé d'y travailler comme directeur »*, se souvient Homayoun, aujourd'hui âgé de quarante-huit ans. Après ses études, son père l'envoya étudier la gestion hôtelière à Londres. Un jour, il l'emmena dans une réception donnée au palais du chah et le dirigeant demanda au jeune homme pourquoi il ne voulait pas plutôt devenir officier. « *Je lui ai dit que je préférerais travailler dans le secteur hôtelier. Il a alors ri et m'a dit qu'après mes études, il me donnerait un hôtel. Malheureusement, quand je suis revenu en Iran, le chah était parti.* » Les nouveaux dirigeants emprisonnèrent son père, alors âgé de quatre-vingts ans, pendant douze mois et celui-ci mourut peu après sa libération. La famille n'avait alors plus les moyens de payer les villas et le personnel, et Homayoun ne trouva jamais d'emploi dans le secteur hôtelier. Trop connue, sa famille fut ostracisée. « *Nous étions une des familles les plus importantes ; aujourd'hui, nous ne sommes plus rien* », dit-il en riant, sans aucune trace d'amertume dans la voix.

Le soir tombe lorsque nous atteignons Astara, poste-frontière avec l'Azerbaïdjan. Pendant les dix heures qu'a duré le trajet à travers l'Iran, État soi-disant policier, nous n'avons été arrêtés par aucune patrouille et n'avons rencontré aucun poste de contrôle. Dans le petit poste de douane, un officier appose un cachet de sortie dans mon passeport. Avant l'aube, j'aurai gagné Bakou, où je compte emprunter un ferry pour rejoindre le Turkménistan, ma prochaine destination et, à bien des égards, la plus mystérieuse.

# Le Disneyland de Staline

Le capitaine ordonne de pousser les moteurs du Professeur Gül à pleine puissance. Les deux cheminées du navire crachent une fumée noire. *« Tout est en ordre »*, annonce un matelot en azéri. Près d'une semaine après mon arrivée à Bakou, je prends enfin la direction du Turkménistan. La ville avait fait honneur à son nom perse de « ville venteuse », une tempête ayant fait rage dans la baie pendant trois jours. Les vents, soufflant d'abord au sud, avaient amené avec eux une chaleur printanière avant de virer soudainement au nord-est et de faire descendre de Sibérie un froid glacial. Quelques heures de calme décidèrent notre capitaine à risquer un matin la traversée.

Le Professeur Gül, cargo rouillé de près de 140 mètres de long, qui doit son nom à un scientifique azéri, sert au transport de camions, de camions-citernes et – pour cinquante dollars – de passagers étrangers. Quelques dollars supplémentaires permettent même de troquer un siège rabattable branlant pour une cabine sur le pont supérieur. Elle n'est guère spacieuse mais comprend un lit superposé, deux chaises, un frigidaire et même une salle de bain équipée d'une douche et d'une toilette. Le hublot est scellé par un énorme verrou. Seul passager à bord, je me promène dans le dédale de coursives et d'escaliers et fais la connaissance d'Avaz, le deuxième lieutenant du navire. Vêtu d'un pantalon de training et chaussé de sandales en plastique, il ressemble plus à un touriste qu'à un matelot. *« L'année passée, nous avions près de cinq cents passagers par voyage, pour la plupart des marchands azéris,* explique-t-il, *mais le gouvernement turkmène a augmenté le prix du visa. Celui-ci coûte maintenant 90 dollars et plus personne ne peut se le payer. »*

Construit dans un chantier naval yougoslave dans les années 1980, le Professeur Gül a effectué une longue traversée via la mer Noire, de nombreux canaux russes et la Volga avant de finir sa course dans la mer Caspienne, où la hauteur de ses flancs représente un handicap constant. *« Cela ne pose aucun problème sur une mer calme comme la Méditerranée mais ici, les tempêtes sont trop fortes et chaque rafale de vent fait tanguer le navire. Nous sommes donc obligés de piloter à toute vitesse contre le vent, ce qui est dangereux. »* J'avais vu, en arrivant sur le quai, une locomotive pousser une vingtaine de wagons à l'intérieur de la coque du navire et les marins placer de simples barres de fer sous leurs roues afin d'éviter qu'ils ne bougent.

À peine le Professeur Gül a-t-il atteint la pleine mer que le vent et les vagues se font plus menaçants. Le restaurant de bord est fermé mais je rencontre dans la cuisine du pont inférieur une femme d'aspect misérable qui consent à faire griller un poulet. Après le dîner, je remonte sur le pont supérieur fumer une cigarette sous le ciel d'encre de la Caspienne.

Le 23 juillet 2001, quelque part dans ces eaux, l'Azerbaïdjan et l'Iran faillirent en venir aux armes pour une question de pétrole. Un navire d'exploitation azéri opéré par BP Amoco avait quitté Bakou avec des géologues et des ingénieurs pour effectuer des forages d'essai dans les environs d'un gisement de pétrole potentiel dans la partie méridionale de la Caspienne. Vers midi, deux avions de chasse iraniens apparurent dans le ciel et survolèrent le bateau pendant deux heures avant qu'un bâtiment de guerre iranien n'apparaisse à son tour. L'officier de bord envoya un message radio au capitaine du navire de BP, lui intimant l'ordre de cesser derechef toute opération de forage et de quitter les eaux territoriales iraniennes. Le bateau azéri ne changeant pas immédiatement de cap, le vaisseau iranien réitéra sa demande, précisant qu'il n'y aurait pas de troisième mise en garde. Le navire de BP fit alors volte-face et reprit la direction de Bakou.

*« Nos gens étaient à plus de cent miles nautiques des côtes iraniennes,* commenta Steve Lawrence, porte-parole de BP, après l'incident. *Mais les Iraniens étaient armés et nous n'avions pas le choix. »* Suite aux déclarations du ministre iranien des affaires étrangères selon lesquelles *« la République islamique rompra ses liens et ne fera pas d'affaires avec les sociétés ayant mené des opérations en territoire iranien\* »*, BP chercha à minimiser l'incident afin de ne pas compromettre d'éventuels futurs contrats avec le pays une fois levées les sanctions à son égard.

Le gouvernement azéri et les diplomates américains protestèrent vigoureusement contre cette politique de la canonnière. Les relations entre Bakou et Téhéran étaient déjà fort tendues en raison de l'importante minorité azérie vivant dans le nord de l'Iran. Téhéran justifia son intervention armée par le fait que le navire de BP se trouvait dans une zone de la mer Caspienne qu'elle considère comme territoire iranien. *« Les Azéris n'ont jamais voulu tenir compte de nos notes diplomatiques, aussi avons-nous dû recourir à la force,* expliqua un responsable du gouvernement iranien. *Ils ont maintenant compris que nous étions sérieux. »*

Cette confrontation a mis en lumière un problème bien plus vaste qui n'a jamais été résolu de façon satisfaisante. Les cinq États entourant la mer Caspienne – Russie, Kazakhstan, Turkménistan, Iran et Azerbaïdjan – ne sont jamais parvenus à se mettre d'accord sur sa répartition territoriale. À première vue, l'objet de la dispute – la Caspienne est-elle une mer ou un lac ? – peut paraître futile et il ne s'agirait là que d'une simple querelle académique si des milliards de tonnes de pétrole n'étaient en jeu. La clé de répartition de ces richesses dépend effectivement de la définition donnée au plus grand réservoir intérieur d'eau de la planète. Si la Caspienne est un lac, chaque nation se verra attribuer le contrôle d'une bande de plusieurs miles nautiques le long de ses côtes et la zone centrale fera partie des

---

\* Wall Street Journal, 25 juillet 2001, p. 2.

eaux internationales. Les routes maritimes, les stocks de poissons et les ressources naturelles devront alors être gérés en commun par le biais d'un condominium et les différents États devront s'accorder sur la gestion des gisements de pétrole et le partage des revenus.

Si, au contraire, la Caspienne est bel et bien une mer, la totalité de sa surface et des fonds marins seront répartis entre les États littoraux à la façon d'une tarte. À en croire l'interprétation donnée par la majorité des juristes à la convention des Nations unies sur le droit de la mer (CNUDM), la Caspienne n'est pas un lac. Pourtant, la gestion qu'en firent l'Union soviétique et l'Iran reposa pendant des décennies sur des principes différents, repris dans deux traités bilatéraux permettant la libre navigation des navires des deux pays sur toute la surface de l'eau et instituant le partage des ressources. À l'époque de la signature de ces accords, cette clause concernait cependant essentiellement les stocks de poissons et non les ressources naturelles telles que le gaz ou le pétrole.

Depuis la chute de l'Union soviétique, les trois nouvelles nations indépendantes qui jouxtent la Caspienne ne se sentent plus liées par ces anciens traités, particulièrement dans la mesure où la majeure partie des ressources se trouvent le long de leurs côtes. Soutenus par les États-Unis, ils veulent subdiviser les fonds marins et les richesses qu'ils contiennent en cinq parties inégales correspondant à la longueur des côtes de chaque pays. Les Russes ont toujours rejeté une telle solution jusqu'au jour où ils découvrirent des réserves pétrolières dans leur propre secteur ; Moscou insiste depuis pour que seul le fond marin soit divisé et non la surface. De cette façon, les bateaux, y compris les forces navales, pourraient continuer à naviguer librement sur la Caspienne sans rencontrer de navires douaniers armés, ce qui avantagerait principalement les Russes dans la mesure où ils pourraient de la sorte stationner leur importante flotte caspienne à proximité des côtes des anciens territoires soviétiques.

L'Iran, pour sa part, enjoint au respect des anciens traités avec l'Union soviétique et maintient que la Caspienne est un lac dont les ressources naturelles doivent être exploitées en commun. Concédant que cela poserait des problèmes pratiques absurdes, les Iraniens réclament une part de 20 % de la surface et des fonds marins de la Caspienne et font déjà patrouiller leurs navires le long de la frontière maritime ainsi créée. Les mollahs craignent que les États-Unis n'utilisent les activités des sociétés américaines comme prétexte à une présence militaire, ce qui permettrait à la marine US de ne plus menacer les côtes iraniennes uniquement à partir du golfe Persique. Les demandes de Téhéran ne tiennent cependant pas compte de la réalité géographique ; la côte iranienne est relativement courte et en regard de la loi internationale, le pays n'a droit qu'à 14 % de la surface de la Caspienne. Les 20 % réclamés par Téhéran incluraient bon nombre de gisements pétroliers découverts et exploités depuis des décennies par l'Azerbaïdjan soviétique.

La politique de la canonnière dont fait montre l'Iran à l'encontre de l'Azerbaïdjan fait croître la tension autour d'un différend territorial qui, pour reprendre les termes de The Economist, a toutes les allures d'un « scénario de Troisième Guerre mondiale\* ». La répartition des ressources pétrolières met également aux prises l'Azerbaïdjan et le Turkménistan. Les Azéris demandent que la lisière de leur secteur suive une trajectoire parallèle à la péninsule d'Apchéron et décrive ainsi une grande courbe vers l'est. Les Turkmènes, eux, insistent pour que la frontière suive un tracé rectiligne de mille kilomètres du nord au sud de la Caspienne, ce qui lui donnerait le contrôle d'au moins la moitié des ressources naturelles aujourd'hui revendiquées par l'Azerbaïdjan.

Un des gisements pétroliers contestés est celui de Chirag, exploité par BP Amoco et dont les réserves sont estimées à sept milliards de barils de brut. Le Professeur Gül passe tout près de la gigantesque colonne de gaz incandescent, visible à plus de trente miles nautiques. Tel le phare antique colossal de Pharos, la torchère fait rougeoyer les nuages et scintiller la crête des vagues qui lèchent le navire. Plus au loin, à l'ouest de Chirag, brillent les lumières de Neft Dachlari – « Roches Huileuses » –, la plus grande plateforme pétrolière en mer au monde. Construite en 1949 par des ingénieurs soviétiques, cette ville sur pilotis, reliée au continent par une route de près de cent kilomètres, était autrefois considérée comme le fleuron de l'industrie soviétique et faisait la fierté d'une nation qui avait freiné, quelques années auparavant, l'avance des armées nazies vers les gisements de la Caspienne. Aujourd'hui âgées de plus d'un demi-siècle, ces installations tombées dans une désespérante désuétude se décomposent, à l'instar de celles de Sandy Island au large de Bakou. La majorité de ses six cents derricks gisent par le fond et de nombreux accidents ont coûté la vie à plusieurs travailleurs.

Le lendemain matin, le long des côtes turkmènes, le soleil se lève sur une mer calme. J'ai déjà préparé mon sac en vue du débarquement lorsque j'entends soudain un cliquetis assourdissant. Le Professeur Gül jette l'ancre et les membres d'équipage se rassemblent sur le pont supérieur pour jouer au volley-ball. Un marin a attaché le ballon au filet avec un fil de pêche afin d'éviter qu'il ne tombe par-dessus bord. *« Nous devrons rester ancrés jusqu'à demain matin, peut-être plus longtemps,* explique Avaz. *Les Turkmènes ne nous permettent pas d'accéder directement au port. Leur président en veut au nôtre parce que l'Azerbaïdjan a raflé tous les bons gisements, alors ils font comme ça. »*

Près de vingt-quatre heures plus tard, à trois heures du matin, nous sommes enfin autorisés à rejoindre le port de Turkmenbachi. Plusieurs hommes en uniforme apparaissent sur le pont. Aveuglé par la lumière des spots, je ne distingue

---

\* The Economist, 2 août 2001.

que des silhouettes sans visage portant un fusil à la ceinture. Ce sont les douaniers turkmènes. *« Inutile de faire le malin avec eux, me conseille Avaz. Quoi que tu fasses, mon ami, fais profil bas. Sinon, la nuit pourrait être très longue. »*

Il m'a fallu plus de quatre semaines pour obtenir un visa pour le Turkménistan, un des pays les plus isolés au monde. L'ambassade à Berlin m'a demandé de m'adresser à une obscure agence de voyage dans le sud de l'Allemagne, seule société autorisée à me fournir une lettre de recommandation. Pour obtenir cette lettre, j'ai dû réserver un voyage organisé, que j'ai ensuite annulé à la dernière minute. Le coût d'un visa de tourisme de quatre semaines s'élève à 150 dollars, un record pour la région. Apparemment, les Turkmènes, simples nomades chevauchant les steppes d'Asie centrale il y a quatre-vingts ans à peine, ont conservé une méfiance innée à l'égard des étrangers.

Les douaniers me poussent sur le côté et c'est seulement après avoir inspecté les documents de tous les wagons se trouvant dans la soute, un procédé d'une bonne heure trente, que je reçois enfin la permission de présenter mon passeport et de débarquer.

Le Turkménistan est sans doute le seul pays au monde où le taxi qui vous conduit à l'aéroport est plus cher que le billet d'avion. *« Non, monsieur, il ne s'agit pas d'une erreur ; le billet coûte bien trente-cinq manats »*, m'assure le steward au comptoir de la Turkmenistan Airways dans le petit aéroport de Turkmenbachi. Je peux ainsi rejoindre Achgabat, la capitale distante de plus de huit cents kilomètres, pour un peu plus de deux dollars dans un Boeing 757 flambant neuf. De nombreuses femmes aux habits chatoyants empruntent ce vol subsidié par l'État pour aller vendre des fruits et du poisson de la mer Caspienne sur le bazar d'Achgabat. L'insignifiance du coût de transport leur permettra de rejoindre Turkmenbachi le soir même par le dernier avion avec en poche un beau profit.

Le Turkménistan est souvent appelé le nouveau Koweït de la Caspienne. Cette ancienne république soviétique, de la taille de la Californie, indépendante depuis 1991, abrite des richesses prodigieuses. Ses réserves de gaz prouvées s'élèvent à près de 3 000 milliards de mètres cube, parmi les dix plus grandes au monde, tandis que l'Agence d'information sur l'énergie (EIA) évalue les réserves possibles à quelque 7 300 milliards de mètres cube. Viennent s'y ajouter les gisements pétroliers de la côte turkmène, pour la plupart vierges et dont personne n'a jusqu'à présent réussi à estimer la taille. Les réserves naturelles dont il dispose font du Turkménistan un des trésors les plus prisés du nouveau Grand Jeu.

Le seul problème, c'est Saparmourad Nyazov, le président du Turkménistan, plus connu sous le nom de Turkmenbachi ou « chef de tous les Turkmènes », surnom dont il s'est affublé depuis des années. Cet ancien chef du Parti communiste turkmène a fait de son pays un khanat personnel où le système stalinien a survécu de manière plus authentique que dans n'importe quelle autre ex-république soviétique. Il est pratiquement impossible pour les cinq millions de Turkmènes de voyager à l'étranger, et l'ancienne structure policière du KGB, si elle survit aujourd'hui sous un nom légèrement différent, exerce un contrôle absolu sur la population. Nyazov, élu président à vie par un parlement à sa botte, est convaincu de sa propre divinité et fait de son pays un gigantesque parc à thème à sa propre gloire. Chaque coin de rue de la capitale ou presque est orné de portraits de ce sexagénaire trapu au visage doux, quelquefois naïf, ressemblant tantôt à Burt Reynolds, tantôt à un croisement entre Leonid Brejnev et le politicien allemand Franz-Joseph Strauss. Tous les bâtiments publics arborent des bannières frappées de la devise nationale *Halk, Watan, Turkmenbachi* – « Un peuple, une nation, un chef ».

*« Ça rappelle la Corée du Nord de Kim Il Sung, mais en plus bizarre encore »*, me confie une diplomate occidentale que j'appellerai Elizabeth. M'accompagnant dans les rues d'Achgabat, cette fonctionnaire en poste au Turkménistan depuis six ans commence la visite du centre ville par une arche triomphale reposant sur trois montants et audacieusement flanquée d'une colonne de la victoire haute de près de 70 mètres et couronnée d'une statue en or massif de Turkmenbachi, bras étendus et manteau flottant sous l'effet d'un vent imaginaire. Le regard rivé sur ses sujets, Turkmenbachi tourne sur lui-même tel un restaurant pivotant, effectuant une rotation toutes les vingt-quatre heures. *« Ainsi, sa silhouette dorée fait toujours face au soleil – ou le contraire »*, commente Elizabeth avec une pointe de sarcasme. Dans les jours qui suivent, je ne compte pas moins de treize statues du chef d'État, toutes en or. L'arc de triomphe, que ses trois pieds font ressembler à un vaisseau spatial, est dédié à la neutralité du Turkménistan, une tendance politique chère au dirigeant. En décembre 1995, sur insistance des délégués turkmènes, l'Assemblée générale des Nations unies votait officiellement la reconnaissance de la neutralité de la république centre-asiatique, un statut qui assura au pays une parfaite neutralité dans la guerre contre le régime des talibans dans l'Afghanistan voisin. Le Turkménistan fut d'ailleurs la seule des anciennes républiques soviétiques à rejeter les demandes d'aide américaines et à n'offrir aucune base à l'US Air Force, même si elle permit à plusieurs missions d'aide humanitaire d'emprunter sa frontière avec le nord de l'Afghanistan.

Près de l'Arche de la neutralité, le dictateur a fait ériger un monument commémorant le tremblement de terre catastrophique qui, dans les premières heures du 6 octobre 1948, détruisit en moins d'une minute la capitale entière et tua plus de 110 000 personnes, plus du tiers de la population totale. La mère et le frère de Nyazov figuraient parmi les victimes - son père était mort durant la Seconde Guerre mondiale. Comme aucun de ses proches ne consentit à s'occuper du jeune garçon, celui-ci grandit dans un orphelinat. *« Le fait d'avoir quand même réussi sa vie lui a sans doute fait croire qu'il appartenait à l'élite »*, pense Elizabeth. C'est également ce que semble suggérer le monument, de la taille d'une maisonnette. Le tremblement de terre est symbolisé par un taureau sauvage soulevant un globe entre ses cornes ; la mère mourante, qui tombe dans un abysse béant, retient son garçonnet – en or massif, bien sûr – avec la dernière énergie : la catastrophe naturelle coïncide avec l'arrivée d'un sauveur.

Les membres défunts de la famille de Turkmenbachi ont également été immortalisés par d'imposants monuments. Sa mère a ainsi le privilège peu commun de pouvoir tenir la balance de la justice devant le palais de justice. La statue, à l'instar de chaque coin de rue d'Achgabat, est gardée par la police. L'opposition en exil est la seule tolérée mais les persécutions sont rares, le Turkménistan étant le seul pays de la région à avoir aboli la peine de mort. *« D'après nos renseignements, le régime de Nyazov ne compte qu'un seul prisonnier politique et encore est-ce parce qu'il fréquentait les mauvaises personnes,* déclare Elizabeth, confirmant de la sorte le caractère étrangement humain de cet État policier. *Turkmenbachi n'est pas un tyran. Il ressemble plutôt à un enfant, même si c'est un sale gosse. »*

Nous arrivons en vue du palais présidentiel, dont les dômes en or colossaux brillent au soleil. Le bâtiment a été construit sur une petite colline pour permettre à l'eau de couler en cascade dans une douve. Durant la nuit, une lumière au néon verte illumine la place. *« Il s'agissait d'une zone résidentielle il y a quelques années encore, mais Nyazov l'a fait raser,* se souvient Elizabeth. *On a fait savoir aux habitants qu'ils devaient aller loger dans leur famille et se montrer fiers de leur sacrifice pour la patrie. »* Les murs du palais, comme ceux de tous les bâtiments officiels, sont en marbre blanc importé directement d'Italie. Même les façades des nombreuses monstruosités en béton datant de l'époque soviétique ont été recouvertes d'une couche de marbre.

On raconte à Achgabat de nombreuses anecdotes à propos de Turkmenbachi. *« L'autre jour, dans son palais, il se demandait sans doute si le peuple l'aimait autant que ses ministres voulaient bien le lui faire croire. Il s'est donc affublé d'une fausse barbe noire et s'est rendu en voiture dans les faubourgs de la ville pour demander leur avis aux gens dans la rue. »* Inutile de préciser que personne au Turkménistan n'ose exprimer la moindre opinion politique en public. *« Surtout si la personne qui vous interpelle a une barbe postiche collée au menton et se promène dans la Mercedes blindée noire du président. »*

Ce n'était pas la première fois que l'excentrique président conduisait lui-même son véhicule, un cadeau de la firme Mercedes-Benz. Contrairement aux autres chefs d'État de la planète, celui-ci refuse par principe d'avoir un chauffeur. *« Un nouveau bâtiment officiel était inauguré en ville l'autre jour,* se souvient ainsi Elizabeth, en retenant ses rires. *La grande majorité du corps diplomatique était rassemblée à l'endroit prévu, seul manquait à l'appel le président. Ce dernier est alors arrivé dans sa Mercedes, l'a garée, en est sorti, l'a verrouillée, a mis les clés en poche et est arrivé vers nous en trottinant, annonçant d'un air guilleret : 'C'est bon, on peut commencer !' »*

Nous empruntons un taxi pour rejoindre les faubourgs de la capitale et longeons le nouveau stade de football qui, à l'instar de milliers d'autres bâtiments, de rues et d'une ville portuaire sur la Caspienne, porte le nom du président. De chaque côté de la rue s'élèvent des gratte-ciel comprenant des appartements de luxe désespérément vides construits par une société turque. *« Personne ne les occupe,* fait remarquer Elizabeth. *Les Turkmènes gagnent en moyenne 50 dollars par mois et ne peuvent se permettre de tels appartements. En plus, les bâtiments ne respectent pas les normes antisismiques. »* C'est également le cas de la dizaine d'hôtels de luxe que Nyazov a fait construire le long d'une seule et même route dans l'espoir d'y héberger un jour les nombreux hommes d'affaires étrangers actifs dans le pétrole.

Nous arrivons en vue du parc à fontaines d'eau, la dernière extravagance de Turkmenbachi. Bien que son pays soit essentiellement recouvert de zones désertiques, le président Nyazov a une faiblesse marquée pour les jeux d'eau. Sur plusieurs kilomètres carrés de terrain auparavant en jachère, des brigades de travailleurs installent d'innombrables fontaines à eau de toutes les tailles et aux motifs plus fantasques les uns que les autres. Chaque fontaine représente un animal – flamant, tigre, poisson – crachant de l'eau. Des sentiers de galets bordés de palmiers et de conifères exotiques zigzaguent entre les fontaines. Les palmiers, qui ont été importés, sont recouverts de couvertures car ces plantes sensibles ne supportent pas les rigoureux hivers turkmènes, au cours desquels les températures descendent bien en dessous de zéro. Des arroseurs irriguent les pelouses fraîchement plantées.

Les centaines d'hommes et de femmes, vêtus pour la plupart de haillons, qui travaillent à l'entretien du luxueux parc semblent manquer de motivation. *« Comme à l'époque soviétique, presque tous les adultes au Turkménistan sont employés par l'État ; la plupart travaillent à la réalisation des projets grandioses de leur patron »*, explique Elizabeth. Les équipes de travail sont composées de nombreux militaires. Au Turkménistan, les particuliers ont le droit d'engager des soldats pour faire leur jardin ou aider aux tâches domestiques. *« Le mois passé, nous nous sommes adressés à l'armée et avons demandé trois recrues pour nous aider à déménager notre bureau,* relate ainsi Elizabeth. *Nous les avons obtenues. »*

Le site est de dimensions pharaoniques. En son centre, une fontaine à eau, considérée comme la plus grande au monde, pyramide de marbre noir soutenant presque la comparaison avec celles de Gizeh. À mesure que nous approchons du gigantesque monolithe en marbre, le rugissement de l'eau coulant en cascade sur les marches devient assourdissant. *« Seule la meilleure eau potable convient à ce spectacle,* lance Elizabeth d'un air incrédule. *En été, à Achgabat, les températures dépassent les 40 degrés °C ; évidemment, toute l'eau s'évapore et il n'en reste alors plus pour la consommation. »*

Afin d'alléger le fardeau de ses laborieux sujets, le dictateur a décrété une myriade de jours de congé plus mystérieux les uns que les autres. *« Le plus drôle est sans doute le jour du melon en automne,* explique Elizabeth. *Des soldats empilent à cette occasion des dizaines de milliers de melons en un grand tas dans le centre ville et les gens peuvent manger autant de melons qu'ils le désirent jusqu'à la nuit tombée. »*

Turkmenbachi se préoccupe également de la spiritualité de son peuple et a récemment déclaré que les recommandations morales du Coran et de la Bible ne suffisaient pas. Il a donc écrit un ouvrage religieux appelé le Ruhnama, ou *« la réponse à toutes vos questions »*. Comme Turkmenbachi l'explique lui-même, *« le Ruhnama doit être l'inépuisable source spirituelle du véritable Turkmène, qui s'interroge sans relâche sur son monde spirituel, se préoccupe véritablement de son bien-être, est conscient de soi et alerte, et aspire à améliorer ses capacités intellectuelles, physiques et spirituelles »*. Chaque semaine, les différents départements d'État consacrent une heure à l'examen de ce condensé de fables et de folklore national, et le livre à la couverture rose fait partie du cursus obligatoire dans toutes les écoles et universités du pays. Le Ruhnama est devenu la pièce de résistance du système éducatif national, au détriment d'autres disciplines qui ont tout simplement été supprimées.

Les autorités ont également restreint l'accès à d'autres sources d'information, faisant fermer les quelques cybercafés que comptait Achgabat, supprimant la télévision par câble en provenance de Russie et interdisant les abonnements aux journaux russes. En lieu et place, la télévision publique diffuse chaque jour des séances de lecture du Ruhnama rappelant les contes orientaux. Derrière une speakerine portant l'habit traditionnel turkmène, une toile représente une demi-lune brillante et des étoiles filant à travers un ciel sombre. Le logo des trois chaînes de télévision publique, inséré dans le coin supérieur droit de l'écran, représente un buste doré du président.

Les sessions parlementaires, elles aussi régulièrement retransmises à la télévision, ont un air d'école primaire ; les ministres doivent se lever lorsqu'ils répondent aux questions de Nyazov. Ces émissions ne répondent guère à un souci de transparence démocratique, confie Elizabeth. « *Le patron entend ainsi montrer au peuple à quel point les autres politiciens du pays sont idiots.* »

Ce soir-là, alors que nous nous rendons à pied dans un restaurant du centre ville, Elizabeth et moi avons droit à un avant-goût des méthodes de pouvoir de Turkmenbachi. Il fait sombre, la plupart des bâtiments sont illuminés en jaune, bleu ou rose, et donnent à la capitale un air de Las Vegas orientale. Les rues sont désertes, plus encore que durant la journée. Soudain, j'entends une voix sourde quelque part derrière moi et me retourne. Celle-ci résonne alors de nouveau mais à partir d'un autre endroit. « *C'est Turkmenbachi*, explique Elizabeth. *Il a fait placer des haut-parleurs partout en ville.* » Elle se dirige vers un arbre et, après avoir cherché un peu, désigne un petit haut-parleur Sony caché parmi les branches ; de minces câbles courent le long du tronc avant de disparaître dans le sol. Une stéréo pour tout le centre ville. « *Le président peut ainsi se faire entendre à tout moment* », s'amuse la diplomate.

Alors que nous traversons l'immense square qui s'étale devant le palais présidentiel, Turkmenbachi s'adresse à ses concitoyens par le biais d'un énorme écran vidéo installé dans un coin de la place. Hormis nous et deux gardes militaires, personne ne s'est rassemblé pour l'écouter. Le dirigeant, vêtu d'un costume sombre, semble malheureux et s'exprime sur un ton lent et déterminé. Occupé pendant des années à grimper dans l'appareil du Parti à Moscou, celui-ci ne parle toujours pas couramment sa langue maternelle. « *Voilà qui est bizarre* », observe Elizabeth. Dans une ville aussi étrange, cela ne présage rien de bon.

Nyazov se tourne alors vers son public, assis en rangée sur des chaises placées devant lui, et appelle un homme grand et sombre. « *C'est Mohammed Nazarov, le patron du KGB, l'homme le plus détesté du pays* », explique Elizabeth. Après avoir subi de la part de Nyazov ce qui semble être une implacable humiliation publique, le patron des services secrets s'avance et commence à parler, d'une voix tremblante et la tête basse. *« Une session d'autocritique, comme sous Staline !*, murmure Elizabeth. *Le patron a ordonné à Nazarov de faire une autocritique publique. C'en est fini de lui. »*

La séance que nous suivons n'est pas sans rappeler les procès-spectacle de la Russie des années 1930 ou de la révolution culturelle sous Mao. *« Il vient de le licencier en direct, à la télévision*, explique Elizabeth. *Il accuse les services secrets d'avoir trop fourré leur nez dans la vie privée des gens. Bien vu, cela va sans doute le rendre plus populaire. »* Saisissant son téléphone, la diplomate appelle un collègue de l'ambassade pour commenter la nouvelle.

Peu de temps après ma visite, le président rebaptise les jours de la semaine et des mois de l'année à son nom, celui de sa mère, du Ruhnama et de tout ce qu'il aime. Le lundi s'appelle maintenant Turkmenbachi.

Pour divertissantes que soient les singeries fantasques du dirigeant turkmène, il n'en reste pas moins qu'il est extrêmement difficile pour les entreprises et les gouvernements occidentaux d'exercer une quelconque influence politique ou économique sur ce pays aux ressources naturelles abondantes. Contrairement à ce qui se passe dans d'autres États-clés de la Caspienne comme le Kazakhstan ou l'Azerbaïdjan, les investisseurs étrangers sont loin d'être les bienvenus au Turkménistan, en particulier dans les secteurs du gaz et du pétrole. L'absolutisme arbitraire du président empêche la création de normes de propriété bien définies et n'offre pas de protection contre la corruption officielle. *« C'est ce qu'ont dû ressentir les premiers marchands qui se sont rendus à la cour de l'émir de Boukhara au XIX$^e$ siècle »*, me raconte un homme d'affaires britannique un soir dans un bar. Tout comme Elizabeth, il préfère ne pas révéler son identité par crainte de représailles. *« Les Turkmènes pourraient par exemple déchirer tout simplement nos contrats et me mettre dehors. »*

Ancien puissance coloniale au Turkménistan, la Russie est le seul pays qui profite des difficultés rencontrées par ses rivaux occidentaux. Il y a un siècle à peine, en janvier 1881, les troupes tsaristes triomphaient des derniers bandits nomades du Turkestan lors de la bataille de Gök Tepe. La mainmise russe sur le petit État ne prit cependant pas fin à la chute de l'Union soviétique. Par nécessité, le Turkménistan continue à exporter du gaz, sa principale source de revenus, vers la Russie via les anciens pipelines. Il n'en existe pas d'autres, hormis un petit oléoduc vers l'Iran qui ne permet guère de réduire la dépendance du pays envers Moscou. À plusieurs reprises, le géant gazier russe Gazprom a fermé ses pipelines de façon totalement arbitraire et ainsi bloqué le flot de gaz. Au milieu des années 1990, les Turkmènes songèrent alors courageusement à faire construire un pipeline sous la Caspienne vers l'Azerbaïdjan, d'où il rejoindrait une conduite vers la Turquie. Le projet fut chaudement accueilli par le gouvernement américain, qui cherchait à libérer le Turkménistan de l'emprise russe, et, comme dans le cas de l'Azerbaïdjan, le meilleur moyen d'y parvenir serait de construire un pipeline est-ouest contournant la Russie.

La Shell Corporation adhéra au projet et fit conduire des études de faisabilité. Pius Cagienard est le directeur-général de Shell au Turkménistan. Son bureau est situé dans un hôtel de luxe qui abrite également les ambassades de Grande-Bretagne, d'Allemagne et de France. *« Nous voulions le faire. Les études de faisabilité ont démontré que le pipeline était une bonne idée, tant du point de vue technique qu'économique »*, déclare-t-il en regardant les photos prises en 1999 le jour de la signature des contrats préliminaires par le président Nyazov et les managers de Shell. *« Le projet s'est ensuite retrouvé au centre d'un imbroglio géopolitique entre les États-Unis et la Russie, dont Moscou est finalement sorti vainqueur*, se souvient le Suisse. *Les Russes ont fait peser une telle pression politique sur le président Nyazov que celui-ci n'a pas osé les offenser en signant un contrat définitif. »* La Turquie ayant signé des contrats d'approvisionnement avec l'Iran et la Russie, les chances de voir un second tracé d'exportation s'évanouissaient. Ironie du sort, le pipeline russe, qui répond au nom de « Blue Stream », rejoindra la côte turque en passant sous la mer Noire.

L'entreprise énergétique russe Itera, proche partenaire du géant gazier Gazprom, profita de l'échec de Shell et prit le relais. Igor Makarov, PDG d'Itera et un des oligarques les plus puissants de Moscou, grandit à Achgabat et sa longue amitié avec le président Nyazov lui fut d'une grande aide au cours de ses transactions professionnelles. Début 2002, les deux hommes conclurent un accord pour la livraison de près de 40 millions de mètres cube de gaz turkmène à Itera, en passant par les anciens pipelines, vers le nord. Makarov est le vainqueur momentané de la course au gaz turkmène et son ascension au sommet est l'exemple même de ces carrières fulgurantes forgées dans le chaos transitionnel postsoviétique.

À la chute de l'URSS en 1991, l'entrepreneur débuta un lucratif commerce de nourriture en direction du Turkménistan. La demande en viande et en beurre connut bientôt une telle croissance que Makarov fut contraint d'emprunter de l'argent pour pouvoir acquérir des denrées supplémentaires. Il fit appel à des connaissances en Floride, celles-ci lui fournirent le capital-risque nécessaire au développement de sa société, et Itera fut fondée en 1992 et enregistrée à Jacksonville, Floride. Deux ans plus tard, le gouvernement turkmène fit savoir à Makarov qu'il n'était plus capable de payer en cash les nouvelles livraisons de nourriture et proposa en échange près de 4 milliards de mètres cube de gaz. Ce volume exorbitant n'ayant aucune valeur s'il n'arrivait pas à le vendre, Makarov s'adressa à la société monopoliste Gazprom, qui contrôlait à l'époque déjà tous les gazoducs russes, et demanda l'autorisation d'exporter le gaz turkmène vers l'Europe en utilisant l'énorme pipeline Droujba – « amitié » – que les Soviétiques avaient construit vers l'Allemagne de l'Est après la Seconde Guerre mondiale. Au cours des années 1980, à la veille de la détente, Droujba commença à fournir les marchés d'Europe de l'Ouest, devenant au fil du temps une des sources de revenus les plus importantes pour la Russie.

Les dirigeants de Gazprom rejetèrent la demande de Makarov mais lui proposèrent une autre solution ; ils étaient prêts à distribuer son gaz non pas en Europe de l'Ouest mais en Ukraine. L'ennui, c'est que Makarov pouvait difficilement espérer être payé par des Ukrainiens aux poches vides. Il finit cependant par accepter car s'ils ne pouvaient pas le payer, les Ukrainiens pouvaient en revanche exporter des aliments directement au Turkménistan. Makarov débuta ainsi son commerce de gaz et, neuf ans plus tard, le groupe Itera est devenu l'un des plus grands empires de matières premières en Russie, avec une chiffre d'affaires de plus de 3 milliards de dollars pour l'année 2000.

Itera a récemment fait l'objet de plusieurs allégations de fraude massive. Makarov a apparemment réussi à transformer ses contacts préliminaires avec les échelons supérieurs de la société Gazprom en relation extrêmement lucrative. Lors de la vague de privatisation des années 1990, le géant gazier confia à Itera plusieurs sites de production d'une valeur de plusieurs centaines de millions de dollars. Parmi eux se trouvait le champ gazier d'Achimovsk, en Sibérie, dont les ressources en gaz sont estimées à 330 millions de mètres cube. Sa participation de 49 % dans le gisement d'Achimovsk ne coûta pas à Makarov le montant habituel de 500 millions de dollars mais la somme ridicule de 265 270 dollars. Les spécialistes financiers soupçonnent certains cadres de Gazprom de détenir en secret des actions d'Itera. Si ces allégations déclenchent des poursuites criminelles, le deal de plusieurs milliards de dollars avec le Turkménistan pourrait fort bien tomber à l'eau.

Avant de me rendre au Turkménistan, je pris l'avion pour Moscou pour y rencontrer Vladimir Martynenko, membre du conseil d'administration d'Itera et bras droit de Makarov. Cet homme dynamique de quarante-neuf ans, cheveux noirs et teint hâlé, était de retour d'une conférence énergétique à Houston et venait de rentrer à Moscou la veille. *« Tous les acteurs principaux du secteur étaient là*, raconte-t-il. *Nous avons signé de bons contrats. »*

Martynenko refuse de commenter les accusations de corruption à l'encontre d'Itera mais cela ne l'empêche pas de sortir d'un long étui noir une guitare électrique Rickenbacker rouge. *« John Lennon a joué dessus*, confie-t-il, ému. *Je l'ai achetée aux enchères à Houston pour une bouchée de pain. »* Depuis les années 1960, lorsqu'il était diplomate soviétique en poste en Chine et en Inde, Martynenko est un fan avoué de rock et un apprenti guitariste. Il branche la guitare sur un ampli et, pendant un bon quart d'heure, se met à jouer des reprises assez convaincantes de Bob Marley et de Jimi Hendrix.

Après avoir accepté non sans mal de continuer notre interview, Martynenko donne son avis sur le deal gazier avec les Turkmènes : *« Nous sommes très satisfaits d'être parvenus à un accord et comptons investir massivement au Turkménistan ».* Sa bonne humeur est justifiée car, à 43 dollars la tonne de gaz, Itera est loin en dessous du prix habituel de 100 dollars payé par les Européens, une véritable affaire remise en partie sous forme de produits naturels. Je lui demande alors si Itera a tiré un quelconque avantage du fait que les Turkmènes n'avaient d'autre alternative que les pipelines russes. *« Non, pas du tout*, répond-il. *C'est un prix honnête et tout le monde est satisfait. Nous ne profitons aucunement de la situation des pipelines. »* Aucune considération politique, ajoute-t-il, n'est venue mettre un frein à la réalisation du projet alternatif de conduite transcaspienne. *« Le gouvernement russe n'a exercé aucune pression ; les Azéris sont seuls responsables de l'échec du pipeline. »* Martynenko estime que Bakou aurait boycotté le pipeline en ne permettant pas le transit par son territoire d'un volume de gaz suffisant à la viabilité du projet. Selon lui, Washington a exercé autant de pression que Moscou. *« Mais cela n'a pas suffi pour faire céder les Azéris et le projet a été enterré »*, insiste-t-il. Tandis qu'il me reconduit dans le couloir, Martynenko me fait savoir qu'Itera parraine l'équipe nationale de karaté. *« Trois de nos gardiens de sécurité sont champions du monde de karaté. Faites attention en sortant. »*

Encouragé par le succès d'Itera, le président russe Vladimir Poutine a suggéré au Turkménistan et aux autres anciennes républiques soviétiques de rejoindre la Russie dans une « alliance eurasienne des producteurs de gaz ». Semblable à l'OPEC, ce cartel du gaz allouerait des quotas de production et fixerait les prix. Les analystes financiers voient dans cette proposition une tentative de Moscou de contrôler les compétiteurs potentiels au sein de son « étranger proche ». La Russie est le plus grand producteur de gaz au monde mais elle doit s'approvisionner auprès des États centre-asiatiques car elle rencontre des difficultés à respecter ses engagements vis-à-vis de l'Europe.

Jusqu'à présent, les républiques d'Asie centrale se sont montrées prudentes face à une telle proposition de cartel, qui vise selon elles à les ramener dans le giron russe. Malgré l'échec du projet de conduite transcaspienne, les Turkmènes espèrent encore trouver une autre route d'exportation pour leur gaz : l'Afghanistan. L'idée n'est pas neuve et pourrait avoir des conséquences géopolitiques considérables pour la région. Au milieu des années 1990 déjà, la société énergétique argentine Bridas et la compagnie pétrolière américaine Unocal avaient projeté de construire deux pipelines reliant les gisements de pétrole et de gaz turkmènes au Pakistan en passant par l'Afghanistan. Les deux compagnies rivales espéraient fournir chaque année près de 20 milliards de mètres cube de gaz à un pays confronté à un manque cruel de ressources naturelles. Benazir Bhutto, à l'époque première ministre du Pakistan, se rendit à Achgabat à de nombreuses occasions et s'investit personnellement dans le projet. Ferme partisan lui aussi, le président Nyazov signa un contrat avec les managers d'Unocal à New York le 21 octobre 1995. Aucun Afghan n'avait été invité à la cérémonie, à laquelle participait également l'ancien secrétaire d'État américain Henry Kissinger, en qualité de conseiller d'Unocal.

Le gouvernement américain fut mis au courant des projets d'Unocal et offrit son soutien. En Afghanistan, la guerre civile entrait dans sa seizième année mais les troupes talibanes, soutenues par le Pakistan et l'Arabie saoudite, tous deux alliés des Américains, avaient le dessus et semblaient enfin prêtes à ramener la paix dans le pays. Lorsque les islamistes radicaux prirent Kaboul en 1996, l'administration Clinton y vit le début d'une période de stabilité dans l'Hindou Kouch. Robin Raphael, sous-secrétaire d'État pour l'Asie du Sud-Est, déclara lors d'une session parlementaire que les talibans constituaient un processus politique pacifique. L'administration Clinton entendait avant tout utiliser les talibans anti-chiites pour isoler encore plus l'Iran et contenir ainsi son influence dans la région.

La construction des oléoducs dans un corridor reliant Hérat à Kandahar et contrôlé par les talibans s'avérant de plus en plus probable, Unocal entraîna des centaines d'Afghans à l'assemblage et au maniement des pipelines dans une école de Kandahar. En février et novembre 1997, Unocal invita deux délégations talibanes à Washington et à Houston pour des pourparlers avec des représentants gouvernementaux et des administrateurs de la société. Les mollahs furent logés aux frais d'Unocal dans un hôtel cinq étoiles et visitèrent des supermarchés, le zoo et les quartiers généraux de la NASA *. Plusieurs cadres supérieurs d'Unocal ainsi que des officiels turkmènes effectuèrent également de fréquents voyages dans un Afghanistan ravagé par la guerre pour s'entretenir avec les talibans et leurs adversaires de l'Alliance du Nord et tenter d'obtenir leur adhésion au projet de conduite.

*« Nous avons fait savoir aux deux parties que nous fournirions du gaz aux villes de transit, construirions des écoles et donnerions du travail aux gens. Les Afghans étaient impressionnés »*, se souvient Gozchmourad Nazdianov. Ministre turkmène du pétrole entre 1994 et 1998, celui-ci me reçoit à Achgabat pour discuter du pipeline afghan. En charge du projet dès le début, il négocia le contrat avec Unocal et participa à chacune des missions délicates en Afghanistan, pays situé juste au sud du Turkménistan. *« Le pipeline afghan était une excellente idée. Toutes les études de faisabilité menées par Unocal l'ont prouvé*, dit-il, visiblement enthousiasmé par le projet. *Le pipeline était court et bon marché, et sans cette stupide guerre civile, il y a longtemps qu'il aurait été construit. »* Les dirigeants d'Unocal savaient fort bien qu'aucune banque au monde ne consentirait à financer un prêt pour le projet tant que les combats continueraient.

Nazdianov et plusieurs représentants pétroliers, parmi lesquels Marty Miller, vice-président d'Unocal, s'envolèrent vers l'Hindou Kouch à quatre reprises, les Nations unies fournissant l'avion et Unocal endossant les coûts du voyage. *« En réalité, ce n'étaient plus de simple voyages d'affaires mais carrément des missions de paix*, se souvient Nazdianov. *Nous avons fait clairement savoir aux deux parties engagées dans la guerre que le pipeline ne serait construit qu'une fois qu'ils auraient fait la paix. »* Aussi longtemps que l'Occident ne reconnaissait pas les talibans comme gouvernement

---

* M. P. Amineh, *op. cit.*, p. 113.

légitime, Unocal se trouvait dans l'impossibilité de contracter le moindre prêt auprès des institutions financières internationales.

Le projet intéressait grandement les talibans et l'Alliance du Nord, et les deux factions envoyèrent des ministres de haut rang à la rencontre des managers d'Unocal. Les talibans, islamistes radicaux, traitaient les Américains de façon cordiale même si ceux-ci étaient officiellement condamnés comme infidèles. *« Nous n'avons pas discuté de religion. Quand de grandes sommes sont en jeu, même les étudiants coraniques oublient vite leur foi »*, sourit Nazdianov. Selon l'ancien ministre du pétrole, les talibans faisaient preuve d'un sens des affaires bien aiguisé et commencèrent dès le début à négocier les frais de transit. Durant les pourparlers, ils restaient en contact permanent avec leur chef, le mollah Omar, par téléphone-satellite. *« Ils ont vite compris les bénéfices énormes qu'ils pouvaient retirer du pipeline. Nous leur avons offert 250 millions de dollars de frais de transit par an »*, ajoute Nazdianov en prenant soin de préciser qu'à sa connaissance, aucun pot-de-vin ne leur a été versé.

Les forces anti-talibanes, elles aussi, soutinrent le projet dès le départ. Emmenées par le général tadjik Ahmed Chah Massoud et se considérant comme le seul gouvernement légitime du pays, elles nommèrent un ministre spécial en charge des questions énergétiques, le célèbre général ouzbek Rachid Dostom. Nazdianov fit la connaissance de ce dernier lors de l'occupation soviétique de l'Afghanistan dans les années 1980, lorsque Dostom combattait encore aux côtés des Russes en tant qu'officier communiste. En 1992, il se retourna contre le régime pro-russe de Kaboul et rejoignit les moudjahidins. Retranché dans sa forteresse nordique de Mazar-e-Charif au cours de la guerre civile, il devint un des chefs de guerre les plus puissants du pays, craint pour sa brutalité.

*« L'Alliance du Nord connaissait elle aussi parfaitement les implications de cette affaire*, se souvient Nazdianov. *La seule différence avec les talibans, ce que lors des négociations avec le général Dostom, nous buvions de la vodka toute la nuit. »* Le fait que Dostom parle couramment le turkmène représentait également un atout. Les managers d'Unocal furent pour leur part beaucoup moins impressionnés par le chef de guerre. *« Dostom est un homme grand et fort. Tous ses combattants étaient armés jusqu'aux dents, ça angoissait les Américains*, se souvient-il en riant. *Les types d'Unocal refusaient de toucher à un seul verre de vodka et ils restaient dans leur coin. Ils avaient l'impression d'être entourés de bandits. »*

Tous les efforts déployés par Unocal furent finalement vains. L'Alliance du Nord refusa de faire la paix avec les talibans pour un simple pipeline, une décision également approuvée par la Russie, l'Inde et l'Iran, vigoureux partisans de l'Alliance, qui avaient tous trois de bonnes raisons d'essayer d'empêcher la construction du pipeline d'Unocal. Moscou n'avait aucun intérêt à voir les Turkmènes obtenir une voie d'exportation autre que les conduites russes, ce qui explique d'ailleurs l'impuissance d'Unocal à obtenir le soutien de Gazprom pour son projet afghan. L'Inde ne désirait pas voir son ennemi pakistanais étendre son influence dans la région, tandis que l'Iran cherchait elle-même à exporter du gaz au

Pakistan. Avec l'aide de sociétés britanniques, Téhéran projette ainsi de construire un pipeline de 1 400 kilomètres, pour un coût de 3 milliards de dollars, du gisement de Pars Sud dans le golfe Persique jusqu'à la ville portuaire de Karachi au Pakistan, une conduite qui serait en compétition directe avec le pipeline afghan. Les États limitrophes de l'Afghanistan menèrent leurs conflits d'intérêts de façon tellement impitoyable au détriment des Afghans que fin 1998, le secrétaire-général des Nations unies Kofi Annan mit en garde contre « *une régionalisation accrue du conflit* », dans laquelle l'Afghanistan se verrait réduit au simple rang « *d'échiquier pour une nouvelle version du Grand Jeu* ».

La délégation d'Unocal repartit finalement les mains vides. Aucune des deux parties n'était prête à faire la paix et les combats continuèrent. Lors de leur dernière visite en Afghanistan, la mission conjointe d'Unocal et des Turkmènes essuya des tirs à l'aéroport de Kaboul. Unocal fut également attaquée chez elle. Suite à des protestations vigoureuses de la part de groupes féministes américains contre l'oppression des femmes en Afghanistan, le gouvernement américain chercha à prendre ses distances avec le régime taliban et le projet de pipeline d'Unocal. L'entreprise laissa définitivement tomber le projet lorsqu'en août 1998, les États-Unis attaquèrent les camps d'entraînement afghans d'Oussama Ben Laden avec des missiles Cruise, en représailles aux attentats perpétrés par Al-Qaida contre les ambassades américaines au Kenya et en Tanzanie. La déception de Nazdianov est tangible. « *Nous étions atterrés. Nous avons essayé de convaincre d'autres sociétés comme Shell ou Elf Aquitaine de prendre la tête du consortium. Ils ont fait part de leur intérêt mais sans le soutien américain et la paix en Afghanistan, la chose n'était pas possible.* » Nazdianov avait échoué lui aussi et, cette année-là, Turkmenbachi lui retira son portefeuille de ministre du pétrole. Aujourd'hui, Nazdianov est professeur de langue russe à l'université d'Achgabat.

Dans l'espoir de voir le pipeline se construire un jour, le gouvernement turkmène maintint des relations avec les deux camps durant la guerre civile afghane, seule république ex-soviétique d'Asie centrale à agir de la sorte. Suite à la victoire américaine contre le régime des talibans, le tracé afghan est à nouveau d'actualité et le projet connaît un nouveau souffle politique. Lors d'une visite d'État au Turkménistan début mars 2002, le président afghan Hamid Karzaï discuta ainsi avec Nyazov d'une reprise possible du projet. Présent lors des pourparlers, l'ancien ministre Nazdianov est enchanté par l'avenir du pipeline. « *Tout le monde était d'accord pour dire que le pipeline pourrait se faire facilement maintenant.* » Aucun investisseur n'a jusqu'à présent contacté le gouvernement turkmène. « *Mais dès que les Américains auront pris le contrôle en Afghanistan et que la paix règnera, les compagnies pétrolières ne tarderont pas à se manifester* », déclare-t-il.

Si ses réserves en hydrocarbures ont garanti au Turkménistan sa neutralité dans le Grand Jeu entre les États-Unis et leurs rivaux, la guerre en Afghanistan a contraint ses trois riverains centre-asiatiques à faire des choix draconiens.

# Les Yankees arrivent

À l'aube du 6 octobre 2001, quelques heures avant que les premières bombes américaines ne tombent sur l'Afghanistan, un immense avion noir traverse le ciel à une centaine de kilomètres au nord de la frontière afghane avant de se poser à Khanabad, base aérienne vétuste établie dans les steppes désolées de l'Ouzbékistan. Bien vite, les habitants de la bourgade toute proche de Karchi réalisent que ce n'est pas là un des anciens Antonov soviétiques qui survolent régulièrement leurs maisons. Il s'agit en fait d'un avion de transport C-131 de l'US Air Force, le premier d'une centaine qui survoleront l'Ouzbékistan dans les jours et les semaines à venir. Les rumeurs de la semaine précédente étaient fondées : les Yankees arrivent.

À bord des avions, deux mille fantassins d'élite de la 10e Mountain Division de New York ainsi que des forces spéciales de Fort Knox dans le Kentucky. Officiellement, leur tâche est d'effectuer des missions humanitaires au-dessus de l'Afghanistan et de venir en aide aux pilotes américains abattus. C'est dans ce but que le gouvernement ouzbek a mis la base aérienne de Khanabad, l'un des plus importants centres militaires soviétiques durant la guerre contre l'Afghanistan, à la disposition des troupes de la coalition. Dix ans après la fin de la guerre froide, ces fantassins sont les premiers soldats américains déployés sur un territoire de l'ex-Union soviétique.

Trois jours après l'arrivée des premiers avions américains, je tente d'aller de Karchi à Khanabad en taxi mais les soldats ouzbeks bloquent la route. Ils sont chargés de défendre un périmètre de sécurité de dix kilomètres autour de la base. Des unités spéciales du ministère de l'intérieur, fortement armées, bloquent toutes les routes d'accès à Khanabad, qui se trouve non loin de là dans une dépression de la steppe. Quelques journalistes internationaux attendent au poste de contrôle extérieur, que les Ouzbeks ont rendu infranchissable en y empilant des bidons d'essence et des barrières. La veille, trois reporters qui s'étaient aventurés trop près de la base ont été arrêtés et déportés. Mes collègues de CNN, persuadés que l'accès à la base militaire américaine leur serait forcément accordé, sont particulièrement déçus. L'équipe de télévision avait même pris la peine de s'équiper d'une coûteuse antenne-satellite pour les retransmissions en direct.

« *Rebroussez chemin* », me répond un soldat ouzbek quand je lui demande s'il est possible de visiter les lieux. « *Il n'y a aucun Américain dans le coin.* » Au même moment, un avion de transport Hercule de l'US Air Force s'élève de la vallée derrière nous, sous le regard impassible du garde ouzbek.

Les habitants de Karchi sont tout aussi déconcertés par les événements. Les seuls indices proviennent, littéralement, du ciel. Dans une maison de thé, deux hommes me racontent que des hélicoptères, sans doute des Chinook ou des Black Hawks, ont décollé de la base pour la première fois la veille. *« Les pilotes effectuaient des vols d'entraînement »*, pense-t-on. Les hommes ne savent pas à quoi ressemblent les mystérieuses installations. *« Cela fait des années que nous ne sommes plus autorisés à nous y rendre. »* L'interdiction survint après qu'un homme ait mis le feu à la moitié de la base au début des années 1990. *« Il n'est même plus possible d'y trouver du travail, que ce soit à la cantine ou au nettoyage. Tout est fait par le personnel militaire. »* Les mesures de sécurité sont tellement strictes que les civils ouzbeks engagés comme interprètes par les Américains n'ont pas le droit de quitter l'endroit. Seul un jeune traducteur de Tachkent, que je rencontre peu après, a quitté son travail après deux semaines parce que sa femme attendait un enfant. On lui a fait promettre de ne donner aucun détail sur les activités militaires dont il a été témoin et il tient parole – ou presque. *« Tout ce que je peux dire, c'est que les Américains se sont installés comme s'il comptaient rester un bon bout de temps. »*

Le stationnement de troupes américaines et alliées dans l'ancienne Asie centrale soviétique a ouvert un nouveau chapitre significatif du nouveau Grand Jeu qui se joue dans la région. L'initiative américaine représente sans aucun doute le plus important renversement d'alliance depuis la fin de la guerre froide. Dix ans après la chute de l'Union soviétique, ses anciennes républiques constituantes d'Ouzbékistan et du Kirghizstan, et dans une moindre mesure celles du Kazakhstan et du Tadjikistan, ont tenté par tous les moyens de se distancier de la Russie et de solliciter la protection des États-Unis. La chasse aux alliés ouverte par Washington suite au 11 septembre 2001 leur a offert une splendide opportunité. Dès la fin du mois, de nombreux diplomates américains de haut rang, officiers militaires, sans compter le secrétaire d'État à la défense Donald Rumsfeld, se rendirent à Tachkent pour y mener des rencontres secrètes avec le gouvernement ouzbek. Aucune des deux parties ne révéla la teneur de ces discussions, bien conscientes du fait qu'un troisième interlocuteur invisible se trouvait à la table des négociations : le président russe Vladimir Poutine. Une seule question taraudait les diplomates en poste dans la région : la Russie permettrait-t-elle une coopération militaire d'envergure entre les États-Unis et les anciennes républiques soviétiques ?

Les premiers signaux en provenance de Moscou n'étaient guère prometteurs. Le ministre de la défense Sergueï Ivanov déclara qu'une campagne en Afghanistan ne requérait pas la présence de troupes américaines en Asie centrale et plusieurs autres politiciens russes de premier plan firent des commentaires semblables, tandis que le président Poutine dépêchait un envoyé spécial dans les capitales de la région pour des consultations urgentes. Les Russes comprirent qu'ils ne feraient que pousser les républiques centre-asiatiques plus encore dans les bras des Américains s'ils se montraient trop autoritaires. Aussi cette affaire explosive fut-elle réglée au plus haut niveau, lors d'un entretien téléphonique direct entre Poutine et le président Bush.

Peu de détails de la conversation ont été révélés mais selon des sources proches, celle-ci fut très constructive. Bush fut bien forcé de reconnaître que Poutine avait été le premier chef d'État étranger à offrir ses condoléances lors du 11 septembre ; de son côté, Poutine savait que la Russie ne pouvait se permettre de ne pas coopérer en Asie centrale et que son pays avait beaucoup à gagner d'une guerre commune contre le terrorisme. En plein marasme économique, la Russie avait longtemps tenté de contenir seule la marée montante du trafic de drogue en provenance d'Afghanistan et la prolifération de groupes islamistes radicaux dans son ventre mou méridional. Le fait que le seul superpouvoir en place dans le monde veuille s'acquitter de cette besogne facilitait grandement la tâche de Poutine, qui attendait également des Occidentaux qu'ils considèrent dorénavant les séparatistes tchétchènes comme des terroristes et ferment les yeux sur les violations flagrantes des droits de l'homme commises par les forces russes.

Quelques jours après l'entretien téléphonique entre les présidents Bush et Poutine, le gouvernement ouzbek annonçait qu'il ouvrirait son espace aérien à l'US Air Force et mettrait plusieurs bases militaires à sa disposition, et les deux gouvernements signèrent un accord secret. Dans les jours et les semaines qui suivirent, des propositions similaires furent émises par tous les voisins de l'Ouzbékistan sans que cela ne déclenche la moindre protestation officielle de la part de Moscou.

Avant même le 11 septembre 2001, les anciennes républiques soviétiques d'Asie centrale étaient considérées par certains fonctionnaires américains comme des alliées idéales dans la lutte contre le terrorisme en Afghanistan et dans les pays limitrophes. À l'automne 1997, ainsi qu'en septembre 2000, des troupes de l'OTAN, américaines et autres, prirent part à des exercices militaires conjoints au Kazakhstan dans le cadre du programme de « partenariat pour la paix » de l'Alliance atlantique, qui incluait également plusieurs États membres de la CEI. Un petit contingent russe fut invité, histoire d'éviter toute protestation possible de la part de Moscou. Dans le cadre de ces manœuvres, des bombardiers américains gagnèrent les zones d'exercices directement depuis les États-Unis. Grâce à la technique de ravitaillement en vol, ceux-ci ne durent effectuer aucune escale intermédiaire, ce qui permit à Washington d'afficher sa capacité à mettre sur pied, à n'importe quel moment, un système de défense militaire destiné à protéger ses intérêts et ceux de ses alliés. En février 2001, des forces américaines retournèrent dans la région, cette fois-ci pour effectuer des exercices antiterroristes spéciaux au Kirghizstan.

Quelques mois plus tard, lorsque le Pentagone mobilisa sa machine de guerre suite aux attaques perpétrées à New York et à Washington, les seules bases d'attaque qui s'offrirent à lui étaient celles des anciennes républiques soviétiques. Les partenaires traditionnels des États-Unis dans la région rechignèrent à l'idée de soutenir une campagne américaine contre un pays musulman. L'Arabie saoudite et l'Égypte en particulier, par crainte d'instabilité politique à l'intérieur de leurs frontières, refusèrent aux avions militaires américains la permission de décoller de leur territoire pour des missions de combat en Afghanistan. Le Pakistan, dont les services secrets favorisèrent pourtant l'émergence et l'ascension des talibans, ne semblait guère pouvoir faire office de tête de pont aux troupes américaines ; chaque jour, de violentes manifestations anti-américaines étaient organisées par des groupes islamistes radicaux dans plusieurs villes du pays. L'annonce officielle par le dictateur militaire Pervez Moucharraf du retrait de son soutien aux talibans ne fit qu'empirer la donne, cette volte-face soudaine en politique extérieure ne faisant qu'accroître la pression populaire sur le régime. L'administration Bush avait de bonnes raisons de penser que ses troupes allaient atterrir directement en plein territoire ennemi.

À l'inverse, l'Ouzbékistan n'inspirait aucune crainte de cet ordre. Le pays est sous la houlette implacable du dictateur Islam Karimov. Comme presque tous les présidents de la région, Karimov était à la tête du Parti communiste de la république jusqu'en 1991. Lors de l'effondrement du système poussiéreux, il se transforma du jour au lendemain en fervent patriote nationaliste afin de se maintenir au pouvoir, une stratégie qui lui a jusqu'ici parfaitement réussi. L'opposition est soit emprisonnée, soit clandestine, le parlement sanctionne toutes les lois et la presse est strictement contrôlée. Karimov fit récemment ajourner les élections présidentielles sous prétexte que les Ouzbeks avaient d'autres chats à fouetter. Peu de pans de l'économie nationale, en lambeaux, ont été privatisés. L'Ouzbékistan n'arrive en tête des classements mondiaux que dans un seul secteur : les violations des droits de l'homme. Karimov a désigné comme nouvel emblème de son État policier l'un des pires criminels de l'Histoire, Timour Lang, aussi appelé Tamerlan. Dans chaque ville du pays, les anciens bustes de Marx et de Lénine ont fait place à de pompeuses statues équestres de l'émir médiéval, qui tient son surnom peu flatteur de « Timour le boiteux » d'une blessure à la jambe qu'il aurait encourue durant sa jeune carrière de voleur de chevaux. En dépit de ce handicap physique, le dernier grand chef nomade des steppes de l'Asie centrale organisa trente-cinq campagnes entre 1370 et 1405 et parvint à constituer un empire s'étendant de l'actuelle Égypte à la grande muraille de Chine. Tamerlan était réputé pour sa cruauté et sa cavalerie semait panique et dévastation partout où elle passait. À l'instar de son prédécesseur Gengis Khan, deux siècles avant lui, il fit incendier de nombreuses cités et massacrer plus d'un million de personnes, estropiant, violant et asservissant de nombreuses autres. Il avait la macabre habitude, après une bataille, de faire entasser les crânes de ses victimes en d'énormes pyramides.

Mais Tamerlan passait également pour un musulman pieux et un ardent défenseur des arts. Dans sa capitale, Samarcande, située aujourd'hui en Ouzbékistan, il fit construire parmi les plus beaux exemples d'architecture musulmane connus à ce jour, le spectaculaire ensemble du Registan par exemple. Si vouloir faire de Tamerlan un modèle de vertu semble en soi assez douteux d'un point de vue moral, le qualifier d'Ouzbek l'est tout autant, lui qui descendait de tribus mongoles et tadjikes pour qui le peuple ouzbek était souvent objet de dérision. Certaines des lettres de Tamerlan parvenues jusqu'à nous en fournissaient amplement la preuve jusqu'à ce que Karimov ordonne leur destruction.

Il est peu probable que le bilan ouzbek en matière de droits de l'homme ait véritablement posé problème lorsqu'à l'automne 2001, l'armée américaine chercha à positionner ses troupes le long de la frontière afghane. Une alliance avec l'Ouzbékistan était logique tant d'un point de vue stratégique que diplomatique. Au milieu des années 1990 déjà, les États-Unis cherchaient à établir une relation privilégiée avec Tachkent. Les échanges commerciaux entre les deux pays augmentèrent de 800 % entre 1995 et 1997, l'Ouzbékistan étant le deuxième producteur de coton et le quatrième producteur d'or au monde. Le Pentagone confirma également l'envoi de bérets verts en Asie centrale, en été 1999, pour entraîner des officiers et forces spéciales ouzbeks. L'armée ouzbèke, forte de 80 000 hommes, est la plus importante de la région.

La détermination de l'Ouzbékistan reflète le rôle dominant que le pays entend jouer en Asie centrale. Ses 25 millions d'habitants dépassent de loin les 15 millions du Kazakhstan, deuxième pays le plus peuplé de la région. La rivalité qui oppose les deux pays pour l'hégémonie dans la région les pousse à rechercher des partenaires puissants. Les relations de l'Ouzbékistan avec la Russie se sont détériorées plus que celles de n'importe quel autre État centre-asiatique. Avec le Turkménistan, neutre, l'Ouzbékistan est la seule république à ne pas avoir renouvelé son adhésion au pacte de sécurité de la CEI.

Il y a dix ans, Russes et Ouzbeks vivaient en nombre égal à Tachkent, ville de deux millions d'habitants. Les Slaves constituent aujourd'hui une infime minorité dans le pays et le gouvernement a fait remplacer l'écriture cyrillique par l'alphabet latin. Leurs mœurs claniques poussent les Ouzbeks à se partager emplois et postes de pouvoir, aussi de nombreux Russes ethniques ont-ils décidé d'émigrer. Le seul endroit du pays où l'on peut observer des attroupements est l'ambassade de Russie à Tachkent, où les Russes font la file pour obtenir un visa. L'Ouzbékistan n'est pas un cas unique à cet égard et on observe des vagues de migration similaires dans tous les pays d'Asie centrale et du Caucase. Bien que cet exode massif se soit jusqu'à présent déroulé pacifiquement, le sort des Slaves n'est pas sans rappeler celui des Français d'Algérie au début des années 1960. *« Nous sommes confrontés à un génocide silencieux »*, me dit un jour une femme russe à Tachkent.

Outre sa relative indépendance par rapport à Moscou, l'Ouzbékistan représentait une tête de pont militaire intéressante pour l'armée américaine par le simple fait que le règne de Karimov n'avait jamais connu la moindre manifestation. Des protestations anti-américaines y étaient de toute façon fort peu probables dans la mesure où, contrairement aux millions de Pakistanais d'origine pachtoune, les Ouzbeks considèrent les talibans, majoritairement pachtounes eux aussi, comme des criminels impies et dangereux. C'est particulièrement vrai pour les Ouzbeks du nord de l'Afghanistan, ennemis jurés des talibans du sud. Le célèbre général ouzbek Rachid Dostom, dont le quartier est situé dans ville de Mazar-e-Charif, dans le nord du pays, reçut pendant des années un soutien financier et militaire discret de Tachkent.

Il serait difficile de trouver chez les Ouzbeks la moindre trace de solidarité religieuse envers les musulmans afghans. Même si des mosquées ont fait leur apparition dans tout le pays depuis la fin du régime soviétique et si des mouvements musulmans clandestins tels que le Hizb ut-Tahrir gagnent en popularité, soixante-dix années de politiques athéistes ont laissé une marque profonde en Ouzbékistan. Les vœux d'abstinence n'ont guère la cote auprès des buveurs de vodka et de nombreuses femmes à Tachkent préfèrent le maquillage et les minijupes au voile. *« Les talibans auraient du boulot s'ils voulaient nous faire perdre nos mauvaises habitudes »*, m'annonça un jour un chauffeur de taxi de la capitale.

La seule menace sérieuse à l'encontre des troupes américaines est le Mouvement islamique d'Ouzbékistan (MIO). Soupçonnée de liens avec Al-Qaida, cette organisation a par le passé lancé des opérations depuis des bases cachées dans les montagnes du Tadjikistan. Ravagé par la guerre civile dans les années 1990, ce pays pauvre, voisin de l'Ouzbékistan, fournissait une base idéale pour les terroristes. Les dictateurs d'Asie centrale, Karimov en tête, prétextèrent du chaos au Tadjikistan pour justifier leur propre répression et aucun régime ne permet à un parti islamique de s'associer ouvertement.

Le MIO a été fondé et emmené par le tristement célèbre seigneur de guerre Juma Namangani, de la vallée de la Fergana, région la plus peuplée et la plus ethniquement diversifiée d'Asie centrale, où s'enchevêtrent les frontières de l'Ouzbékistan, du Tadjikistan et du Kirghizstan. On sait peu de choses de Namangani, il refuse d'être interviewé ou photographié. Selon ses associés, l'homme redécouvrit ses racines musulmanes en combattant comme soldat soviétique en Afghanistan dans les années 1980 et fonda ensuite le MIO, soupçonné d'avoir perpétré la vague d'attentats à la bombe qui frappèrent Tachkent en février 1999 et coûtèrent la vie à des dizaines de personnes. Le président Karimov lui-même faillit être assassiné. Un an plus tard, Namangani se rendit dans le sud de l'Afghanistan à la rencontre du mollah Omar, chef des talibans, et d'Oussama Ben Laden, afin de demander de l'argent et des moyens militaires. Le MIO, alors en passe de devenir un mouvement panislamique, fut également fortement impliqué dans la contrebande d'opium afghan au Tadjikistan. Financées et équipées par Al-Qaida, les guérillas de Namangani effectuèrent plusieurs incursions en Ouzbékistan et au Kirghizstan en 2000, tuant plus de cinquante soldats dans les deux pays. Le MIO déménagea ensuite vers des bases dans les villes afghanes de Mazar-e-Charif et Kunduz, apportant son soutien aux talibans contre l'Alliance du Nord. Après les attentats du 11 septembre 2001, le mollah Omar nomma Namangani à la tête de la Brigade 055, composée de combattants talibans étrangers. Il fut mortellement blessé fin novembre lors de l'attaque d'un convoi par des avions militaires américains près de Kunduz. On suspecte que les militants du MIO qui ont survécu à l'attaque se sont regroupés dans les régions limitrophes de l'Afghanistan.

Lorsque le MIO lança ses premières attaques, le régime ouzbek répliqua en faisant arrêter des milliers de terroristes présumés, pour la plupart des citoyens innocents, et en les condamnant arbitrairement à de longues peines d'emprisonnement ou à la mort. Les organisations humanitaires font état de conditions de détention abominables dans les geôles ouzbèkes, où les prisonniers sont systématiquement torturés jusqu'à ce que mort s'ensuive. Pour justifier cette répression brutale à l'encontre des terroristes suspects, le président Karimov déclara un jour au parlement ouzbek : *« Ces personnes méritent de recevoir une balle dans la tête ; je suis prêt à le faire moi-même si nécessaire ».*

Les musulmans ne sont pas les seules victimes de persécutions. Alors que la renaissance islamique postsoviétique semble menacer l'establishment séculaire, les autorités ont sévèrement réprimé la liberté de religion. En mai 1998, le parlement fantoche ouzbek fit voter la Loi sur la liberté de conscience et les organisations religieuses, qui restreint drastiquement la liberté de culte. Aujourd'hui, toutes les organisations musulmanes et les mosquées doivent être enregistrées et les imams ont besoin d'un permis de travail délivré par le gouvernement. Les musulmans pieux qui prient en dehors des mosquées tolérées par l'État et portent une longue barbe, des turbans traditionnels ou le hijab risquent d'être arrêtés ou harassés par la police. La répression tous azimuts du régime n'a pas vraiment réussi à réduire le militantisme islamique et semble au contraire attirer de plus en plus de recrues.

Les États-Unis ont à plusieurs reprises condamné les méthodes totalitaires de Karimov. L'administration Clinton critiqua la situation catastrophique des droits de l'homme en Ouzbékistan et rejeta ses demandes d'aide économique. Une pression internationale intense poussa le régime de Karimov à libérer des milliers de prisonniers dans le cadre d'une amnistie marquant le dixième anniversaire de l'indépendance ouzbèke le 1er septembre 2001. Dix jours plus tard, pourtant, les nouvelles alliances recherchées par les États-Unis provoquèrent chez eux un revirement stratégique radical et le département d'État américain enleva discrètement l'Ouzbékistan de sa liste annuelle des pays menaçant la liberté de culte. En même temps, l'administration Bush quadrupla son aide économique et militaire, pour un total de 220 millions de dollars en 2002, sans compter les 100 millions estimés pour la location de la base aérienne de Khanabad \*. Cette largesse démontre clairement que l'administration Bush ignore de façon opportune les abus ouzbeks en matière de droits de l'homme. Comme l'a fait remarquer l'écrivain

---

\* US Department of State, Bureau of European and Eurasian Affairs Fact Sheets 2002.

Ahmed Rachid, *« l'Ouzbékistan utilise ses bonnes relations avec l'Ouest pour intensifier la répression contre son propre peuple * »*.

Le soir du 6 octobre 2001, les Américains entament des frappes aériennes contre les positions talibanes et celles d'Al-Qaida. Les images de nuit, verdâtres et floues, qui défilent sur CNN rappellent celles utilisées lors de l'attaque américaine sur Bagdad en janvier 1991. Dans un discours à la nation, le président Bush annonce que la lutte contre la terreur sera longue. Le lendemain, je me rends à Termez, dans le sud de l'Ouzbékistan, à la frontière avec l'Afghanistan. Le voyage à travers la morne steppe ouzbèke est long et fastidieux. Sur le trajet, l'armée ouzbèke a mis en place plusieurs postes de contrôle. Les soldats, habillés en camouflage « désert », dépenaillés et armés jusqu'aux dents, fouillent chaque conducteur et examinent leur coffre. Placardée à un poteau, une liste de suspects montre une cinquantaine de photos judiciaires de terroristes suspectés d'appartenance au MIO, la mine sinistre et portant pour la plupart de longues barbes noires. À quelques mètres de là, flottant contre un mur, une énième banderole de propagande, affublée d'une citation du président Karimov, exalte la paix et la stabilité dans l'Ouzbékistan indépendant.

Nous atteignons les rives de l'Amou-Daria, qui marque la frontière actuelle avec l'Afghanistan. À cet endroit, l'Oxus des anciens est large de près d'un kilomètre et coule paresseusement. Suite à plusieurs années de sécheresse dans la région, le niveau de l'eau est fort bas. En 1888, le futur lord Curzon, alors simple parlementaire tory de 29 ans, entreprit un périple jusqu'au cœur du Grand Jeu. Arrivé en vue du célèbre fleuve Oxus, il écrivit avec excitation : *« La, sous la lune, palpitait le vaste cœur de la puissante rivière qui déroule ses deux mille cinq cents kilomètres de courant depuis les glaciers du Pamir à la mer d'Aral †  »*.

Sur les berges du fleuve, des femmes aux foulards colorés cueillent du coton, le principal produit d'exportation de l'Ouzbékistan. Cantonnés dans de hauts miradors, des soldats scrutent la rive afghane. J'aperçois dans la brume les contours d'une ancienne usine. La situation est calme mais tendue. Quelques jours plus tôt, le régime taliban a menacé d'attaquer son voisin du nord et aurait massé 8 000 combattants le long de la frontière, poussant Tachkent à mettre son armée en alerte.

La seule manière de traverser l'Amou-Daria est de traverser le célèbre pont de l'Amitié. C'est à cet endroit que les troupes soviétiques envahirent l'Afghanistan avec leurs tanks le jour de Noël 1979, et le retraversèrent dix années plus tard, humiliées. Depuis plusieurs années, la frontière est fermée afin de contenir le chaos de la guerre civile afghane et il est pratiquement impossible pour les réfugiés de

---

* A. Rashid, *Djihad: The Rise of Militant Islam in Central Asia*, Yale University Press, 2002, p.135.
† P. Hopkirk, *op. cit.*, p. 455.

traverser la frontière à cet endroit. Depuis plusieurs jours, des blocs de béton et des véhicules armés ont été massés devant le pont et bloquent le passage. *« Nous avons reçu l'ordre de ne laisser personne traverser le fleuve »*, me confie un garde-frontière.

Nous retournons en ville, aggloméra miséreux d'immeubles peu élevés. Dans une maison de thé non loin de la place Rouge, d'allure typiquement soviétique, un groupe de vieillards assis discute du début des hostilités. Ils disent avoir entendu plusieurs explosions au cours des nuits précédentes, sans doute dans la ville de Mazar-e-Charif, à une quarantaine de kilomètres au sud de Termez. Les talibans et l'Alliance du Nord se disputent cette région stratégiquement vitale depuis des années, et les quelque 20 000 habitants de Termez sont habitués aux bruits de la guerre.

*« Mais la nuit passée, les explosions étaient plus fortes que d'habitude ; c'était sans doute des missiles Cruise »*, raconte un des hommes. Son regard tombe sur l'enceinte de la garnison de la ville, où sont exposés une dizaine de tanks rouillés et de pièces d'artillerie datant de la première guerre afghane. Leurs canons sont dirigés vers les passants, qui pressent le pas à leur hauteur. *« Espérons que ces bruits ne se rapprochent jamais. »*

Des centaines de personnes se sont rassemblées dans la grande mosquée en faïence bleue de Termez pour la prière de l'après-midi. Malgré l'interdiction officielle, les hommes portent la *tioubeteika* et le lourd caftan, et les femmes, des voiles décorés de motifs floraux. L'imam cheikh Abdoullah Hafiz demande à la congrégation de prier pour la paix. Une fois la prière terminée, le mollah, vêtu d'un *chapan* et d'un turban blanc et arborant une longue barbe blanche, se rend dans la cour qui s'étale devant la mosquée où de nombreux croyants, par signe de révérence, viennent s'incliner devant lui.

L'homme est revenu, il y a quelques jours, d'une réunion urgente à Tachkent avec d'autres responsables musulmans du pays. *« La guerre nous affecte beaucoup »*, déclare le cheikh Abdoullah sous l'œil attentif des deux officiers de police qui l'accompagnent. Prudemment, le clerc fait part des sentiments de sa congrégation à propos des attaques américaines sur l'Afghanistan : *« Il faut combattre les terroristes mais tuer des civils innocents, femmes et enfants, constitue un crime terrible, et il est nous actuellement fort difficile de ne pas nous apitoyer sur nos frères afghans. »* Les policiers froncent les sourcils mais se taisent ; leur autorité semble limitée dans la région. Tout comme dans la vallée de la Ferghana, l'islam a connu un fort regain dans le sud de l'Ouzbékistan depuis la fin de la dictature soviétique. *« Avant, nous avions deux mosquées et quelque 200 musulmans pratiquants dans la région de Termez ; aujourd'hui, nous sommes près de 100 000 et avons 76 mosquées »*, déclare fièrement le cheikh Abdoullah.

Quel regard portent les fidèles musulmans ouzbeks sur le déploiement militaire américain dans leur pays ? Pour tenter de répondre à cette question, je me rends à Boukhara, ancienne cité légendaire de la Route de la soie, la principale artère empruntée au Moyen Âge par les caravanes de marchandises pour relier l'Europe et la Chine. Au XIXᵉ siècle, les émirs de Boukhara régnaient sur un khanat indépendant, vaste *terra incognita* séparant les armées impériales russe et britannique. À plusieurs reprises, les deux puissances envoyèrent des agents à Boukhara, périples dangereux visant à combler l'émir Nasrallah de cadeaux et de promesses dans l'espoir vain de l'attirer dans leur camp. L'impitoyable monarque retint le colonel Charles Stoddart et le capitaine Arthur Conolly, tous deux officiers britanniques, dans un puits infesté de vermine pendant de nombreuses années. Un matin de juin 1842, les deux Anglais furent décapités sur la place située devant l'Arche, citadelle de l'émir, non sans avoir été obligés au préalable de creuser leur propre tombe. Leur exécution, l'un des chapitres les plus sanglants du Grand Jeu, ne provoqua cependant aucune réaction. L'Empire britannique, sous le choc, voyait Boukhara s'éloigner, tandis que les Russes durent attendre encore vingt-cinq années avant de voir leurs troupes conquérir la ville.

Je quitte l'Arche et me promène dans les rues de la vieille ville, restaurées mais étonnamment désertes. En théorie, Boukhara n'est qu'à trois heures de route des positions talibanes, aussi les touristes ont-ils disparu. Même les marchands de tapis qui entourent habituellement le splendide minaret du Kalyan ont plié bagages. La tour était auparavant utilisée tant par les muezzins que par les bourreaux de l'émir. Lors de son voyage dans la ville en 1888, Lord Curzon fut le témoin d'une exécution pour le moins inhabituelle. « *Le crieur public prononce à haute voix la faute commise par l'homme et annonce la justice vengeresse du souverain. Le coupable est alors jeté du sommet, tournoie en l'air et s'écrase sur le sol au pied de la tour\** ».

De l'autre côté de la place sur laquelle se dresse le minaret, on aperçoit la façade de la célèbre madrasa Mir-Arab, richement décorée de mosaïques de faïence, la plus ancienne et la plus prestigieuse des écoles coraniques d'Asie centrale. Le directeur m'a autorisé à passer quelques jours en compagnie de ses étudiants.

Asadoullah referme son Coran, visiblement soulagé. Les cours finis, le jeune homme de 19 ans et ses camarades de classe se hâtent d'entourer leurs livres et cahiers d'une fine ficelle, font un léger signe de tête au professeur et se précipitent au dehors par la petite porte de la classe. « *Il est important de lire les paroles du Prophète* », déclare Asadoullah tandis que nous nous promenons dans la cour ensoleillée. « *Mais il y a aussi d'autres choses dans la vie.* » De fait, la conversation qu'entretient Asadoullah avec ses camarades de classe pendant la pause-déjeuner, à l'ombre des dômes azurés du XVIᵉ siècle, n'est pas entièrement pieuse, surtout lorsque fusent les blagues ayant trait à la corpulence de l'aide-cuisinière, seule femme dans l'édifice.

Les jeunes hommes portent une chemise blanche impeccable, un veston noir et un *toupi*, et semblent ne rien avoir en commun avec les étudiants coraniques illuminés de l'Afghanistan voisin qui, à en croire les images de télévision, passent leurs journées à réciter frénétiquement des versets du Coran. « *Oh non, nous sommes*

---

\* *Ibid*, p. 456.

*différents ; ici, nous apprenons à aimer l'islam*, explique Asadoullah en passant la main dans ses épais cheveux noirs. *Nous ne préparons pas la guerre sainte, juste nos examens.* » Bien qu'à 200 kilomètres au sud de Boukhara les bombes et les missiles s'abattent sur le pays voisin, les jeunes musulmans ouzbeks éprouvent peu de sympathie pour le régime assiégé des talibans, émoulus des écoles coraniques fondamentalistes du Pakistan. *« Nous n'avons rien en commun avec eux. Les talibans ne sont pas de véritables musulmans mais des terroristes »*, affirme Asadoullah avec conviction, dans le langage politiquement correct typique de l'après 11 septembre.

Fondée au début du XVIe siècle, la madrasa Mir-Arab fut pendant longtemps la seule école coranique de l'Union soviétique que les dirigeants communistes ne parvinrent pas à faire fermer. Suite à une interruption des cours entre 1930 et 1946, sous Staline, l'établissement recommença à forger l'élite musulmane de l'Empire rouge, formant les plus illustres imams et mollahs, et fut la seule madrasa tolérée par les communistes, alors que l'on en comptait auparavant cinquante pour la seule Boukhara. De façon typiquement communiste, la grandiose mosquée Kalyan qui fait face à la Mir-Arab et dans laquelle des dizaines de milliers de croyants se rassemblaient pour prier avant la révolution prolétarienne, fut transformée en entrepôt. Seules dix madrasas publiques ont rouvert leurs portes sous le régime résolument laïc de Karimov, les écoles et les mosquées indépendantes restant strictement interdites. Derrière les murs épais de la Mir-Arab, quelque 150 jeunes hommes suivent, pendant quatre ans, un cursus de haut niveau. Dans de petites salles de classe situées juste sous leurs dortoirs spartiates, ils étudient les disciplines classiques que sont l'arabe, la rhétorique, la logique et le Coran, mais également des sujets plus séculiers comme les sciences naturelles, la géographie ou l'anglais. L'administration scolaire a également fait installer un laboratoire de langues moderne doté d'appareils d'enregistrement et de casques.

*« Si nous ne leur inculquions que la religion, comme c'était le cas auparavant, ces garçons deviendraient de simples robots ignorants, comme les étudiants coraniques en Afghanistan »*, déclare le mollah Mouhiddin Namonov, proviseur de Mir-Arab. Ses étudiants suivent les cinq prières quotidiennes obligatoires dans la mosquée de l'école mais Namonov insiste, *« la religion doit s'adapter à la vie moderne et au progrès scientifique »*. Dans son costume sombre, cet homme de trente-cinq ans au visage glabre présente un aspect décidément bien laïc. Son bureau est équipé d'un ordinateur dernier cri et d'un appareil de télévision avec antenne-satellite. Accroché au mur, le portrait de Karimov nous observe avec bienveillance. *« L'enseignement que nous prodiguons ici est fort différent de celui qui est donné dans les madrasas d'autres pays comme le Pakistan ou l'Iran,* ajoute-t-il. *Nos étudiants doivent comprendre que les talibans ne font que se cacher derrière le voile de l'islam et sont en réalité des pêcheurs qui tuent et trempent dans le trafic de drogue. »* Mir-Arab a été témoin de cinq cent années d'histoire centre-asiatique sanglante et ses locataires ne semblent pas incommodés outre mesure par les récents événements. La présence de troupes américaines sur le sol ouzbek semble toutefois incommoder Namonov. *« Il serait préférable que les musulmans conduisent eux-mêmes une guerre sainte pour débarrasser l'islam des talibans et autres terroristes. »*

Le lendemain, je me rends quelque 300 kilomètres à l'est de Boukhara, dans la ville de Samarcande, dont le simple nom évoque la romance exotique de la Route de la soie qui envoûta le diplomate et écrivain britannique Fitzroy Maclean lors de son périple au Turkestan, région alors interdite aux étrangers, à la fin des années 1930. « *Je grimpai, par un escalier étroit et tortueux, au sommet du Chir-Dar et, de là, je contemplai à mes pieds le Reghistan brûlé par le soleil et, plus loin, la fabuleuse cité de Samarcande, ses dômes bleus et ses minarets, ses maisons de terre glaise aux toits plats, et les têtes vertes de ses arbres. J'avais longtemps attendu ce moment-là.* \*»

À l'instar de la vieille ville de Boukhara, la majestueuse place du Registan est déserte sous le chaud soleil d'automne ; seule une poignée de gardes déambulent le long des mosaïques de faïence bleu azur des trois madrasas entourant l'esplanade, parmi les plus délicates représentantes de l'architecture centre-asiatique. C'est ici qu'au XVIe siècle étudièrent et enseignèrent les meilleurs savants de l'Orient. Non loin du Registan, je fais la connaissance d'Ozod Jaloulov, vétéran soviétique de la première guerre afghane. L'homme, petit et maigre, me fait visiter son modeste magasin d'artisanat, où nous attendent Ahmed et Aziz, deux de ses amis. Dans les années 1980, tous trois combattirent en Afghanistan, dans la même unité. « *Si les troupes américaines pénètrent en Afghanistan, elles connaîtront vite l'enfer* », déclare Ozod. Ses amis acquiescent. « *L'Afghanistan fut la pire période de ma vie. Les moudjahidins se cachaient tout le temps dans les montagnes, ils connaissaient chaque sentier, chaque cave ; une situation rêvée qui leur permettait de tendre piège sur piège à nos convois.* » Ahmed n'a pas oublié non plus ce que signifie se battre contre des partisans invisibles. « *Ils nous observaient en permanence* », ajoute l'ancien fantassin avant d'évoquer une attaque au cours de laquelle son meilleur ami perdit la vie. « *Nous étions assis sur un char, carabine en main, à scruter les rochers qui nous surplombaient. Soudain, mon ami me dit : 'Je crois que j'en ai vu un'. Je me suis alors retourné et l'ai vu tomber du char, un trou rouge dans le front.* »

Ceux qui survivaient aux attaques devaient faire face au climat rude, aux tempêtes de sable et aux épidémies de typhus. Lorsque les Soviétiques quittèrent l'Afghanistan en 1989, la plus grande armée du monde avait perdu son aura d'invincibilité. C'est seulement dans le cadre de la politique de glasnost de Mikhaïl Gorbatchev que le régime soviétique publia un premier état officiel des pertes humaines. Près de 15 000 soldats soviétiques avaient péri. Cinq ans auparavant, Moscou concédait la mort de vingt hommes à peine. Selon certaines estimations, le nombre de militaires soviétiques renvoyés chez eux dans des cercueils de zinc scellés pourrait s'élever à 50 000, soit plus ou moins le nombre de soldats américains morts au Vietnam.

« *J'espère que les Américains savent ce qui les attend*, ajoute Ozod. *Leur situation actuelle est assez semblable à celle que nous avons connue. Nous aussi, on nous avait dit que nous étions là pour traquer des criminels et ramener la paix et la stabilité dans le pays. Mais les Afghans ne voulaient pas de notre aide.* » L'invasion de son voisin méridional, perçue en Occident

---

\* F. Maclean, *op. cit.*, p. 70.

comme une tentative brutale d'étendre l'empire soviétique, est aujourd'hui encore considérée par de nombreux vétérans comme une bienveillante entreprise de libération. Même si Ozod et ses camarades n'envient pas les soldats américains, ils n'ont pas oublié ce que beaucoup en Asie centrale considèrent comme une cruelle ironie de l'histoire. *« Les terroristes que les Américains veulent aujourd'hui éliminer sont les mêmes moudjahidins qu'ils ont armés et entraînés dans les années 1980, lorsqu'ils nous combattaient »*, se souvient Ozod, avant d'ajouter, non sans une certaine joie maligne : *« Les Américains récoltent aujourd'hui ce qu'ils ont semé durant la guerre froide. »*

Dans les semaines qui suivent, la crainte de nombreux Ouzbeks de voir le conflit afghan s'étendre au-delà de la frontière se révèle injustifiée. Fin octobre, les talibans évacuent Mazar-e-Charif et le général ouzbek Dostom reprend la ville. Après une longue période d'atermoiement de la part du régime de Karimov, le pont de l'Amitié qui enjambe l'Amou-Daria est rouvert début décembre 2001 pour permettre l'acheminement d'aide humanitaire aux Afghans souffrants. La guerre afghane est presque terminée lorsque Washington et Tachkent signent un nouveau bail de sept ans pour la base aérienne de Khanabad, près de Karchi.

Quelque deux mois après la chute des talibans, par un beau matin de février 2002, deux véhicules tout-terrain américains de type Humvee pénètrent dans un village perdu dans les montagnes du Kirghizstan, voisin septentrional de l'Ouzbékistan. Quelques villageois, pour la plupart des enfants et des vieillards, regardent passer les engins. Le premier véhicule s'arrête. Le sergent-chef Chad Bickley donne à ses hommes en camouflage « désert » un bref récapitulatif du but de leur mission : *« N'oubliez pas, les gars, nous sommes ici pour nous faire des amis, alors on serre les mains, on fait signe et on distribue des bonbons, ok ? »* D'une seule voix, les soldats répondent *« Yes, Sir ! »*, attrapent leur carabine M-16 et sortent des Humvee, impatients de s'attirer la confiance et la sympathie des villageois.

Bickley s'approche d'un groupe de vieillards kirghizes. *« Bonjour, je m'appelle Chad, de l'US Air Force. Je suis là pour un simple contrôle et pour voir comment vous allez. »* Un interprète local traduit ensuite ses paroles. Les hommes ne disent mot. Après un moment, l'un d'eux répond : *« Bien, merci. »* Entre-temps, le capitaine Todd Schrader s'agenouille devant deux petits garçons, met son fusil à l'épaule et leur offre une gorgée de sa bouteille de Kool-Aid. Les enfants ne semblent guère intéressés, peut-être ne trouvent-ils pas très hygiénique le fait que Schrader ait déjà bu à la bouteille lui-même. Il leur montre ensuite comment consommer de la poudre de sorbet en utilisant sa main, sa langue et beaucoup de salive. Il tend le petit paquet aux enfants, qui restent immobiles. *« Ils sont encore un peu timides*, explique Bickley. *Après tout, ils n'ont encore jamais vu de soldats américains. »*

Ils auront par contre remarqué les nombreux avions de l'US Air Force qui, depuis la mi-décembre, atterrissent et décollent nuit et jour de Manas, l'aéroport de

Bichkek, capitale kirghize, non loin de là. Ces avions transportent des troupes de la 376ᵉ Division expéditionnaire aéroportée ainsi que du ravitaillement pour la dernière base en date installée par Washington en Asie centrale. Le gouvernement américain a loué l'aéroport civil au Kirghizstan, la plus petite des cinq républiques centre-asiatiques issues des ruines de l'Union soviétique. Après la base aérienne de Khanabad en Ouzbékistan et un camp plus petit au Tadjikistan, Manas est la troisième, et la plus grande, des bases américaines en Asie centrale ex-soviétique. Près de 3 000 hommes y sont stationnés, dont des unités alliées venant de France, d'Espagne et du Danemark.

Avant de quitter le camp pour faire une tournée des villages environnants, le sergent-chef Bickley et ses hommes ont répété les scénarios possibles dans un petit bois de bouleaux. *« Les gars, en général les villageois nous apprécient mais il faut s'attendre à tout »*, explique le sous-officier à ses hommes. Pendant une demi-heure, ceux-ci répètent les gestes à faire en cas de rencontre avec l'ennemi, se jettent sur le sol gelé en criant *« Bang ! Bang ! Bang ! »* et se cachent derrière les arbres pour recharger. Le capitaine Schrader tient le rôle du tireur d'élite tandis que l'aviateur Michael Alberson vide son magasin entier. Bickley lance des bombes fumigènes imaginaires depuis l'arrière tandis que l'opérateur radio demande l'aide de la Force d'intervention rapide restée quelques kilomètres en retrait. Échauffés par cette fausse bataille, les soldats s'engouffrent dans les Humvee et démarrent. Sur la route principale, leur convoi dépasse une Lada surchargée dont le chauffeur, surpris, manque s'écraser dans un fossé.

La véritable patrouille se déroule ensuite sans incident. La seule menace sérieuse à laquelle Bickley et ses hommes doivent faire face provient de deux galopins kirghizes qui leur jettent des boules de neige. Ils répondent à cette attaque avec des bonbons. *« Nous donnons des bonbons et des jouets aux enfants, et parfois des cigarettes aux adultes »*, ajoute Bickley tandis que lui et ses hommes se promènent dans le village en formation détendue, la pointe du fusil dirigée vers le sol de façon à ne pas paraître intimidant. *« Nous discutons avec les villageois pour savoir ce qu'ils pensent de notre présence. Nous n'avons jamais rencontré de méfiance ou d'hostilité, juste de la curiosité occasionnelle. Les gens d'ici nous aiment bien ; nos patrouilles les mettent en sécurité et les protègent des voleurs. »* Dans une avenue, un chien se met à aboyer sur Bickley, qui se retourne : *« Hé toi, si seulement je parlais ta langue, je t'expliquerais aussi ma mission et tu cesserais d'aboyer ».*

Pourtant, les villageois demeurent sceptiques. Un homme, s'adressant à mon interprète durant un moment d'inattention, se plaint : *« Pourquoi faut-il que les Américains se promènent avec de si grandes armes ? Qui sait ce qui peut arriver ? Nous nous inquiétons pour nos enfants ».* Sa voisine a interdit à ses enfants d'accepter les friandises que les soldats distribuent. *« Comme puis-je savoir si ces bonbons sont comestibles ?* demande la femme kirghize. *Et puis, notre village n'est pas un zoo où l'on donne à manger aux enfants comme à des animaux. »*

Une heure plus tard, leur patrouille à Ouchkoune terminée, Bickley et ses hommes remontent à bord des Humvee. Les soldats font signe aux habitants en quittant le village. Un jeune garçon juché sur un grand étalon brun regarde passer les hommes en uniforme sans broncher. Personne ne salue. Bickley ne semble pas dépité. Il ne connait pas non plus le nom du village que nous venons de quitter. *« Je ne me souviens pas, c'est trop difficile à prononcer. Nous l'appelons simplement le centre ville. »*

Nous arrivons à la base Peter J. Ganci, comme l'indique un écriteau surplombant un tas de crânes de chèvres empilés devant l'entrée principale. Le capitaine d'aviation Richard Essary, qui me sert de guide à l'intérieur de la base, explique : *« Ganci est le nom d'un pompier qui a sauvé près de cent personnes dans la tour sud du World Trade Center le 11 septembre 2001 avant de périr ».* Essary, vingt-neuf ans, grassouillet, originaire de Salt Lake City, s'attendrit. *« Lorsque notre commandant a entendu l'histoire de ce héros, il a décidé de donner son nom à la base. En fait, d'après lui, c'est Dieu lui-même qui a donné ce nom à notre base. »*

L'ampleur de l'engagement américain est impressionnante, ne fût-ce que sur le plan matériel. Les énormes avions de transport C-17 et Boeing 747 de l'US Air Force reposant sur le tarmac de l'aéroport de Manas dominent les quelques Tupolev de la Kirghizstan Air. À l'aide d'une dizaine de pelleteuses, de bulldozers et de grues, une unité de pionniers travaille à la construction d'un nouveau hangar pour les avions de chasse F-18 Hornet et Mirage-2000 qui doivent bientôt arriver. Les soldats s'activent sous les ordres de leurs superviseurs tandis qu'une bétonneuse déverse un liquide grisâtre dans les fondations du nouveau bâtiment.

Les quartiers résidentiels de la base, situés derrière le terminal vétuste, s'étendent sur plus ou moins 800 mètres carrés : alignées en longues rangées, quelque 220 tentes de type Harvest Falcon et Force Provider permettent d'abriter près de 3 000 soldats. La vue n'est pas sans rappeler la base américaine de Camp Bondsteel, dans le sud-est du Kosovo, une ville de tentes montée après la guerre de l'OTAN contre la Yougoslavie et qui ne tarda pas à devenir une véritable bourgade.

Des escadrons de soldats traversent la cour intérieure, leurs chaussures de combat clinquantes s'abattant sur les gravillons. La plupart des hommes portent de minces lunettes de soleil réfléchissantes sous leur couvre-chef aux couleurs du désert. *« Nous portons des uniformes flambant neufs car, après tout, nous sommes des ambassadeurs des États-Unis,* déclare le capitaine Essary. *Nous voulons être des hôtes dignes et nous montrer sous notre meilleur jour. »* Avant de rejoindre l'armée, Essary, originaire du Montana, a étudié les sciences politiques et les relations internationales, et pourtant, après toutes ces semaines passées au Kirghizstan, il n'a jamais entendu parler d'Almaty, la ville kazakhe d'un million d'habitants située à moins de 400 kilomètres de Bichkek. *« Bah, on ne nous a pas vraiment appris grand-chose sur l'Asie centrale à l'école »*, confie-t-il.

Nous atteignons les cantonnements, faits de simples conteneurs en métal. L'un d'eux abrite un cinéma, avec à l'affiche ce soir le film « American Pie », suivi de

« Just Married (ou presque) » avec Julia Roberts. Dans la chambre de jeu, des soldats jouent aux cartes tandis que d'autres envoient des e-mails à leur famille par ordinateur. Un appareil de télévision est branché sur l'Armed Forces Radio and Television Service (AFRTS), la chaîne des troupes américaines de par le monde, qui passe une musique de fanfare qui n'est pas sans rappeler les actualités de propagande allemandes des années 1940. Le titre du programme suivant, « Our Leaders », s'affiche sur l'écran avec pour toile de fond un drapeau américain flottant au vent. Le présentateur n'est autre que Dov Zakheim, sous-secrétaire d'État à la défense. S'adressant aux troupes directement du Pentagone, il assure aux hommes et aux femmes qui luttent contre le terrorisme que la population restée au pays les soutient complètement. *« La guerre se joue sur deux fronts, et le second front n'est autre que celui de l'arrière. Le gouvernement y attache une grande importance et nous ferons tout ce qu'il faudra. »*

La télévision crache un nouvel air de fanfare destiné à annoncer un autre responsable mais le capitaine Essary continue notre tournée. *« Allons par là, je vais vous montrer quelque chose de très beau. »* Il m'emmène alors devant une table où sont empilées des caisses en carton remplies d'enveloppes rouges. Celles-ci contiennent des milliers de cartes de vœux envoyées aux soldats par des écoliers américains. Une des boîtes porte la mention « Opération Saint-Valentin ». Au hasard, le capitaine Essary pioche une lettre sur laquelle est collé un grand cœur et se met à lire à haute voix. *« Cher soldat, nous espérons que vous capturerez bientôt Ben Laden. J'étais à New York quand c'est arrivé et j'avais très peur. Bisous, Rachel. »* Dans un autre lettre, un garçon prénommé Andy, qui habite en Virginie, remercie les soldats de le protéger *« contre le mal »* qui sévit dans le monde. Le capitaine Essary me prend à témoin : *« C'est tellement beau, vous ne trouvez pas ? »*

En quittant la zone de loisirs, je remarque plusieurs notes collées près de la porte. Sur l'une d'elles, quelqu'un a écrit des phrases types en russe et leur traduction, comme « Bonjour ! » ou « Bonsoir ! ». Les expressions russes contiennent tellement de fautes qu'elles sont pratiquement illisibles. La « phrase russe du jour » est « pa-ja-lous-ta », qui a été traduit par « de rien ». Aïgoul, l'interprète kirghize du capitaine Essary qui nous accompagne pour traduire les propos du capitaine aux autochtones employés dans la base, précise : *« En fait, cela veut plutôt dire 's'il vous plaît', comme quand on demande quelque chose »*. S'assurant ensuite que le capitaine Essary ne peut l'entendre, il ajoute : *« Mais ce n'est pas vraiment un mot que les Américains utilisent très souvent avec nous »*.

Cette remarque inhabituellement abrupte me surprend. Il y a quelques minutes à peine, l'universitaire m'expliquait à quel point l'arrivée des troupes américaines la rendait heureuse. *« Tous mes amis m'envient ce boulot »*, dit-elle non sans fierté, son salaire quotidien de cinquante dollars représentant bien plus que ce que la plupart des Kirghizes gagnent en un mois. Le capitaine Essary nous emmène visiter la cantine du camp, où 500 personnes peuvent manger en même temps. Toute la nourriture est amenée par avion des États-Unis ou d'Europe, généralement sous forme de rations scellées toutes prêtes. Le menu des troupes ne comporte aucun produit local, pour le plus grand agacement des paysans kirghizes, qui avaient espéré un nouveau marché. *« L'hygiène et la santé sont des priorités absolues »*, explique le capitaine Essary. Il prend un sachet de biscuits du comptoir et l'offre à Aïgoul mais celle-ci refuse. *« Si vous ne voulez pas de notre nourriture, alors nous ne voulons pas de la vôtre. »* Le capitaine Essary préfère rire de la remarque d'Aïgoul.

Nous prenons une Jeep pour rejoindre la tente du commandant de la base, près de la piste d'atterrissage de Manas. Avant de pouvoir nous en approcher, nous devons nous arrêter et descendre du véhicule pour permettre à deux chiens de détection, des dalmatiens, de s'assurer que l'engin ne contient pas d'explosifs. Le capitaine Essary me donne quelques instructions de dernière minute pour l'interview. *« Aucune question de politique étrangère*, me prévient-il. *Et s'il vous plaît, ne mentionnez pas l'histoire du sapeur-pompier Peter J. Ganci, sinon le commandant se mettrait sans doute à pleurer. »* Le brigadier-général Chris Kelly, homme élancé aux yeux bleu acier et les cheveux grisonnants coiffés en brosse, n'a pourtant pas l'air d'un sentimental. Sa poignée de mains suffirait à écraser une pomme de terre crue. Tout en jouant avec sa volumineuse bague de diplômé de l'Air Force Academy, Kelly définit sa mission en termes clairs. *« La construction de cette base doit nous servir à mener à bien la mission que nous a confiée le général Franks, c'est-à-dire éradiquer les talibans et Al-Qaida en Afghanistan. »* Le général Tommy Franks est le commandant en chef du Central Command de l'armée américaine dans la lutte contre le terrorisme. L'attitude de Kelly trahit sa détermination à en découdre, mise encore en évidence par le drapeau noir à tête de mort qui flotte devant sa tente.

Pourtant, lorsqu'il évoque ce jour de décembre 2001 où son C-17 s'est posé sur l'aéroport de Manas, la voix de l'officier semble moins résolue. *« Nous avions très peur en arrivant ici car nous nous posions en plein milieu de l'inconnu, il n'y avait absolument rien autour de nous. J'avais peur de faire des fautes et de ne pas recevoir le soutien des autochtones. »* Jamais, au cours de ses vingt-huit années de carrière militaire, le quinquagénaire n'avait imaginé poser un jour les pieds sur le sol de l'ancienne Union soviétique dans le cadre d'une mission de combat. *« Pas un seul instant »*, précise-t-il.

Je fais part au général Kelly des rumeurs qui courent dans la presse centre-asiatique selon lesquelles les troupes américaines poursuivraient dans la région des buts stratégiques autres que la lutte contre le terrorisme. *« Notre mission n'a rien de secret ou de terrifiant*, répond-il d'un ton brusque. *Simplement, nous coopérons avec les nations qui partagent notre vision du monde. Je peux comprendre que certaines personnes s'alarment de notre présence sur un ancien territoire soviétique mais la guerre froide est finie et l'Union soviétique n'existe plus. Nous formons une coalition multinationale dans le cadre de l'opération 'Liberté immuable'. Le Kirghizstan est un État indépendant et puis, ce sont les Kirghizes eux-mêmes qui nous ont invités. Je ne vois donc pas où est le problème. »* Lorsque je demande à Kelly combien de temps les troupes américaines comptent rester dans le pays, son incapacité à tenir compte des Kirghizes est flagrante. *« Nous resterons aussi longtemps que le général Franks aura besoin de nous ici. Il n'y a pas de limite de temps ;*

*nous ne partirons que quand les cellules d'Al-Qaida auront toutes été éradiquées. Nous combattons pour une cause noble. Le général Franks accomplit la volonté du monde. »*

Pour les gouvernements des cinq anciennes républiques soviétiques d'Asie centrale, l'engagement américain représente la plus grande aubaine depuis la fin de la guerre froide. En 2002, l'aide économique et militaire apportée par Washington à la région a plus que doublé, pour atteindre 400 millions de dollars. La somme exacte que le Pentagone paie au pauvre Kirghizstan pour la base aérienne de Manas est entourée d'une grande discrétion par les deux parties mais le gouvernement kirghize empoche quelque 7 000 dollars pour chaque avion américain qui atterrit ou décolle, ce qui représente à n'en pas douter la taxe d'aéroport la plus élevée au monde. La ville de Bichkek, qui portait jusqu'il y a dix ans le nom du général bolchévique Mikhaïl Frounze, a bien besoin d'argent frais. De sinistres blocs d'appartements de l'époque soviétique entourent une énorme statue en bronze de Lénine, dont le bras droit indique, comme à l'habitude, la voie de la révolution. Seules quelques boutiques agrémentent la monotonie des rues. L'aide américaine est censée changer tout cela. Selon des sources gouvernementales, ce sont quelque 14 millions de dollars qui ont été injectés dans l'économie locale durant les quatre premiers mois de l'existence de la base. Les hommes et les femmes de l'Air Force auraient dépensé plus d'un million de dollars en ville en souvenirs et autres divertissements, une somme qui semble assez étonnante dans la mesure où l'alcool, la prostitution et les jeux d'argent sont strictement interdits aux militaires.

Le capitaine Essary me réserve une surprise pour la fin de notre tournée de la base : l'arrivée à Manas des trois premiers avions de chasse français Mirage-2000. Nous gagnons la piste d'atterrissage où, pour la plus grande consternation d'Essary, le lieutenant Bertrand Bon, attaché de presse français, a convoqué les médias locaux – journaux, radio, télévision – à assister à l'événement. Une cinquantaine de journalistes kirghizes surexcités arrivent dans deux bus. Comme l'US Air Force a interdit l'accès de la base aux médias locaux, la plupart voient celle-ci pour la première fois. Prenant son collègue français à part, le capitaine Essary lui souffle : « *Pourquoi diable avez-vous amené tous ces gens ici ?* » D'un air hautain, le lieutenant Bon rétorque : « *Je me suis dit qu'ils pourraient ainsi enfin voir quelque chose d'intéressant* ». Le général de Gaulle, bien que vraisemblablement stupéfait de voir des unités françaises sous commandement américain, aurait apprécié.

Un bruit de moteurs assourdissant annonce l'arrivée des Mirage. Le lieutenant Bon désigne l'horizon avec excitation tandis que les caméramans et photographes kirghizes positionnent leur matériel. Trois jets traversent le ciel en formation de flèche et, au lieu de se poser, passent au-dessus de nos têtes à basse altitude. Arrivés au bout du champ d'aviation, deux des appareils dévissent sur le côté en décrivant une courbe artistique tandis que le troisième remonte à pic vers le ciel. Quelques minutes plus tard, les trois engins se posent dans une parfaite harmonie. Seule manque à cette démonstration d'un faste tout français la fumée tricolore s'échappant des moteurs. Les Kirghizes sont impressionnés. Le lieutenant Bon exulte tandis que le capitaine Essary et les autres officiers américains présents feignent un ennui profond.

Après un examen minutieux des jets, les journalistes se pressent autour du lieutenant Bon et du capitaine Essary pour une séance de questions. Une jeune femme demande à l'officier US s'il pense que la majorité des Kirghizes sont contents de la présence américaine dans le pays. *« Évidemment, sinon votre gouvernement ne nous aurait pas invités, non ? »* La plupart des journalistes parviennent difficilement à retenir leurs rires. *« Pourquoi ? Vous en doutez ? »* La jeune femme de répondre : *« Non, non, bien sûr ; simple question de curiosité »*. Je m'adresse par après à la journaliste en question, Fatima Gayazova, rédactrice en chef d'une chaîne de télévision locale. *« Nous avons eu droit à un joli spectacle, dit-elle. Mais il est faux de prétendre que les Kirghizes sont contents de voir les Américains débarquer ici. Les gens ne veulent pas que notre pays sacrifie à une grande puissance l'indépendance que nous venons à peine de gagner. »*

Des sondages d'opinion commandités par le gouvernement montrent que la majorité des Kirghizes n'acceptent pas la présence des soldats américains. Selon une étude rapportée dans la presse locale, 77 % de la population s'oppose à la présence des troupes US et 62 % des personnes interrogées estiment que les relations avec la Russie vont sans doute se détériorer. *« De nombreuses personnes se méfient et estiment que les États-Unis cherchent à contrôler l'Asie centrale »*, explique Gayazova. La décision du gouvernement a provoqué des tensions à l'intérieur du pays. Le régime du président Askar Akaïev, seul chef d'État centre-asiatique à ne pas être issu de l'élite communiste, a longtemps été considéré comme le plus grand espoir démocratique de la région mais son orientation libérale a fait place à la répression. Peu après mon séjour, les forces de police répriment un rassemblement d'opposition, tuant six personnes. Les chefs de l'opposition accusent le régime de profiter de la présence des troupes américaines pour supprimer toute velléité démocratique.

Dans la mesure où c'est un membre de la famille du président qui supervise la vente de carburant à la base aérienne de Manas, le mécontentement de la population à l'encontre des troupes américaines va sans doute encore augmenter. *« Les peuples d'Asie centrale n'apprécient ni la culture américaine, ni le comportement des États-Unis. Les Américains pensent qu'ils peuvent nous acheter, déclare Gayazova. Ils pourront toujours prétexter de l'instabilité en Afghanistan pour rester ici aussi longtemps qu'ils le voudront. »*

L'avancée américaine en Asie centrale inquiète également les élites nationalistes et conservatrices de Moscou, qui considèrent toujours la région comme leur arrière-cour stratégique. *« La Russie ne tolérera pas l'établissement de bases américaines permanentes en Asie centrale »*, déclarait ainsi le parlementaire russe Gennady Seleznev lors de sa visite à Almaty quelques jours à peine après l'arrivée des troupes américaines au Kirghizstan. Faisant référence au pacte de sécurité de la CEI, le politicien estime que Moscou a un droit de véto. *« Le traité stipule qu'ils [les peuples d'Asie centrale] ne peuvent prendre de décision sans consultations préalables. »* Le Kremlin a peu après désavoué Seleznev en déclarant qu'il revenait au Kirghizstan d'accepter ou non la présence de troupes américaines. Ces deux positions démontrent à quel point, dix ans après sa création, l'État russe n'a toujours pas trouvé de politique étrangère uniforme.

Afin de mesurer le poids du prétendu soutien officiel du président Poutine à la coalition antiterroriste en Asie centrale, je rends visite à Moscou à Victor Kalioujny, vice-ministre russe des affaires étrangères et envoyé spécial de Poutine dans la région caspienne. Le porte-parole du ministère des affaires étrangères avait tout d'abord, des semaines durant, décliné mes demandes d'interview avec une ferveur bureaucratique typiquement russe lorsqu'un matin, le ministre Kalioujny m'invita lui-même par e-mail à venir le rencontrer dans son bureau quelques jours plus tard.

Le ministère des affaires étrangères, situé sur la place Smolenskaïa, est un gratte-ciel de l'époque stalinienne dont les tours sont encore décorées d'un énorme blason portant le marteau et la faucille. Construit en 1951, le bâtiment, dont la façade de granit est parsemée de milliers de petites fenêtres, ressemble à un immense gâteau d'anniversaire. Les antennes et pylônes de radio qui relient le gouvernement à ses ambassades de par le monde s'étalent sur une centaine d'étages et courent sur la façade du bâtiment comme autant d'araignées. La tempête qui s'annonce sur Moscou en fait danser certains de manière menaçante.

Devant l'entrée principale, deux obélisques en marbre noir entourent une série de lourdes portes en bronze décorées de marteaux et de faucilles et portant le nom des quinze républiques soviétiques. Le hall d'entrée est un étalage tout aussi resplendissant de marbre blanc et de chandeliers en or qui semble écraser les nombreux diplomates au teint blafard se pressant aux portiques de sécurité. L'antichambre du bureau du ministre Kalioujny semble quant à elle encore empester l'air vicié de l'époque Brejnev. Deux secrétaires, assis l'un en face de l'autre derrière des bureaux en bois, épluchent méthodiquement des piles de dossiers. Les murs sont lambrissés de bois sombre et le sol est recouvert des tapis bruns tachés. La fenêtre est presque entièrement recouverte de voilages ruchés jaunis et de lourds rideaux beiges.

Victor Kalioujny, homme grand et corpulent à la chevelure blanche, m'invite à m'asseoir à une table de conférence. Les murs de son bureau sont décorés d'aquarelles dépeignant des scènes de rue moscovites, chacune étant éclairée par sa propre lumière. Un portrait signé de Vladimir Poutine trône sur une table basse dans un coin de la pièce. Je lui adresse quelques formules de politesse sur le sale temps qui règne à Moscou lorsque le diplomate m'interrompt. *« Votre première question, s'il vous plaît ! »*, lance-t-il d'un ton brusque.

Kalioujny, qui a grandi et étudié à Oufa en Sibérie, est devenu président de l'Eastern Oil Company dans les folles années 1990 qui suivirent la chute du régime communiste, amassant une fortune considérable. Ce baron du pétrole, ami personnel de l'oligarque Victor Tchernomyrdine, est ensuite entré en politique, participant pour la première fois au nouveau Grand Jeu en qualité de ministre du pétrole du président Eltsine et l'un des opposants les plus féroces au pipeline méditerranéen dans le Sud-Caucase. Le président Poutine le nomma ensuite envoyé spécial dans la région caspienne, avec pour mission de mettre un terme aux différends territoriaux opposant les États littoraux.

Kalioujny l'admet lui-même, la tâche n'est pas aisée. « *Les plus grands obstacles sont l'avidité et la cupidité des pays concernés, sauf de la Russie bien sûr.* » Il reconnaît que chaque État littoral tente d'obtenir un accord qui lui soit favorable mais considère que les demandes iraniennes sont particulièrement injustifiées. Il se souvient de l'incident de la vedette entre l'Iran et l'Azerbaïdjan en juillet 2001. « *Nous devons trouver une solution au plus vite, sinon les exigences risquent de bientôt se transformer en conflit ouvert.* » Je lui demande alors si la démilitarisation de la Caspienne ne constituerait pas un premier pas vers la paix. « *La Russie ne démantèlera jamais sa flotte caspienne*, rétorque-t-il. *Surtout avec le déploiement actuel de troupes américaines en Ouzbékistan et au Kirghizstan !* »

Kalioujny touche du doigt le cœur du problème beaucoup plus rapidement que je ne l'avais imaginé : « *Un dicton russe dit que celui qui reçoit des invités est content deux fois ; la première lorsqu'ils arrivent et la deuxième lorsqu'ils repartent* ». Je fais alors remarquer que ce sont bien les républiques indépendantes d'Asie centrale qui ont invité les troupes américaines et non pas la Russie. « *Le Kirghizstan et l'Ouzbékistan sont des États-membres de la CEI et sont de ce fait liés à la Russie par des traités de sécurité*, insiste-t-il. *Dès qu'ils auront capturé Ben Laden, les Américains devront quitter l'Asie centrale.* »

Kalioujny reconnaît que la présence de la Russie aux côtés des États-Unis dans la lutte contre le terrorisme est sincère et le restera. « *Nous avons un problème et une tragédie en commun. Mais cette tragédie n'a pas débuté le 11 septembre 2001* », ajoute le diplomate, en référence à la série d'attentats à la bombe qui dévastèrent plusieurs appartements à Moscou en 1999, tuant des centaines de personnes. Les responsables de ces attaques ne furent jamais retrouvés et même si le gouvernement russe accuse les terroristes tchétchènes, certaines rumeurs persistantes prétendent que les services secrets russes auraient organisé les attaques pour fournir un prétexte à la seconde campagne tchétchène.

« *Si, à l'époque, l'Occident avait prêté attention à nos mises en garde contre le terrorisme islamiste, les attaques du 11 septembre 2001 n'auraient jamais eu lieu*, estime Kalioujny. *Mais il semble que les gens ne tirent les leçons que de leurs propres erreurs.* » Il est content de constater que les critiques occidentales à l'encontre des actions russes en Tchétchénie se sont entretemps tues. « *Les rebelles tchétchènes sont des terroristes et des bandits* », déclare-t-il, insistant sur le fait que la constitution russe est toujours d'application dans la république sécessionniste. Si Moscou permettait à la Tchétchénie de faire sécession, d'autres républiques comme le Tatarstan ou même la Sibérie pourraient chercher à gagner leur indépendance. « *Les États-Unis non plus ne permettraient pas à un seul État de faire sécession* », ajoute-t-il.

La collaboration entre les États-Unis et la Russie dans la lutte contre le terrorisme a surpris de nombreux observateurs, à un point tel que les médias en viennent à parler de « nouveau partenariat stratégique » entre les deux pays. Je demande à Kaliojny sur quelle base une telle alliance pourrait perdurer. Une nouvelle fois, sa réponse est sans équivoque. « *La Russie est une puissance nucléaire qu'il vaut mieux ne pas importuner. C'est la raison pour laquelle les Américains recherchent notre partenariat.* » Les responsabilités partagées des deux superpuissances à l'égard du monde, déclare-t-il dans un langage typiquement soviétique, demandent des politiques équilibrées caractérisées par une compréhension mutuelle entre partenaires. « *Une cohabitation pacifique avec les États-Unis nous intéresse et c'est pourquoi nous avons unilatéralement détruit une grande partie de notre arsenal nucléaire. Mais nous attendons des Américains qu'ils se montrent sincères.* » S'il estime qu'une compétition saine est possible en Asie centrale, il serait néanmoins malvenu qu'une des parties cherche à anéantir l'autre. « *Des convives devraient savoir qu'il est impoli de s'attarder trop longtemps.* »

De retour sur la place Smolenskaïa, sous une pluie battante, mes doutes quant à la longévité du rapprochement américano-russe ont pris de l'ampleur. Au lieu d'être un véritable partenariat stratégique, celui-ci n'est guère qu'un mariage de convenance tactique et temporaire. L'écrasante majorité de l'establishment russe n'imagine pas un seul instant mettre au placard ses prétentions hégémoniques territoriales, politiques, économiques et culturelles en Asie centrale et dans le Caucase. Tout comme les Américains ne sauraient tolérer le stationnement de troupes russes au Mexique, celui-ci ne saurait accepter la présence permanente de troupes américaines au Kirghizstan ou en Géorgie.

Poutine a réussi à convaincre ses généraux qu'à court terme, une politique de coopération et de non-intervention a du sens car elle permet aux troupes russes, désespérément éparses, de se regrouper et de reprendre des forces. Une fois que l'économie russe exsangue se sera redressée grâce aux capitaux occidentaux, Moscou ne tardera pas à retrouver une place plus dominante dans le monde.

Les événements ont récemment démontré que la Russie a décidé de ne plus attendre. En décembre 2002, le président Poutine effectua une visite inattendue au Kirghizstan pour signer un nouveau pacte de sécurité avec son homologue. La Russie déploya ensuite un escadron d'avions de chasse Su-25 et Su-27, de bombardiers et d'autres engins dans une base aérienne kirghize. Ils forment l'avant-garde d'une force qui devrait comprendre plus de vingt appareils et jusqu'à mille hommes et constituer ainsi l'un des plus importants déploiements militaires russes dans la région depuis 1991. Les avions et les soldats seront renforcés par des troupes kazakhes et tadjikes pour former une nouvelle force commune de réaction rapide.

Le geste de Moscou est considéré par beaucoup comme une tentative de réaffirmer son influence militaire dans une région auparavant sous son contrôle. Le ministre de la défense Ivanov a précisé sans ambages le rôle de cette nouvelle force : *« En cas d'agression… l'unité de force aérienne devra mener à bien la mission qui lui a été confiée, à savoir bombarder et éliminer l'ennemi* \* *»*. La base aérienne de Kant, où les Russes ont installé leur dernier bastion en Asie centrale, se trouve à cinquante kilomètres à peine de la base aérienne de Manas, où sont stationnées les troupes américaines.

La Chine a également réagi à la présence américaine à ses portes en effectuant des exercices militaires conjoints avec le Kirghizstan, les soldats de l'Armée populaire de libération prenant pour la première fois part à des manœuvres à l'étranger. Les deux parties ont ensuite signé un pacte antiterroriste et discuté de la possibilité pour Pékin de stationner des troupes au Kirghizstan.

Alarmé par les actions russe et chinoise, le président ouzbek Islam Karimov a déclaré que la présence de bases militaires en Asie centrale ne saurait être considérée comme positive que si celles-ci servaient à assurer la sécurité, la paix et la stabilité. *« La rivalité militaire entre grandes puissances dans une région à risques est contreproductive »*, a-t-il ainsi affirmé †.

Quelques semaines après ma visite aux troupes américaines au Kirghizstan, je me rends dans le sud du Tadjikistan où, en réponse à la présence américaine grandissante en Asie centrale, sont stationnés plus de 20 000 soldats et gardes-frontières russes. Bien que l'ancienne république soviétique du Tadjikistan, située dans les montagnes du Pamir, au nord de l'Afghanistan, soit un État officiellement indépendant depuis 1992, l'influence russe y est encore très forte. Le détachement militaire russe est le plus important envoyé par Moscou en dehors des frontières russes et est composé en majorité de soldats envoyés en mission de maintien de la paix par la CEI en 1997, après cinq années d'une guerre civile qui a fait du Tadjikistan un État failli. Plus de 50 000 personnes, pour la plupart des civils, ont péri dans les combats opposant le gouvernement postcommuniste aux factions islamistes.

Aujourd'hui, le gouvernement pro-russe du président Imamali Rakhmonov a fait de grands pas vers la stabilité et la réconciliation nationale mais Moscou refuse de retirer ses troupes. La 201ᵉ Division motorisée est actuellement en train de

---

\* *New York Times*, 7 décembre 2002, p. 12.
† *Radio Free Europe, Central Asia Report*, 29 décembre 2002, vol. 2, n° 47.

construire un nouveau quartier général et pourrait, selon des indications récurrentes de Sergueï Ivanov, ministre russe de la défense, rester au moins quinze ans encore. Il y a fort à parier que les gardes-frontières russes chargés de surveiller la zone frontalière montagneuse de 1 400 kilomètres qui sépare le Tadjikistan et l'Afghanistan resteront en poste tout aussi longtemps.

*« Nous protégeons le flanc sud de la CEI contre les terroristes afghans, les trafiquants d'armes et, plus important encore, les trafiquants de drogues »*, explique Piotr Piotrovitch, lieutenant-colonel des gardes-frontières russes, dans l'imposante villa du XIX$^e$ siècle qui leur sert de quartier général, dans le centre verdoyant de Douchanbé. *« Nous formons en quelque sorte le premier rempart de l'Europe occidentale car c'est là, après tout, que la plus grande partie de l'héroïne termine sa course. »* Homme grassouillet d'âge moyen, Piotrovitch écrase sa cigarette entre le pouce et l'index avant d'ajouter : *« Le trafic de drogue s'est aggravé ; les Afghans ont du avoir une récolte du tonnerre »*. En 2001, ses collègues ont confisqué 1 200 kilos d'héroïne. Les trafiquants tadjiks paient jusqu'à 3 000 dollars pour un kilo, somme qui augmente de façon exponentielle lors de son transport vers les marchés européens pour atteindre 100 000 dollars le kilo à Londres.

Comme c'est le cas pour la course aux hydrocarbures caspiens, le marché de la drogue afghan, qui représente quelque 25 milliards de dollars et est responsable de misères effroyables, conditionne la politique du Grand Jeu en Asie centrale. Depuis deux décennies, l'Afghanistan exporte des drogues opiacées vers le reste du monde et près de 80 % de toute l'héroïne consommée aujourd'hui en Europe occidentale provient de l'Hindou Kouch.

Les canaux d'écoulement de la drogue afghane se sont grandement modifiés ces dernières années. Jusqu'à récemment, une grande partie de l'héroïne et de l'opium afghans passaient par les deux autres pays du Croissant d'or, le Pakistan et l'Iran, avant d'atterrir sur les marchés d'Europe de l'Ouest. Mais le trafic massif d'héroïne ayant engendré des problèmes de drogue catastrophiques dans ces deux pays, entraînant l'addiction de millions de jeunes gens, ceux-ci ont grandement renforcé les contrôles à leurs frontières respectives avec l'Afghanistan.

Les trafiquants se sont dès lors rabattus sur les « routes de la soie » qui traversent l'ancienne Union soviétique, où la porosité des frontières et la corruption des forces de sécurité facilitent le trafic de la drogue. Du Tadjikistan, l'héroïne gagne la Russie et l'Europe de l'ouest soit par l'Ouzbékistan, soit par la ville kirghize d'Osh, dans la vallée de la Fergana. Maintenant que le Kazakhstan se montre plus décidé à combattre le trafic de drogue, les trafiquants effectuent un détour par le Xinjiang pour relier la Russie à partir d'Osh. Bien que servant principalement de plaque de transit, la Russie a aussi été grandement touchée par les drogues afghanes. Le nombre de toxicomanes est ainsi passé de trois à cinq millions en quelques années et est responsable d'une augmentation des infections HIV parmi les plus importantes au monde.

Un tiers des trafiquants de drogues arrêtés en Russie viennent du Tadjikistan. *« Avant-hier, nous avons encore arrêté deux kontrabandisti et confisqué 32 kilos d'héroïne »*, m'indique le lieutenant-colonel Piotrovitch. Arrêté ? *« Apparemment, des coups de feu auraient été tirés*, précise-t-il en haussant les épaules, *et je pense bien que les criminels ont été éliminés. »* Sur le mur, trois photographies montrent des prisonniers afghans que l'on emmène dans un champ, enchaînés et les yeux bandés. Je demande à Piotrovitch combien de trafiquants ont été tués cette année dans la zone frontalière : *« Plus de trente*, répond-il, avant d'ajouter : *mais un garde-frontière est mort aussi »*.

Je quitte Douchanbé le lendemain par avion pour gagner la ville de Khorog, dans le Badakhchan tadjik. À l'époque soviétique, cette route aérienne était la seule dans tous le pays pour laquelle les pilotes d'Aeroflot recevaient une prime de risque en plus de leur salaire. Pendant une heure horrible, le minuscule Fokker slalome entre les pics enneigés et les gorges encaissées du Pamir, les ailes touchant presque les parois rocheuses. La vue sur le « toit du monde », ainsi que l'on surnomme également le Pamir, est magnifique ; on distingue au nord les deux sommets de la chaîne, le pic du Communisme et le pic Lénine, qui portent encore leur nom soviétique et culminent tous deux à plus de 7 000 mètres d'altitude.

La région du Badakhchan, à cheval entre le Tadjikistan et l'Afghanistan, s'étale à nos pieds, divisée par une frontière artificielle finalement fixée au début du XXe siècle dans le cadre d'un compromis entre Anglais et Russes visant à mettre un terme au Grand Jeu. Les diplomates érigèrent le corridor du Wakhan, mince bande de terre dans l'est du Badakhchan, en zone tampon qui possède aujourd'hui des frontières communes avec la Chine et le Pakistan. Victimes de la démarcation des deux empires, les habitants du Badakhchan se sont retrouvés séparés dans deux mondes foncièrement distincts. Ironie de l'Histoire, l'anarchie qui a sévi au Tadjikistan et en Afghanistan suite à la chute de l'Union soviétique leur a permis de retisser des liens d'amitié longtemps desserrés, mais elle a aussi facilité le trafic de drogue transfrontalier.

La ville de Khorog est perchée à plus de 2 000 mètres d'altitude, sur un haut-plateau étroit entouré de montagnes abruptes et enneigées. La majorité de ses 20 000 habitants sont sans travail, les étendues alpines entourant la ville étant impropres à l'agriculture et la seule usine de la ville, une fabrique textile, ayant mis clé sous porte il y a plusieurs années. L'université, dont l'excellente réputation à l'époque soviétique attirait les colons dans cet endroit inhospitalier, fonctionne toujours, ce qui explique pourquoi même les marchands du bazar sont diplômés et parlent plusieurs langues étrangères. De nombreux garçons ayant été tués durant la guerre civile ou obligés de s'exiler pour trouver du travail, la proportion entre les sexes est légèrement modifiée et l'on compte huit femmes pour un seul homme.

*« Et elles sont très belles, ce qui rend les choses un peu plus tolérables »*, précise Rouslan en riant. Le jeune homme est un des rares chanceux à avoir trouvé un travail à temps partiel dans une organisation d'aide occidentale opérant en ville. Son visage

s'assombrit néanmoins dès que le sujet des gardes-frontières russes stationnés à Khorog est abordé. « *Ils se comportent comme des dirigeants colonialistes et veulent supprimer les Tadjiks.* » Selon Rouslan, les Russes se servent du trafic de drogue pour justifier leur présence militaire. « *Les Russes sont plus impliqués dans le trafic de drogue que n'importe qui d'autre,* explique-t-il. *Il y a quelques semaines, un général russe a été arrêté au Tadjikistan avec 80 kilos d'héroïne pure dans ses valises.* »

Rouslan me raconte alors que des gardes-frontières russes ont récemment tué cinq Tadjiks des environs après les avoir prétendument surpris en possession d'héroïne. « *Il s'agit d'un meurtre,* déclare le jeune homme. *J'ai grandi avec ces gars et je suis certain qu'ils n'étaient pas trafiquants. Les Russes mentent ; ils avaient bu et ont juste tué ces types pour s'amuser.* » Les familles des victimes ont demandé l'ouverture d'une enquête sur cette tragédie mais en vain. « *Les sachets d'héroïne montrés au public par les autorités russes après la fusillade ont été fourrés dans les poches des hommes après leur mort,* ajoute Rouslan. *Après tout, les Russes en ont plein.* »

Les baraquements du bataillon russe responsable du meurtre se trouvent à une heure de route au sud de Khorog, le long des flots impétueux de la rivière Piandj qui marque la frontière entre le Tadjikistan et l'Afghanistan. Le cours d'eau est jonché d'énormes rochers et il est facile de passer d'un pays à l'autre à pied. La vallée, étroite et garnie seulement de quelques peupliers épars, est entourée de flancs de montagne arides. Devant l'entrée principale de la caserne, les soldats russes me regardent avec suspicion. Un officier m'explique que pour pouvoir pénétrer dans la base, j'ai besoin d'une permission officielle du ministère à Moscou. Cela, je le sais déjà, mais les nombreux fax que j'ai envoyés au ministère avant mon départ sont restés sans réponse. Heureusement, comme les soldats russes ne suivent les règles que quand ils sont vraiment obligés, quelques minutes suffisent pour les persuader de me laisser entrer.

Dans une cour bordée d'arbres, un officier aboie des ordres à une vingtaine de recrues fraîchement débarquées de Russie et qui subissent leur premier drill. Les hommes, tête rasée, se laissent tomber au sol et se relèvent toutes les deux secondes. Ils apprennent à désassembler et à réassembler leurs fusils d'assaut AK-47, et rampent à plat ventre sur le sol en béton, passant devant un nouveau monument en pierre commémorant l'existence du camp depuis 1918. Les contours de l'Empire soviétique, de Vilnius à Vladivostok, ont été ciselés dans la pierre et peints en rouge, et négligent l'existence des nouvelles républiques indépendantes comme le Tadjikistan.

Au mess des officiers, je rencontre le capitaine Oleg, chef de la patrouille responsable de la mort des cinq Tadjiks. Ce Moscovite de trente-quatre ans, qui a rejoint les gardes-frontières il y a huit ans, se souvient : « *Peu avant minuit, j'ai reçu un appel radio d'une patrouille quelques kilomètres en aval disant qu'ils avaient repéré deux Afghans. Les hommes portaient une corde et un pneu de tracteur* », le matériel utilisé par les trafiquants pour faire passer la drogue du côté tadjik, où des complices sont chargés de récupérer la cargaison. « *Ils ne pouvaient être loin,* poursuit le capitaine.

*Soudain, une Lada blanche est apparue sur la route juste devant nous.* » La situation lui rappelait une embuscade fomentée par des kontrabandisti afghans dans laquelle ses hommes et lui étaient tombés quelques années auparavant. Armés de AK-47, les attaquants les avaient arrosés d'une véritable pluie de balles. Huit de ses camarades gisaient morts à ses côtés. Oleg, une balle logée dans la cuisse, était le seul survivant. Il soulève son pantalon pour me montrer la cicatrice marquant l'endroit où la balle s'est logée.

« *Lorsque la Lada s'est approchée de nous, nous avons agi selon le règlement,* explique l'officier. *Nous avons, par deux fois, demandé aux occupants du véhicule de sortir avec les mains sur la tête. C'est alors que nous avons vu leurs fusils. Dans une telle situation, nous tirons pour tuer ; c'est ainsi que ça se passe* », dit-il en caressant de sa main droite son dobermann sombre, Deutscher, son meilleur ami dans la base. Son nom rappelle à Oleg les années de service qu'il a effectuées dans une unité de l'Armée rouge à Magdebourg, en Allemagne, pendant la guerre froide.

Oleg écarte les rumeurs selon lesquelles des officiers russes corrompus coopéreraient avec les trafiquants de drogue afghans. « *Il est parfaitement possible que l'un ou l'autre soldat cache quelques grammes dans ses poches, on peut difficilement l'empêcher,* dit-il en allumant une cigarette. *En ce qui concerne les officiers, le KGB fait en sorte que rien de tel n'arrive. Nous subissons des contrôles très stricts.* »

Nous sortons dans la cour et passons devant une grande plaque sur laquelle on peut lire : « *Aux héros de l'Union soviétique qui ont donné leur vie pour l'accomplissement de leurs devoirs internationaux* ». Des photographies montrent les visages des soldats de l'Armée rouge morts, nombre d'entre eux portant la mention « Afghanistan » et une date dans les années 1980. « *Nous y avons ajouté quelques héros morts en Tchétchénie* », précise Oleg avant d'ajouter qu'il est las de la rude vie de camp. Après plusieurs mois sans avoir vu sa femme et sa fille, il veut rentrer chez lui, *damoï*.

Nous grimpons sur une tour de guet située au fond de la base. Campé derrière une mitrailleuse, un soldat surveille l'étroite vallée fluviale. Du côté afghan, un homme conduit son âne sur un sentier de montagne tandis que deux autres sont occupés à abattre un peuplier le long de la rive. « *Quelque part derrière ces montagnes, les fermiers afghans cultivent leurs champs de pavot* », dit Oleg.

La drogue représente à l'heure actuelle la plus importante moisson d'argent pour l'Afghanistan, mais les raisons qui poussent les acteurs du Grand Jeu à vouloir contrôler le pays sont autres : le terrorisme et les oléoducs.

# Conduites de rêve

Au loin, les premiers vrombissements des moteurs du convoi de Khan se font entendre ; aussitôt, quelques-uns des deux cents moudjahidins barbus arrêtent de bavarder, empoignent leur fusil d'assaut et se tiennent prêts, lissant les faux plis de leurs treillis militaires. Derrière eux, des centaines de personnes, enfants, vieillards portant barbe et turban, femmes recouvertes de la tête aux pieds de burqas de soie bleu ciel, déambulent dans un petit parc de conifères.

C'est Norouz, premier jour de l'an dans le calendrier solaire persan, 1381 années après la naissance du prophète Mohammed, le 21 mars du calendrier occidental. Les habitants d'Hérat, plus grande ville de l'ouest de l'Afghanistan, passent la journée à organiser des pique-niques et à visiter les tombes de leurs proches. C'est la première fois que les Afghans célèbrent Norouz depuis que les dirigeants talibans ont supprimé toutes les festivités de Nouvel An comme étant anti-islamiques, ce qui explique pourquoi Ismaël Khan, le légendaire seigneur de guerre, moudjahid et nouveau chef d'Hérat, vient inaugurer le parc. Des gardes lourdement armés grimpent sur le toit d'un pavillon. L'un d'entre eux porte un lance-grenades. Le parc a été déminé quelques jours auparavant. Les gardes sont ici pour assurer la protection de l'émir sahib, surnom donné à Khan par ses sujets.

Le régime des talibans est tombé il y a plusieurs mois et la plupart de ses unités de combat se sont disséminées dans les campagnes et les grandes villes. Près de 10 000 soldats américains et plusieurs milliers de militaires alliés occupent maintenant le pays de l'Hindou Kouch, se frottant aux poches de résistance éparses des talibans et d'Al-Qaida dans les régions montagneuses bordant la frontière pakistanaise. Alors qu'Oussama Ben Laden et le mollah Omar ont disparu mystérieusement et se cachent, la Force internationale d'assistance à la sécurité (FIAS), forte de cinq mille soldats non américains, patrouille dans les rues de Kaboul. Un nouveau gouvernement afghan présidé par Hamid Karzaï s'est attelé à la reconstruction du pays, dévasté par vingt-trois années de guerre.

Cependant, les progrès sont lents en Afghanistan, et seule une fraction des 4,6 milliards de dollars promis par la communauté internationale ont déjà atteint Kaboul. Les chefs de guerre locaux, certains rémunérés par la CIA en tant qu'alliés contre les talibans, règnent encore sur une grande partie d'un pays fragmenté. À la tête de milices comprenant au total quelque 700 000 hommes en armes, ceux-ci limitent fortement l'autorité du gouvernement central, ce qui explique le surnom malheureux de « maire de Kaboul » dont est affublé Karzaï. Des conflits ethniques ont éclaté entre Pachtounes au sud, dont une grande majorité soutenait et combattait aux côtés des talibans, et tribus tadjikes et ouzbèkes au nord, qui privilégiaient pour la plupart l'opposition anti-talibane. Le président Karzaï est un Pachtoune, tout comme l'ancien roi afghan Zahir Shah, âgé de 89 ans et revenu à Kaboul quelque trente ans après sa chute. Le pouvoir est cependant concentré en grande majorité dans les mains d'un groupe de Tadjiks de la vallée du Panchir, au nord de Kaboul. Ces hommes sont les proches compagnons du légendaire chef moudjahidin Ahmed Shah Massoud, à la tête de l'Alliance du Nord anti-talibane, coalition hétéroclite de mouvements de guérilla tribale appelée officiellement le Front uni islamique et national pour le salut de l'Afghanistan, jusqu'à son assassinat par de prétendus combattants d'Al-Qaida le 9 septembre 2001. Dans les coulisses, les Panchiris et leur opposants se disputent continuellement le pouvoir à Kaboul.

Au plus fort de toutes ces turbulences, le général Khan, surnommé le « lion d'Hérat » et l'un des chefs provinciaux les plus influents d'Afghanistan, est une nouvelle fois sorti de sa retraite dans les montagnes. L'émir sahib règne sur Hérat en monarque absolu et se soucie peu du gouvernement central de Kaboul, ayant jusqu'à présent toujours refusé d'être nommé gouverneur par le relativement inexpérimenté Karzaï. Cette attitude indépendante n'a pas manqué d'irriter l'administration Bush, qui considère le Tadjik sunnite comme un allié de l'Iran, dont la frontière se trouve à une centaine de kilomètres à l'ouest d'Hérat. Des années durant, les Iraniens ont soutenu le moudjahid, lui offrant asile à plusieurs reprises, et l'on soupçonne fortement Téhéran de s'immiscer dans les affaires intérieures de l'Afghanistan par le biais de Khan. Washington craint que ce dernier ne tente d'obtenir l'indépendance de sa province, qui deviendrait alors une sorte de khanat moderne. Les Iraniens auraient fourni armes et capitaux à la guérilla du chef de guerre, avec pour corollaire une lutte acharnée pour le contrôle d'Hérat. La situation stratégique de la ville, au confluent des routes vers l'Iran et le Turkménistan, pourrait s'avérer cruciale pour le dénouement du Grand Jeu en Asie centrale. C'est non loin d'Hérat que doivent passer un gazoduc et un oléoduc prévus de longue date entre la Caspienne et l'océan Indien.

La Toyota Land Cruiser brune de l'émir traverse le parc, suivie de près par trois camions remplis de combattants armés de kalachnikovs et de lance-grenades. Bien qu'il soit étonnamment petit et porte un turban noir tacheté de blanc, c'est sans doute au Père Noël que penseraient d'abord les petits Occidentaux en voyant Khan et son énorme barbe blanche. L'émir sahib n'a qu'une cinquantaine d'années mais, dans un pays ensanglanté par deux décennies de guerre civile, les hommes et les femmes, Khan y compris, semblent avoir vieilli plus vite qu'ailleurs.

Par trois fois, la foule scande *« Allahu Akbar ! »* – « Dieu est grand ! » Les hommes baissent la tête en signe de révérence devant le seigneur de guerre et portent une main à la poitrine en gage de sincérité et de loyauté. Nombre d'entre eux ont combattu à ses côtés depuis 1979, époque à laquelle Khan, alors major dans l'armée afghane, appela au djihad. Fils d'une famille rurale pauvre, Khan fit ses études à l'école militaire Askari de Kaboul, retournant chez lui avec le grade de lieutenant. Conservateur dans l'âme, il fut le témoin, dans la capitale, de la modernisation radicale imposée au pays par le putsch communiste de 1978, avec l'arrivée à Hérat de plus en plus de conseillers, d'officiers et d'ingénieurs soviétiques. Ce qu'il vit ne l'enchanta pas le moins du monde.

En mars 1979, Khan prit la tête d'une mutinerie de la garnison d'Hérat contre les nouveaux dirigeants et ordonna le massacre de centaines de conseillers soviétiques et de leurs familles. Moscou répliqua en envoyant trois cents tanks et en réduisant en cendres la ville trois fois millénaire. Les troupes gouvernementales massacrèrent la population de la ville, tuant en une seule semaine près de 24 000 personnes. La majorité, des civils, périrent dans les bombardements effectués par les avions de chasse et les hélicoptères soviétiques au cours de la première intervention ouverte de la Russie en Afghanistan. Des bulldozers enfouirent les cadavres mutilés des victimes dans des charniers situés sur une colline au-dessus de la ville. Khan et une soixantaine de rebelles se réfugièrent dans les montagnes, où ils entamèrent la lutte partisane.

L'Armée rouge envahit l'Afghanistan peu de temps après. Les avions de combat soviétiques écrasèrent Hérat sous un tapis de bombes quotidien tandis qu'au sol, les troupes soviétiques et les moudjahidins de Khan se livrèrent pendant des années à un cruel jeu du chat et de la souris. Contrairement à Kaboul, Hérat ne fut jamais « pacifiée » et devint l'un des endroits les plus inaccessibles de la planète. Le général Androuchkine, commandant soviétique d'Hérat, écrivit une lettre à Khan lui prédisant le même sort que le leader basmatchi Ibrahim Beg, le légendaire guériléro qui avait combattu les Soviétiques en Asie centrale dans les années 1920 avant d'être défait et tué. *« Les Russes se souviennent encore d'Ibrahim Beg après soixante-dix ans, répondit-il de façon ironique. Je vais faire en sorte que vous vous souveniez de moi pendant deux cents ans encore. »*

Les unités de Khan commirent beaucoup moins d'actes de barbarie au cours de la guerre civile qui suivit le retrait soviétique de 1989 et la chute du régime communiste fantoche de Kaboul en 1991. Khan, s'étant autoproclamé gouverneur de la province, garantit sécurité, éducation et nourriture à des degrés inconnus dans le reste du pays. Après avoir réussi à contenir tout un temps les troupes des talibans pachtounes, plus fortes, le Tadjik évacua Hérat sans combattre et se réfugia en Iran avec un noyau de fidèles. Alors qu'il effectuait une mission secrète en Afghanistan, un général ouzbek le remit aux talibans pour la somme de 12 millions de dollars. Pendant trois ans, Khan fut retenu prisonnier, pieds et mains enchaînés, dans un donjon de la ville de Kandahar, dans le Sud. Il n'aurait sans doute pas survécu jusqu'à la chute des talibans s'il n'avait réussi à s'échapper miraculeusement avec l'aide d'un garde-chiourme pour rejoindre l'Iran et reprendre le combat.

Téhéran ne se contenta pas seulement de l'accueillir mais lui fournit également des armes et de l'argent, les *Sepah-e Pasdaran* (« Gardiens de la révolution »), branche ultraconservatrice de l'armée iranienne, se chargeant en outre de la formation de ses meilleurs moudjahidins. Khan supervisa lui-même les camps d'entraînement, proches de la ville de Machhad, dans l'est de l'Iran. Durant la domination talibane, la république islamique accueillit plus de deux millions de réfugiés afghans, que les Nations unies se chargent maintenant de rapatrier progressivement.

Le voyage de la plupart des Afghans retournant chez eux débute à Machhad et se poursuit en direction du poste-frontière situé dans la petite ville de Dogharoun. Il faut, pour rejoindre l'Afghanistan, traverser un no man's land désolé de près d'un kilomètre. À l'époque où je l'emprunte, le chaud soleil de mars brûle un sol ridé par quatre années de sécheresse et des rafales de vent font voler des tourbillons de sable sur la route récemment goudronnée. Partout, des personnes flânent et mendient, estropiés, aveugles et invalides de guerre, et de nombreux enfants dont le corps porte les traces de blessures purulentes ou d'eczéma. Un jeune garçon aux cheveux ébouriffés, le visage recouvert de boue, s'aide de béquilles pour marcher, une mine lui ayant arraché une jambe.

Un douanier afghan, vêtu d'un uniforme vieillot trop grand pour lui, me fait signe de le suivre dans son cabanon, où il consigne les données de mon passeport dans un grand livre en cuivre. Des portraits d'Ahmed Shah Massoud et d'Ismaël Khan pendent au mur. Après avoir estampillé mon visa, le garde-frontière me prend la main pendant un long moment et me souhaite la bienvenue dans son pays. De l'autre côté de la route, en face de la cabane, se trouve le camp du HCR, le Haut-Commissariat des Nations unies pour les réfugiés. Son responsable, un Afghan nommé Zia Ahmed, me regarde arriver. « *Les talibans ne vous auraient pas réservé un tel accueil* », dit-il en riant avant de m'inviter à partager son repas. Nous nous asseyons sur un tapis en compagnie de ses collègues, autour de grands bols remplis du traditionnel riz pilaf à base de viande de chèvre, de riz et de tomates, le tout arrosé de thé vert.

Pendant des années, Ahmed s'est occupé des réfugiés afghans qui fuyaient en Iran ; aujourd'hui, il coordonne leur retour au pays. « *Chaque jour, près de quatre cents réfugiés reviennent d'Iran et espèrent que cette fois-ci sera la bonne* », me confie Ahmed, même s'il sait que le chômage, la pauvreté et la misère les attendent chez eux. « *Mais pour eux, le plus important est que la guerre soit finie. Nous les aidons en donnant dix dollars et des semences à chaque famille.* » Dans les semaines qui viennent, le HCR entend ramener jusqu'à 50 000 réfugiés dans leurs villages, en bus et en camion.

Par la fenêtre, on distingue le trafic qui traverse la frontière sans discontinuer. « *Les choses étaient beaucoup plus calmes ici sous les talibans. Sur le toit de chaque bâtiment, il y avait des pièces d'artillerie dirigées vers l'Iran*, se souvient Ahmed. *Aujourd'hui, un camion iranien franchit la frontière toutes les deux minutes.* » Dehors, une longue file de camions attend pour passer. Je demande à Ahmed ce qu'ils transportent. « *Pas mal d'armes, d'après les rumeurs*, répond-il. *Mais personnellement, je n'en ai jamais vu. Jusqu'à présent, je n'ai vu que de la nourriture et des matériaux de construction.* » L'Iran s'est engagé à donner jusqu'à 500 millions de dollars au gouvernement afghan dans les cinq années à venir pour la reconstruction du pays, un geste qui ne constitue pas pour Ahmed une intrusion dans les affaires intérieures afghanes. *« Mon pays a besoin d'aide ; peu m'importe de savoir d'où elle provient. »*

Il faut traverser le désert du Kara Koum pendant quatre heures pour rejoindre Hérat, 140 kilomètres d'une route qui n'est guère plus qu'un chapelet de courtes portions asphaltées émergeant du sable. Lors d'une visite d'État à Téhéran en mars 2002, le gouvernement iranien offrit au président afghan Hamid Karzaï de construire une nouvelle route macadamisée entre Hérat et la frontière. Les travaux étaient déjà entamés lorsque le projet fut mis à l'arrêt. Par crainte de voir cette nouvelle artère renforcer l'influence iranienne dans l'ouest de l'Afghanistan, les diplomates américains en poste à Kaboul s'opposèrent en coulisses à sa construction, tandis que des rumeurs se répandirent parmi la population afghane selon lesquelles l'Iran insistait pour donner à la nouvelle route le nom de l'ayatollah Khomeiny.

Pour celui qui emprunte la route menant à Hérat, le contraste entre l'Iran, moderne et urbain, et l'Afghanistan archaïque est saisissant. Adossés aux pieds de montagnes échancrées, quelques villages épars s'agglutinent autour des maigres sources d'eau potable que recèle encore le désert. Vêtus de tuniques et de turbans, les villageois mènent leurs ânes entre des huttes en pisé aux murs érodés et creusés par le vent. Les premiers signes des longues années de guerre apparaissent enfin sous la forme de tanks russes, dont les carcasses calcinées et éventrées, ensevelies peu à peu par des congères de sable, jonchent chaque côté de la route.

Je fais halte à un kiosque pour boire un thé et j'aperçois un homme à la barbe généreuse en train de jouer avec une grenade qu'il fait mine de jeter dans ma direction. Je refuse poliment son cadeau. Aux abords du village se trouve un sérail, ancien fort de terre sur le toit duquel est plantée une vieille batterie anti-aérienne qu'entourent des moudjahidins en armes. Non loin de là, rouillant dans le sable, gît une des « orgues de Staline » (un lance-roquettes Katioucha), qui aurait très bien pu servir à repousser la 6e armée du général allemand Paulus.

Après une heure de route, émergeant enfin de la chaleur scintillante qui écrase la vallée du Hari Rud, nous apercevons les cinq immenses minarets d'Hérat, vestiges de la magnifique madrasa du sultan Hussein Baiqara et de la musalla construite par la reine timouride Goharchad. En 1885, ces lieux de culte exquis datant du XVe siècle furent victimes du premier Grand Jeu lorsque les conseillers militaires britanniques ordonnèrent la destruction des deux monuments afin d'empêcher les Russes, qui s'étaient avancés jusqu'à l'oasis de Pandjeh, au nord d'Hérat, de tirer profit de leur position stratégique. Sur les neuf minarets restés intacts, trois s'effondrèrent ensuite lors d'un tremblement de terre tandis qu'une bombe causa la destruction d'une tour supplémentaire lors de l'invasion russe, un siècle plus tard.

Jan Malekzade, conseiller politique pour les Nations unies dans la province, m'emmène pour une visite de la ville, que nous entamons par une maison d'hôtes située dans un quartier calme et ombragé. À l'abri de ses hauts murs, doublés de fils de fer barbelés, des employés de l'ONU se détendent dans un jardin irrigué et bien entretenu, véritable havre de paix. Après la chute des talibans, Malekzade quitta son poste au Tadjikistan pour venir s'installer ici. Son père étant iranien, le jeune Autrichien s'entend bien avec la population hératie, qui parle un dialecte dari proche du farsi. *« C'est à Hérat qu'Américains et Iraniens se retrouvent vraiment confrontés pour la première fois*, dit-il avec excitation. *La ville regorge d'agents. C'est ainsi que Casablanca devait être au début des années 1940. Chaque semaine, les Américains renforcent leur présence ici, scrutant le moindre mouvement des Iraniens. »*

La vieille ville d'Hérat, aux ruelles étroites agitées d'une effervescence toute médiévale, est remplie de chariots à ânes et d'hommes en turban et en shalwar kamiz, le pantalon bouffant et la longue tunique traditionnellement portés par la plupart des Afghans et des Pakistanais. Ceux-ci vendent des fruits, des noix et des légumes tandis que des femmes en burqas fleuries déambulent en groupes devant les étals et marchandent avec les bazaris. Leur présence est un petit pas vers la liberté puisque sous les talibans, il ne leur était même pas permis de quitter leur maison sans leur mari. Autre signe de la modernisation retrouvée du pays, un jeune garçon transporte dans une brouette une chaîne stéréo crachant de la musique rock, autrefois bannie. Pour trente afghanis, soit près d'un dollar, on peut lui acheter une cassette de musique persane ou pakistanaise.

Plusieurs charrettes à grandes roues avancent dans notre direction, leurs chevaux décorés de pompons rouges et de clochettes tintant à chacun de leurs pas. Derrière les conducteurs, des groupes de femmes voilées se serrent les unes contre les autres. Un pickup Toyota débouche d'un tournant et, klaxonnant à tout va, se fraye un passage parmi la foule. Accrochés aux tombereaux, des jeunes hommes brandissent des kalachnikovs et des lance-grenades. Personne dans le bazar ne leur prête la moindre attention.

*« L'ONU sait que plusieurs chargements de fusils semi-automatiques MP-5 flambant neufs sont arrivés à Hérat*, raconte Malekzade. *En plus, les soldats d'Ismaël Khan ont reçu des Iraniens de tout nouveaux uniformes. »* Le diplomate pense que Khan profite de ses contacts avec les Sepah-e Pasdaran, les gardes révolutionnaires iraniens dont il avait acquis le soutien lors de ses années de lutte contre les Russes et les talibans. D'après Malekzade, les mollahs veulent empêcher l'arrivée au pouvoir en Afghanistan d'un régime libéral et séculaire qui pourrait ensuite faire pression pour obtenir des réformes démocratiques en Iran. Selon certaines rumeurs, les mollahs perses envoient de l'argent à Khan pour lui permettre de continuer à rémunérer la loyauté de ses troupes. *« Il est peu probable qu'Ismaël Khan consente à placer ses troupes sous le commandement du gouvernement central. Il est même plutôt en train d'augmenter ses effectifs*, ajoute Malekzade. *Ceux-ci ont déjà eu maille à partir avec les Pachtounes à la frontière avec la province de Kandahar. »*

Nous atteignons la fameuse mosquée bleue, dont les dômes d'azur et les minarets de faïence ressemblent à ceux de la mosquée du sanctuaire de Machhad. Les deux temples furent construits au XIV$^e$ siècle par la reine Goharchad, belle-fille du tyran sanguinaire Tamerlan, alors qu'Hérat était la capitale culturelle et économique de l'Asie centrale. L'architecture fleurit sous les Timourides, tout comme la peinture, la poésie et la musique. Hérat, qui a produit nombre d'écrivains et d'artistes renommés, est souvent considérée comme faisant partie de l'orbite culturelle perse.

Malgré cet héritage, de nombreux Hératis voient d'un mauvais œil la bonne entente entre Ismaël Khan et l'Iran. Ils regardent certes la télévision iranienne, ont de la famille de l'autre côté de la frontière et sont commercialement plus proches de Téhéran que de Kaboul, mais les Afghans ont toujours été considérés par les Iraniens comme des cousins pauvres. *« L'Iran a accueilli plus de deux millions de réfugiés et, contrairement au Pakistan, les a intégrés dans la société. Mais les Iraniens leur ont souvent refilé le sale boulot et les ont mal payés »*, explique Malekzade, ajoutant que le niveau d'éducation des réfugiés de retour au pays est toujours beaucoup plus élevé que celui des autochtones, ce qui leur garantit les positions importantes. *« Les réfugiés revenus au pays favorisent la consolidation des liens avec l'Iran et l'on trouvera inévitablement parmi eux de nombreux agents iraniens. »* Mais il insiste, cela ne devrait pas nécessairement conduire à un accroissement de l'influence politique iranienne dans la région d'Hérat. *« Les Afghans savent maintenant que les interférences extérieures tournent rarement à leur avantage. »*

De la même façon, les activités américaines à Hérat font l'objet de doutes. Même si aucun soldat américain en uniforme ne patrouille les rues de la ville, on y trouve néanmoins de nombreux Américains en civil prétendument employés par des organisations humanitaires plus obscures les unes que les autres. *« C'est vrai si l'on considère l'opération 'Liberté immuable' comme une opération humanitaire »*, me confie en riant un Européen travaillant pour la Croix-Rouge. Les méthodes d'espionnage américaines sont si flagrantes que l'organisation française Médecins sans frontières (MSF) a décidé de boycotter les soirées hebdomadaires organisées pour les expatriés dans le bâtiment de la Croix-Rouge à Hérat. *« Nous sommes une organisation non-violente et ne souhaitons dès lors pas être vus en compagnie du personnel militaire américain »*, m'explique une employée de MSF.

Il est également de notoriété publique que la CIA a installé son antenne régionale dans une chambre d'hôtes ayant appartenu à Ismaël Khan. Située sur une colline, directement au-dessus de la résidence de l'émir, on y a vue sur la ville entière, dont la situation est indéfendable, car située dans la vaste vallée du Hari Rud, empruntée, avant les troupes de Léonid Brejnev, par les armées d'Alexandre le grand, de Gengis Khan et de Tamerlan. Le fleuve, lui, descend les monts Paropamisus, à l'est, avant de disparaître à l'ouest dans les sables du Kara Koum et il y a fort à parier que, par beau temps, les agents de la CIA entrevoient la frontière iranienne.

Je suis venu à Hérat pour m'entretenir avec Ismaël Khan, redevenu depuis peu un acteur clé du nouveau Grand Jeu dans la région. À l'instar de l'émir de Boukhara au XIXe siècle, celui-ci affectionne particulièrement l'attention que lui portent ses deux puissants rivaux. Comme je n'ai pas pu l'approcher durant la cérémonie d'inauguration du parc le jour de Norouz, je me rends au palais du gouverneur pour rendre visite à son chef de cabinet. Souriant à ma demande écrite d'interview, il me dit : « *C'est aujourd'hui le premier jour de l'année scolaire et Son Excellence doit tenir un discours dans un lycée dans plus ou moins une heure. Allez-y et donnez-lui cette lettre vous-même ; si vous avez de la chance, il acceptera de vous recevoir* ».

Ce premier jour de l'année scolaire est un événement particulier, non seulement à Hérat mais également dans le reste de l'Afghanistan. Pour la première fois, les filles – auxquelles les talibans avaient refusé toute forme d'éducation pendant six ans – auront l'occasion de retourner à l'école. La rumeur qui veut que certaines femmes profiteraient de l'occasion pour enlever leur burqas abhorrées ajoute encore à l'effervescence. Comme dans la plupart des régions de l'Afghanistan post-talibans, hormis Kaboul, les femmes d'Hérat sont obligées d'être couvertes de la tête aux pieds lorsqu'elles sortent et courent le risque d'être punies par la police religieuse si elles ne s'y conforment pas. À la télévision, l'ultraconservateur Khan exhorte lui-même les femmes à ne jamais sortir de chez elles non couvertes et il a bien été précisé que les enseignantes désireuses d'enlever leur burqa risquaient de perdre leur emploi. Craignant d'être seules à montrer leur visage, de nombreuses femmes estiment qu'une action commune devant une grande foule est leur unique chance.

Dans la salle de réunion du lycée, près de la moitié des 300 personnes invitées à l'inauguration officielle sont des femmes. Mon interprète Yovid m'arrange un entretien avec une des professeurs. « *Nous voulons nous débarrasser de la burqa*, déclare-t-elle. *Mais nous avons toutes peur de ce qu'ils pourraient nous faire. C'est une telle humiliation.* » On rapporte que des femmes afghanes s'étant rebellées contre le port obligatoire ont été tabassées par des hommes ou reçu de l'acide en plein visage. Au cours de notre entretien, je me rends compte à quel point il est difficile de communiquer à travers la petite ouverture pratiquée dans la burqa. Les yeux sont quasiment invisibles ; seuls les mains et les pieds, ornés de chaussures noires à hauts talons, me permettent de deviner l'âge et l'apparence de mon interlocutrice. Je demande à Yovid de lui faire part de ma gêne. « *Vous ne parlez pas à une femme*, répond-elle d'une voix triste. *Vous parlez à une chose. J'ai été réduite à l'état de chose.* »

Nous nous disons au revoir et je perds aussitôt sa trace dans la salle, incapable de la distinguer des autres femmes en bleu. « *Il faut observer leurs pieds*, m'explique Yovid, *ils expriment tout.* » Et mon interprète de me raconter comment il a courtisé sa jeune épouse pendant quatre semaines sans jamais voir son visage. Sa voix, ses gestes et ses pieds avaient suffi à l'intriguer. Je me souviens alors de l'histoire de ce reporter français qui s'était déguisé en femme pour pouvoir s'introduire en Afghanistan durant la guerre. Il avait gardé ses chaussures de marche et les talibans l'avaient immédiatement capturé.

Une par une, les femmes montent l'escalier sombre qui mène à la salle de réunion, passant devant des rangées de soldats. Même si quelques-unes trébuchent à cause du manque de visibilité, aucune d'entre elles n'ose encore enlever sa burqa. À l'étage, hommes et femmes sont assis chacun de leur côté et séparés par une allée centrale.

À l'arrivée d'Ismaël Khan, la foule se lève. L'homme est suivi d'une cohorte de dignitaires, d'un représentant des Nations unies et de collaborateurs du Fonds pour l'enfance (UNICEF). Khan se laisse choir dans un fauteuil, près du podium. Soudain, comme obéissant à un signal, des dizaines de femmes soulèvent leur burqa au-dessus de leur tête ; d'autres passent leur visage par une fente pratiquée dans la partie supérieure du vêtement, révélant de jeunes étudiantes mais aussi des enseignantes plus âgées et des mères. Toutes ont couvert leur tête d'un hidjab sombre, comme c'est la coutume en Iran. Un silence de plomb tombe sur la salle. Plusieurs vieillards enturbannés secouent la tête, indignés par une telle ignominie, tandis que d'autres contemplent ouvertement les femmes en souriant. Imperturbable, Khan garde les yeux fixés au sol.

Après un récital de chansons afghanes par un chœur d'enfants, l'émir s'approche du podium. Par respect, l'assistance tout entière se lève ; un père soulève sa fillette, qui jette des pétales sur la tête du gouverneur. Par trois fois, les hommes crient *« Allahu Akbar ! »*. Le khan entame son discours par le traditionnel *« Bismillah oramam oraïm »* – « au nom d'Allah, le clément, le miséricordieux ». Le chef de guerre ne fait aucun commentaire sur la scène qui vient de se dérouler. Au contraire, son message a pour thème l'éducation. *« Nos ennemis ont tenté de nous maintenir dans les ténèbres, sans éducation. C'est comme cela qu'agit une nation lorsqu'elle tente de détruire une autre nation »*, déclare-t-il, allusion à peine déguisée au Pakistan qui, pendant sept ans, a soutenu les talibans.

Khan s'exprime avec éloquence et charisme, le public est suspendu à ses lèvres. Alors qu'il aborde la pauvreté et l'ignorance, pires fléaux de l'Afghanistan, la pluie se met à tomber. Elle se transforme bientôt en averse. Après quatre années de sécheresse, il s'agit là de la première précipitation substantielle que connaît Hérat. Au bord de l'extase, certains participants crient *« Allahu Akbar ! »* en regardant, par la fenêtre, de grosses gouttes d'eau s'abattre sur le toit en tôle de l'école. Khan s'exclame alors : *« Voyez ! Nos enfants retournent à l'école et Allah nous donne de l'eau pour nos récoltes »*.

Après la cérémonie, presque personne ne remarque que toutes les femmes quittant l'école ont remis leur burqa sur la tête. La police religieuse arrête et emmène quatre journalistes iraniens qui ont, en toute illégalité, photographié le visage des femmes. La sécheresse culturelle continue de s'abattre sur Hérat.

Yovid parvient à remettre ma demande d'interview à l'émir. Deux jours plus tard, Sahid Youssoufi, chef de cabinet de Khan, trentenaire corpulent, m'emmène à la résidence du chef. *« Une bombe à fragmentation américaine est encore tombée ici ce week-end, me raconte-t-il alors que nous roulons dans un parc, en dehors de la ville. Une famille était en train de pique-niquer ; le père est mort, la mère et les deux filles ont perdu leurs jambes.* » Youssoufi est manifestement furieux contre l'US Air Force. « *En plus, ils ne prennent même pas la peine d'enlever les bombes qui n'ont pas explosé !* » Youssoufi ne cache pas sa colère face à ce qu'il considère comme une marche arrière de la part des Américains et des Britanniques. « *Des promesses vides, désespérément vides* », ajoute-t-il amèrement.

Nous arrivons en vue d'un splendide bungalow datant des années 1970, construit sur un flanc de montagne qui surplombe Hérat. Une grande piscine jouxte la villa, un parc s'étend dans la vallée. Quelque deux cents mètres au-dessus de la résidence, gardée par des soldats, se trouve la maison d'hôtes occupée par les agents de la CIA. Postés sur un balcon, auprès d'énormes antennes, deux hommes nous regardent avec des jumelles.

« *Surtout, ne parlez pas à Son Excellence des Américains, là-haut, ça le mettrait de très mauvaise humeur* », me conseille Youssoufi tandis que nous grimpons sur la terrasse, qui a vue sur la plaine entière, des minarets de la musalla à l'ouest jusqu'aux baraquements militaires détruits par des avions de chasse américains et des missiles Cruise à l'est. Des tanks éventrés et des véhicules blindés sont éparpillés en-dessous de nous, à même le flanc de la colline. Youssoufi m'indique un endroit dans les montagnes, au loin. « *C'est là qu'était situé le seul camp d'entraînement d'Al-Qaida dans l'ouest de l'Afghanistan. C'était un endroit très secret ; seuls les chefs talibans et arabes y avaient accès.* » Là aussi, les missiles Cruise et les B-52 ont fait un travail consciencieux, ne laissant derrière eux que des décombres qu'il est trop dangereux d'approcher en raison des innombrables mines et bombes à fragmentation non explosées.

L'émir sahib n'est pas encore là. Je suis accueilli par Sar Wari, son peintre officiel. Avec fierté, celui-ci me présente ses peintures murales, accrochées un peu partout dans le bungalow. Elles dépeignent le lion d'Hérat, walkie-talkie en main, guidant son artillerie à travers les montagnes. Wari, qui a peint plus de cent cinquante tableaux au cours de sa vie, me dit : « *Quand les talibans ont pris Hérat, ils ont détruit toutes les peinture représentant des visages, en disant que mon art était contraire à l'islam. Par la suite, je n'ai plus été autorisé qu'à peindre des fleurs et des paysages* ».

Dehors, la Toyota Land Cruiser brune de l'émir gravit à pleine vitesse la route qui serpente le long de la colline, suivie par une trentaine de pickups remplis de combattants armés, barbes et turbans au vent. « *Nous devrons encore patienter un peu*, m'explique Youssoufi, *le conseil des moudjahidins vient d'être convoqué à une réunion urgente.* » Une cinquantaine de commandants à la mine sévère sont rassemblés à même le sol, ponctuant la réunion de plusieurs « *Allahu Akbar !* » À ma grande surprise, je reconnais parmi eux un visage familier, celui du fils aîné de Sibghatullah Modjaddedi, premier président de l'Afghanistan postcommuniste et aujourd'hui encore acteur de premier plan. Les Modjaddedi dirigent la confrérie Naqshbandi et sont, depuis des siècles, faiseurs de rois à Kaboul. En marge du conseil de guerre, j'entame une conversation avec un jeune moudjahid tadjik du nom de Saïd, originaire non pas d'Hérat mais de la vallée du Panchir, au nord de Kaboul, qui prétend avoir été à la tête de deux cents hommes dans l'Alliance du Nord. *« Je suis venu à Hérat pour discuter avec Ismaël Khan »*, me dit-il sans toutefois vouloir révéler la teneur des propos qu'il compte lui tenir. Saïd a rejoint les moudjahidins dans leur combat contre les Soviétiques alors qu'il n'avait que seize ans, servant sous différents seigneurs de guerre. Il participa à la conquête de Kaboul en 1992 sous les ordres du commandant Massoud avant de changer de camp et de rejoindre Hekmatyar, son ennemi juré. *« Entre-temps, j'ai aussi été engagé comme mercenaire par les Azéris pour combattre les Arméniens au Karabakh, se souvient-il. Les Afghans expérimentés recevaient beaucoup d'argent. »*

Après l'arrivée au pouvoir des talibans, il se rallia de nouveau à Massoud, servant d'agent de liaison en Russie. *« Les Russes nous fournissaient des armes et nous les transmettions à nos positions dans le nord. »* Saïd n'est pas armé mais possède un carnet et un téléphone-satellite Thuraya. Il donne l'impression d'être un organisateur de talent mais garde le secret sur ce qu'il compte faire une fois la guerre terminée. *« Je me lancerai dans les affaires »*, dit-il vaguement. Nous apercevons les deux hommes qui nous observent à la jumelle depuis le quartier général de la CIA et nous cachons derrière un arbre. *« Les Américains aimeraient bien savoir s'il y a des Iraniens ici*, me souffle Saïd. *Pendant la guerre contre les talibans, ce sont eux qui nous ont le plus aidés ; mais leur aide est évidemment encore la bienvenue. »* Saïd exprime alors une opinion aujourd'hui fort répandue dans la région : *« Nous autres Afghans savons très bien que les Américains ne sont pas venus ici pour nous aider ; ils sont ici parce qu'ils ont besoin de l'Afghanistan pour avoir accès aux hydrocarbures de la Caspienne ».*

Le conseil de guerre est ajourné et Khan est enfin prêt pour une audience. *« N'oubliez pas de vous adresser à Son Excellence en l'appelant 'Son Excellence' »*, me rappelle une dernière fois son chef de cabinet. Khan entre dans la pièce d'un pas lent mais sa poignée de main est ferme. Nous nous asseyons sur un divan tandis qu'un serviteur apporte des pistaches et du thé.

Khan n'est pas surpris du fait qu'Hérat, comme au XIX<sup>e</sup> siècle, lors du Grand Jeu entre Russes et Britanniques, se trouve à nouveau sous un feu croisé géopolitique. *« Hérat a toujours été une ville très particulière, célèbre pour son commerce ; elle occupe une position stratégique entre l'Asie centrale et le Pakistan. Le fait que l'on veuille construire un pipeline dans notre province le prouve. C'est un projet qui nous tient fort à cœur »*, déclare-t-il en reconnaissant que cela aiderait à améliorer les relations entre l'Afghanistan et ses voisins, le Turkménistan et le Pakistan. *« Si la chose est possible, nous mènerons ce projet à bien. »*

Fort diplomatiquement, Khan minimise ses relations avec l'Iran. *« Les Iraniens sont de bons voisins, rien de plus »*, dit-il, soulignant que les 600 kilomètres de frontière commune entre les deux pays voient chaque jour passer de nombreux commerçants. Khan concède que *« l'Iran, à l'instar d'autres pays, a apporté son soutien aux moudjahidins »*, mais réfute les accusations selon lesquelles le pays lui aurait fourni des armes jusque l'année passée. *« Nous avons connu vingt-trois années de guerre et avons donc assez d'armes chez nous ; nous n'en avons pas besoin d'autres. »*

Selon Khan, depuis que ses combattants exercent un contrôle total sur Hérat, celle-ci est devenue la ville la plus sûre de tout le pays et les gens peuvent se déplacer librement sans crainte des bandits. Ses soldats veillent à l'application rigoureuse d'un couvre-feu à partir de dix heures du soir, arrêtant les conducteurs avec leurs fusils pour leur demander le mot de passe du jour. Hérat est surtout la proie de meutes de chiens errants qui hurlent jusque tard dans la nuit.

*« Je suis triste de voir à quel point mon pays est aujourd'hui sans défense,* ajoute Khan en sirotant son thé. *Le fait que nous ayons besoin d'aide extérieure est une honte. »* Même si les milliards de dollars d'aide promis par la communauté internationale n'ont pas atteint Hérat, Khan assure que personne en ville ne consentirait à ce que l'Iran s'immisce dans la politique afghane. *« Après les expériences que les Russes et les Pakistanais ont eues avec nous, nos voisins devraient savoir qu'il ne fait pas bon se mêler de nos affaires. »* Quand je lui demande si c'est également le cas des troupes américaines, Khan se montre prudent. *« Je ne considère par les Américains comme des occupants ou des envahisseurs. Je ne veux pas les juger sur leurs actions passées. Ils ont joué dernièrement un rôle positif dans la lutte contre les talibans et Al-Qaida. »* Afin de garder cette bonne réputation, ajoute-t-il, les Américains devraient maintenant s'atteler à la reconstruction de l'Afghanistan et quitter le pays dès que les terroristes auront été vaincus. *« S'ils restent ici contre la volonté du peuple afghan, ils pourraient très bien subir le même sort que les Russes. »* Ses paroles ne ressemblent pas à une mise en garde mais plutôt à un conseil bien intentionné.

Quelques mois après ma rencontre avec Ismaël Khan, je me retrouve dans un convoi de limousines Lexus sombres, fonçant dans les rues de Kaboul. La ville a beaucoup changé depuis ma dernière visite après la guerre. De nombreux magasins ont ouvert, les femmes se promènent en rue sans burqa et d'innombrables jeeps des Nations unies ou d'autres ONG se frayent un passage à travers le trafic congestionné. Kaboul est devenue terriblement surpeuplée. Des centaines de milliers de réfugiés sont revenus du Pakistan en été 2002 et la vingtaine d'ethnies que compte l'Afghanistan s'y mêlent librement. Je remarque, entre autres, les Pachtounes grands et fiers, les Tadjiks à la peau claire, les Nouristanis aux cheveux blonds et les Hazaras aux traits mongols.

Ahmed Massoud, quinze ans, fils du légendaire chef moudjahidin, est assis sur le siège arrière de la Lexus qui roule en tête du convoi. Il m'a autorisé à l'accompagner au cours de son initiation comme futur chef de l'Afghanistan. Vêtu d'un costume beige, il se tortille nerveusement sur son siège en cuir, ses mains chiffonnant son *pakol*, la traditionnelle coiffe en feutre. Nous sommes le 9 septembre, jour du premier anniversaire de l'assassinat de son père, le « lion du Panchir ».

Peu avant les attaques terroristes de New York et de Washington, deux prétendus journalistes de télévision francophones se présentèrent aux quartiers généraux de l'Alliance du Nord, à Khwadja Bahauddin, pour interviewer Massoud. La conversation avait à peine débuté que ceux-ci, soupçonnés aujourd'hui d'avoir été des terroristes d'Al-Qaida, firent détoner une bombe cachée dans une ceinture pour batterie. Un des assassins mourut sur le coup, le second tenta de s'enfuir avant d'être rattrapé et tué. Grièvement blessé, Massoud mourut quelques minutes plus tard. Afin de cacher temporairement la nouvelle de sa mort aux troupes de l'Alliance du Nord, inquiètes, son corps fut transporté par hélicoptère vers un hôpital au Tadjikistan. Personne ne savait alors que son assassinat était le premier acte d'un drame bien plus important encore.

Lors des funérailles de son père à Djangalak, son village natal dans la vallée du Panchir, au nord de Kaboul, le jeune Ahmed, son seul fils, alors âgé de quatorze ans, déclara : *« Je veux succéder à mon père ».* Il a pourtant été jusqu'à présent tenu largement à l'écart de la politique, passant le plus clair de son temps dans la demeure familiale au Panchir ainsi que dans un établissement scolaire de la ville iranienne de Machhad. En coulisses, pourtant, il est préparé à son rôle de régent.

Le convoi atteint le stade de Kaboul, où doit se dérouler la cérémonie principale marquant l'anniversaire de la mort de Massoud. Des milliers de personnes se pressent sur l'esplanade qui jouxte l'arène. Des unités de la Force internationale d'assistance à la sécurité (FIAS) gardent les entrées à l'aide de véhicules blindés tandis qu'un hélicoptère survole la foule. Depuis la fin de la guerre, quelque 5 000 casques bleus, provenant de vingt-deux nations différentes, maintiennent l'ordre et la loi à Kaboul. À de nombreuses reprises, le gouvernement afghan a plaidé pour un élargissement du contingent de la FIAS ainsi que pour son déploiement dans d'autres régions du pays. En dehors de la capitale, la situation demeure extrêmement instable, particulièrement dans le sud-est, théâtre de nombreuses querelles interethniques. Le commandement de la FIAS s'est jusqu'à présent montré très prudent face aux demandes afghanes, craignant qu'une force de maintien de l'ordre trop déployée ne soit immanquablement entraînée dans le conflit armé. L'administration Bush est certes revenue sur son opposition initiale à une expansion de la FIAS mais refuse obstinément de mettre à la disposition de la mission de maintien de la paix un seul de ses 8 000 soldats présents sur le terrain. Le nettoyage et le maintien de l'ordre suite à la guerre sont des tâches que les Américains préfèrent de loin laisser à leurs alliés européens.

Quelques-unes des quarante voitures de police dernier cri fournies aux Afghans par le gouvernement allemand ont pris position autour du stade. Kaboul est aujourd'hui placée sous état d'alerte par crainte d'attaques terroristes. Il y a quelques jours à peine, une voiture piégée a explosé dans une rue commerçante bondée, tuant une trentaine de personnes et en blessant des dizaines d'autres. Au moment de l'explosion, mon interprète et moi-même étions à moins de trois minutes à pied de la scène, amas de corps mutilés et de membres arrachés.

Sournoise, la tactique utilisée par les terroristes visait à faire le plus de victimes possible. Après avoir fait sauter un petit explosif destiné à faire fuir la foule vers un bout de la rue, ils firent ensuite détoner une bombe plus importante dissimulée dans un taxi Toyota jaune. La déflagration fut si violente que toutes les fenêtres de la rue volèrent en éclats. Premier incident à causer la mort violente d'un tel nombre de personnes depuis la prise de Kaboul par les talibans en 1996, l'attaque choqua la ville, et les forces de sécurité gouvernementales et internationales mirent en garde contre la probabilité d'autres attaques par Al-Qaida lors de la semaine anniversaire du 11 septembre.

Plus tard ce jour-là, alors que le gouvernement afghan se remettait à peine de l'attentat à la bombe, le président Karzaï survécut par miracle à une tentative d'assassinat à Kandahar. Il s'était rendu dans l'ancien fief taliban pour y assister au mariage de son frère. Alors qu'il quittait le palais du gouverneur en compagnie de celui-ci et montait à bord de la limousine présidentielle, un soldat afghan se jeta en avant et ouvrit le feu avec son fusil d'assaut AK-47. Deux balles transpercèrent le pare-brise, frôlant Karzaï de quelques centimètres. Un des gardes du corps afghans du président fut mortellement blessé avant que ses collègues ne parviennent à riposter et à tuer l'assassin. Alors que la limousine de Karzaï prenait la fuite, ses gardes du corps des Forces spéciales américaines passaient les rues au peigne fin à la recherche d'autres suspects. On apprit plus tard que l'assassin, qui avait apparemment agi seul, était un Pachtoune originaire d'un village proche de Kandahar réputé pour ses sympathies talibanes. La menace d'un coup d'État fit trembler les membres les plus influents du cabinet, réunis à l'hôtel Intercontinental jusque tard dans la nuit pour des délibérations houleuses. Visiblement secoué, un ministre me confia : *« Si Karzaï meurt, c'est la fin de tout ; la guerre civile reprendrait alors de plus belle »*.

Le lendemain matin, le président rentra à Kaboul. À l'aéroport, des dizaines de gardes du corps américains, armés de mitraillettes, entouraient Karzaï, vêtu d'un cafetan gris finement tissé. Le grand Pachtoune se réfugia dans une Chevrolet Suburban blindée et le convoi s'ébranla, escorté par une automitrailleuse américaine. Depuis la trahison et l'assassinat de Hadji Qadir, député de Karzaï, par ses propres gardes du corps afghans, quelques mois plus tôt, l'administration Bush avait décidé de faire protéger Karzaï par les Forces spéciales américaines. Le « nouveau visage de l'Afghanistan », ainsi que les médias occidentaux se plaisent à surnommer ce sosie de Ben Kingsley, est de ce fait le seul chef d'État de la planète à être gardé dans son propre pays aux frais du gouvernement américain. De nombreux Afghans trouvent assez révélatrice son incapacité à trouver parmi son peuple ne fût-ce qu'une dizaine d'hommes pour protéger sa vie.

Le président Karzaï convia immédiatement son cabinet pour une session extraordinaire. Les porte-paroles du gouvernement ne tardèrent pas à faire endosser la responsabilité des deux attaques à des poches de résistance d'Al-Qaida et des talibans, avec le soutien des services secrets pakistanais (ISI). Parmi les principaux suspects, le chef de guerre pachtoune Gulbuddin Hekmatyar ; à de nombreuses reprises, cet antioccidental notoire et fondamentaliste musulman avait, depuis sa cachette souterraine, appelé au djihad contre le régime de Karzaï et les forces américaines présentes dans le pays. Malgré la crainte de nouveaux attentats, particulièrement autour de l'anniversaire de la mort de Massoud, le gouvernement décida de poursuivre les festivités.

La tension est palpable autour du stade en ce clair matin d'automne. Le jeune Ahmed Massoud constitue une cible de choix pour un assassinat mais s'il a peur, il ne le montre guère. Coiffant son pakol, il quitte la Lexus et se dirige à grands pas vers l'estrade VIP, entouré de ses gardes du corps et suivi tant bien que mal par des représentants gouvernementaux. *« C'est un chef, comme son père »*, me glisse un Afghan, essoufflé, tandis que nous suivons le garçon.

Dans le stade où les talibans avaient l'habitude d'exécuter publiquement les malfaiteurs, quelque dix mille personnes, principalement des soldats et des écoliers, ont pris place dans les tribunes et sur la pelouse centrale. De nombreuses filles, dont aucune ne porte la burqa, sont également présentes. La foule agite des banderoles ornées de prières à l'attention du martyr tandis que des soldats, pour la plupart des invalides barbus vêtus de t-shirts à l'effigie de Massoud et assis dans des chaises roulantes improvisées, agitent des petits drapeaux afghans.

Sur l'estrade VIP sont réunis les principaux acteurs du nouvel Afghanistan : ministres, chefs religieux, diplomates étrangers, dignitaires des Nations unies et officiers de haut rang de l'armée américaine et de la FIAS. Parmi les hommes les plus en vue, on distingue Qasim Fahim, ministre de la défense, le docteur Abdullah Abdullah, ministre des affaires étrangères, ainsi que l'ancien ministre de l'intérieur, Younous Qanouni, triumvirat des proches associés de Massoud, surnommés « les trois Panchiris ». À leur côté, l'ancien président Burhanuddin Rabbani et Abdul Rasul Sayyaf, deux des fondamentalistes islamistes les plus importants du pays, discutent entre eux. Seul manque le président Karzaï, en voyage à New York pour la cérémonie-anniversaire du 11 septembre. Je suis le seul journaliste dans le parterre VIP, une grande majorité de la presse et de la télévision s'étant rassemblée sur le terrain de football à nos pieds. Ahmed Massoud est assis au premier rang, où plusieurs hommes politiques ont déjà pris place. Certains le saluent d'une poignée de main chaleureuse, d'autres inclinent respectueusement la tête.

Wali Massoud, oncle d'Ahmed et frère cadet du chef de guerre, a le regard fier. *« J'espère que le garçon succédera un jour à son père »*, confie-t-il. Frêle et moustachu, cet ancien chargé d'affaires de l'ambassade d'Afghanistan à Londres est un rival de Karzaï et un des acteurs les plus rusés de la lutte incessante pour le pouvoir qui se joue aujourd'hui à Kaboul. L'aimable Wali, aux manières impeccables, vient de fonder son propre parti, le Mouvement national massoudiste d'Afghanistan, alternative plus séculaire au parti islamiste Jamaat-e-Islami, qui se présente comme le refuge politique de tous les partisans de Massoud soucieux de préserver son héritage.

Wali critique ouvertement le président Karzaï. *« L'Afghanistan n'a pas de chef pour l'instant. Karzaï est président mais ce n'est pas un chef. »* Son opinion reflète la sensation grandissante en Afghanistan de l'incapacité du président Karzaï à rallier autour de lui les diverses forces politiques et ethniques du pays. Même les fonctionnaires des Nations unies se plaignent de son manque de compétences organisationnelles et le considèrent de plus en plus comme un homme de paille pour les médias. Bien qu'il reste populaire parmi la population, son pouvoir sur les régions les plus reculées du pays est tellement limité qu'on le surnomme déjà le « maire de Kaboul ». Lorsqu'il le compare à son frère défunt, Wali se montre implacable envers Karzaï. *« Mon frère connaissait les problèmes des Afghans ; Karzaï non. Tout ce qui importe pour lui, c'est sa carrière politique. Il ne donne aucune orientation et a déçu les espoirs placés en lui par la Loya Jirga. »*

Ahmed se joint à notre conversation. Son oncle place tendrement sa main sur l'épaule du jeune garçon. *« Je suis très triste aujourd'hui*, confesse Ahmed. *Mon père me manque terriblement. Mais je suis aussi très enthousiaste à l'idée de prononcer mon discours dans quelques instants. »* La voix du garçon n'a pas encore mué et son beau visage est encore celui d'un enfant mais les traits paternels, longs et angulaires, se devinent déjà, particulièrement ses yeux sombres. Je lui demande s'il compte un jour marcher dans les traces de son père. *« Je suis encore trop jeune et inexpérimenté,* répond-il, *mais si le peuple le souhaite, je serai son chef. »*

Assis à nos côtés, le maréchal Qasim Fahim, ministre de la défense, a suivi notre conversation de près. Ce Tadjik du Panchir à la mine féroce a longtemps été le second de Massoud et est aujourd'hui considéré comme l'homme le plus puissant de l'Afghanistan post-talibans, avec des milliers d'hommes en armes sous ses ordres. Tapant de la main le dos d'Ahmed, il s'écrie : *« Bien sûr que tu seras le chef de l'Afghanistan ; cela ne fait aucun doute »,* avant de partir d'un rire sardonique. Ahmed tressaille et me demande si nous pouvons continuer notre conversation plus tard. Son oncle Ali me glisse : *« Le garçon n'aime pas trop parler en présence d'une certaine personne »*.

Le ministre de la défense Fahim est le membre le plus influent du clan panchiri mis au pouvoir à Kaboul par les bombardiers B-52 américains. Contrairement à Qanouni ou Abdoullah, Fahim est un militariste rusé qui entend contrôler l'armée nationale afghane, dont le recrutement et l'entraînement sont aujourd'hui supervisés par l'armée américaine. De nombreux observateurs politiques le considèrent également comme le plus pro-russe des membres du cabinet.

Quelques jours avant l'anniversaire de la mort de Massoud, Sergueï Ivanov, ministre russe de la défense, était en visite officielle à Kaboul. Lors d'une réception à l'hôtel Intercontinental, Fahim, ancien moudjahid, avait fait l'éloge de ce qu'il appelait « les relations traditionnellement bonnes entre l'Afghanistan et la Russie », balayant d'un trait la réalité de l'invasion soviétique ou du djihad. Des officiers russes bedonnants et des vétérans grisonnants du djihad afghan, autrefois ennemis mortels, étaient assis côte à côte. Le ministre de la défense Ivanov, dans une version tout aussi édulcorée de l'histoire, considéra que la guerre sanglante des années 1980 n'était qu'un « *événement du passé* » et fit cadeau d'une épée russe à Fahim. « *Les Russes ne donnent leur épée qu'aux officiers valeureux* », déclara Ivanov, les deux hommes visiblement aussi flattés l'un que l'autre. C'est à ce moment que mon traducteur Baqi, lui-même un vétéran de la guerre contre les Soviets, quitta la pièce en signe de protestation. « *Je suis dégoûté*, m'expliqua-t-il. *Ce qui se passe ici est immoral. C'est une insulte aux centaines de milliers de personnes qui ont perdu la vie à l'époque.* »

Au stade, la cérémonie débute par la récitation d'une prière par un mollah, suivie de l'hymne national. Un portrait géant du commandant Massoud est dévoilé sur lequel on peut lire : « Cher Massoud, nous suivrons ta voie ». Sur fond de roses rouges, le chef de guerre ressemble à un saint ou à une variante afghane de Che Guevara. Le portrait ne fait qu'ajouter au culte de la personnalité sans précédents, quasi religieux, qui s'est développé autour de l'homme à Kaboul depuis la guerre. Rares sont les poteaux télégraphiques ou les pare-brise de taxis qui ne sont pas recouverts de posters de Massoud, obstruant souvent sérieusement la visibilité du chauffeur.

Tous les acteurs politiques de Kaboul tentent aujourd'hui de s'accaparer l'héritage du héros national dans le but de servir leurs propres intérêts. Avant les festivités au stade, une « conférence internationale sur les études massoudiennes » s'est tenue à l'hôtel Intercontinental. Leaders politiques, académiciens et associés se sont fendus de longues eulogies et hagiographies sur le martyr. Lors de la cérémonie de clôture de la conférence, les participants ont mis sur pied un projet visant à proposer la candidature posthume de Massoud pour le prix Nobel de la paix de cette année, consignant aux oubliettes officielles de l'histoire le fait qu'en refusant de partager le pouvoir avec son ennemi mortel Hekmatyar au début des années 1990, le chef de guerre contribua lui aussi au bain de sang afghan.

« *C'est moi qui pendant vingt-trois ans ai combattu aux côtés du commandant Massoud* », proclame le maréchal Fahim dans son allocution au stade, copieusement applaudi par ses troupes. Son discours est l'un des nombreux qui ponctuent les festivités d'allure socialiste, aussi je profite de l'occasion pour discuter avec un haut-diplomate des Nations unies qui tient à garder l'anonymat. « *Ce gouvernement va au devant de graves ennuis*, me confie-t-il. *Il n'a aucune stabilité. Les Tadjiks du Panchir détiennent tous les portefeuilles importants, chose que les Pachtounes ne toléreront plus très longtemps. Si les États-Unis retirent leurs troupes, ce sera de nouveau la guerre civile. Kaboul n'est qu'une île dans cet océan de violence incontrôlable qu'est l'Afghanistan.* »

Les discours terminés, Ahmed s'assied seul sur une chaise, près du portrait géant de son père. Un assistant tient un parapluie pour protéger le garçon des rayons du soleil tandis que des dizaines de délégations de vétérans défilent devant lui et déposent des gerbes de fleurs en plastique aux pieds de l'effigie du commandant. Ahmed sert la main de chaque combattant. Les membres du gouvernement, y compris le maréchal Fahim, se joignent bientôt à la procession.

Pour clôturer ce qui s'apparente de plus en plus à une cérémonie d'initiation à l'orientale, Ahmed prononce devant l'assemblée une allocution également retransmise au peuple afghan tout entier via la radio et la télévision. « *Ne vous contentez pas de pleurer votre perte mais regardez vers l'avenir et poursuivez l'œuvre de mon père* », déclare le jeune garçon dans un discours émouvant qui arrache des bravos aux troupes présentes dans le stade. On pourrait presque, à cet instant, s'imaginer qu'Ahmed est bien plus que la simple mascotte d'un régime de plus en plus instable.

Quelques jours après la cérémonie, je roule dans les quartiers sud de Kaboul. L'impression de ville entièrement détruite que peuvent donner les caméras étrangères est trompeuse. On aperçoit par exemple, surplombant plusieurs collines abruptes, des quartiers résidentiels et, au nord de cette frontière naturelle, des rangées de maisons presque complètement intactes. Comme la plupart des assaillants, que ce soient les talibans ou les moudjahidins d'Hekmatyar soutenus par le Pakistan, ont bombardé la ville par le sud, leurs grenades et missiles n'ont pas réussi à atteindre l'ombre protectrice des collines. Sur les versants sud, le contraste est saisissant : aucun bâtiment n'a échappé au désastre et, sur plusieurs kilomètres, s'étend un désert aride de ruines lugubres qui me font penser aux photographies prises à Dresde ou à Hiroshima en 1945. Les murs sont criblés de balles et grêlés par les éclats d'artillerie, les toitures effondrées ; même les maigres poteaux télégraphiques ont été touchés et cassés. Ceux qui sont restés debout sont recouverts d'images du commandant Massoud. Dans le palais pseudo-classique du roi Zahir Shah, où le monarque avait l'habitude d'organiser des fêtes somptueuses avant sa chute en 1973, des hirondelles occupent aujourd'hui les cratères d'artillerie. Des 700 000 habitants qui vivaient auparavant dans ces quartiers, on n'en compte plus aujourd'hui que 60 000, dont la plupart s'abritent dans des caves sordides.

Une grande partie du pays étant en ruines, Amin Farhang, ministre chargé de la reconstruction de l'Afghanistan, est un des acteurs politiques les plus importants à Kaboul. Dans l'affreux bâtiment en construction qui lui sert de bureau, en face de l'ambassade américaine, véritablement fortifiée, Farhang, un économiste qui a occupé pendant de nombreuses années un poste de professeur à l'université de Bochum, en Allemagne, semble las. « *Vous vous doutez bien que la reconstruction du pays n'est pas une chose aisée*, déclare-t-il. *Cette reconstruction n'est pas seulement économique ou politique, mais également sociale et psychologique. Après plus de vingt années de guerre, l'immense majorité des Afghans souffrent de troubles mentaux plus ou moins graves et il faudra des années avant de faire passer les gens de la culture de la kalachnikov à celle de la société civile.* »

La lenteur du processus de reconstruction économique du pays reste cependant sa principale préoccupation. Les infrastructures nationales – routes, écoles, administrations – sont en lambeaux, à l'instar du secteur privé, qui n'a guère créé d'emplois au cours des derniers mois. *« Après la guerre, la communauté internationale était fort motivée, nous promettant des milliards de dollars d'aide,* se plaint-il, *mais très vite, ils ont commencé à chercher des excuses pour ne pas payer. »* Du 1,8 milliard de dollars que le gouvernement afghan était censé recevoir en 2002, seuls 90 millions lui sont réellement parvenus et près d'1,2 milliard a été donné aux Nations unies et à des organisations non-gouvernementales, en raison du développement politique insuffisant et du manque de sécurité dans le pays. *« Pour avoir la sécurité, il faut d'abord reconstruire,* assène Farhang. *Ce sont les États-Unis qui continuent à armer les chefs de guerre régionaux et à faire la guerre chez nous, mais on ne peut reconstruire un pays tant qu'on l'utilise comme cible. »*

Pour l'heure, la seule bonne nouvelle est la résurrection du projet de pipeline afghan. *« Le projet d'oléoduc est une affaire entendue. Plusieurs grosses compagnies pétrolières veulent faire des affaires avec nous,* déclare l'homme avec excitation. *Après des années d'attente, l'Afghanistan va enfin devenir un important point de passage pour l'Asie centrale. »* Quelques mois à peine après la fin des hostilités, les ministres de l'énergie de l'Afghanistan, du Pakistan et du Turkménistan assistèrent ensemble à des réunions préparatoires. Le 29 mai 2002, le président Karzaï se rendit à Islamabad, capitale du Pakistan, en compagnie du président Pervez Moucharraf et du dictateur turkmène Saparmourad Niazov, pour signer un traité autorisant la construction d'un gazoduc d'une capacité estimée à près de 30 milliards de m$^3$ de gaz par an reliant le Turkménistan au port pakistanais de Gwadar, pour un montant de 3,2 milliards de dollars, avec la possibilité de construire à terme une seconde conduite parallèle pour le pétrole. Le tracé de près de 1 500 kilomètres passe par un corridor reliant Hérat à Kandahar, contrôlé par les talibans jusqu'à la campagne victorieuse des États-Unis en Afghanistan.

Après vingt-trois années de guerre et de destruction, le pipeline pourrait générer jusqu'à 12 000 emplois et 300 millions de dollars de frais de transit par an, et représente un espoir de progrès économique pour le pays. Il pourrait cependant également mettre en lumière les objectifs de la campagne afghane menée par l'administration Bush suite au 11 septembre 2001. Outre l'élimination de Ben Laden, les énormes réserves en hydrocarbures de la Caspienne, à quelque mille kilomètres au nord-ouest de l'Afghanistan, semblent être le véritable enjeu de la bataille pour Kaboul. Les sceptiques et les détracteurs de la campagne américaine ont, à maintes reprises, pointé du doigt les intérêts de l'industrie pétrolière américaine en Afghanistan, à savoir l'établissement d'un corridor potentiel pour le passage d'un pipeline de la Caspienne vers le golfe Persique. Les tracés passant par un Sud-Caucase instable ou un Iran politiquement isolé semblent maintenant périlleux par rapport à la route vers le sud-est qui traverse l'Afghanistan. Le grand avantage de cette dernière est de terminer sa course sur les côtes pakistanaises, directement à l'est d'un détroit d'Ormuz sursaturé.

*« Unocal est toujours intéressé par le projet,* déclare Farhang, *mais ils se montrent discrets pour l'instant ; leur collaboration avec les talibans leur a valu une mauvaise réputation dans le pays. »* Selon le ministre, le géant de l'énergie américain ExxonMobil et la société

française TotalFinaElf seraient également des prétendants potentiels. Le gouvernement afghan n'a pas encore fait d'appel d'offres officiel pour le projet mais les deux milliards de dollars requis pour la construction seront sans doute financés par la Banque asiatique de développement (BASD), qui conduit pour l'instant une étude de faisabilité pour le compte de l'industrie pétrolière.

Politiquement, les intérêts que représente le pipeline n'ont pas foncièrement changé. *« À l'époque, le Pakistan a créé les talibans dans le seul but de construire ce pipeline, avec le soutien des États-Unis »*, ajoute Farhang. Le Pakistan, qui a un besoin constant de ressources énergétiques, a toujours espéré qu'en échange de son soutien, les talibans feraient l'impasse sur les 300 à 500 millions de dollars de taxes de transits et de douanes. Pour preuve de cette collusion américano-pakistanaise, Farhang se souvient d'un incident en 1996 au cours duquel le ministre pakistanais de l'intérieur emmena l'ambassadeur américain en visite à Hérat et à Kandahar, alors sous contrôle des talibans. *« De toute évidence, l'ambassadeur américain se montra fort impressionné par la stabilité qui régnait dans le pays et assura les autorités pakistanaises de son soutien politique*, déclare Farhang. *Quelle insulte pour le peuple afghan. Je ne l'oublierai jamais ! »* Aujourd'hui, ajoute-t-il, les objectifs économiques poursuivis par les États-Unis sont tout aussi intéressés que dans les années 1990, si ce n'est qu'ils utilisent maintenant l'intervention militaire directe. *« La politique, c'est du business. Les États-Unis n'abandonneront jamais leurs bases militaires en Afghanistan ; elles leur permettent de contrôler la région entière. »* Farhang reste cependant convaincu que la concurrence sera rude. *« Les Russes et les Iraniens tenteront une nouvelle fois de faire capoter le projet de pipeline. »*

Au cours de mes entrevues avec les représentants d'autres compagnies pétrolières actives dans la région caspienne, le projet de pipeline afghan provoque autant de scepticisme que d'intérêt. Tant que la paix et la sécurité ne seront pas garanties en Afghanistan, il sera impossible d'attirer des investisseurs étrangers. Aucune des entreprises que j'ai interviewées dans le cadre de ce livre n'a confirmé l'existence de contacts avec le nouveau régime en place à Kaboul.

Dans l'Afghanistan d'après-guerre, les liens entre le milieu politique et le monde pétrolier sont devenus plus simples à identifier. Zalmay Khalilzad, l'envoyé spécial du président Bush en Afghanistan et membre du Conseil national de sécurité, travaillait auparavant sur un projet approfondi d'analyse de risque pour le pipeline afghan pour le compte de la société Unocal. Alors qu'il servait sous l'administration Clinton, ce diplomate né à Kaboul se montra un ardent défenseur de la reconnaissance officielle du régime taliban, et ce malgré le fait que les excès et les idées radicales de ce dernier étaient connus de tous. *« Je suis persuadé que [les talibans] accueilleraient favorablement un réengagement américain. Ce ne sont pas des fondamentalistes anti-américains comme en Iran, ils sont plus proches du modèle saoudien* \*. »

Il fallut attendre le gel par Unocal de ses projets afghans pour que ce haut stratège de la Rand Corporation †, groupe de réflexion conservateur, ne condamne les talibans. Aujourd'hui, peu de décisions sont prises à Kaboul sans l'accord de Khalilzad. Début décembre 2002, le président Bush le nomma envoyé spécial pour la reconstruction civile de l'Irak d'après-guerre.

Robert Finn, nouvel ambassadeur américain en Afghanistan, est lui aussi un expert de la question pétrolière caspienne. En 1992, ce diplomate de carrière ouvrit l'ambassade américaine à Bakou et était présent lors de la signature du « contrat du siècle » entre l'Azerbaïdjan et les compagnies pétrolières occidentales.

Le président afghan Hamid Karzaï travailla lui aussi comme conseiller pour Unocal, représentant la compagnie américaine lors des négociations pour le pipeline avec les autorités talibanes en 1997. Aujourd'hui, Karzaï le pachtoune, ardent défenseur des talibans jusqu'en 1994, jouit du soutien inconditionnel de Washington. Au printemps 2002, soucieux de consolider son pouvoir, Karzaï nomma Juma Mohammadi ministre de l'industrie. Chaudement recommandé par l'administration Bush, Mohammadi avait travaillé pendant quinze ans aux États-Unis pour le Fond monétaire international (FMI) et mené la délégation afghane lors des négociations pour le pipeline avec le Turkménistan et le Pakistan.

« *Mohammadi a soutenu le projet de pipeline sans relâche*, déclare Mahfouz Nedaï, son député au ministère de l'industrie. *Je me souviens d'une violente dispute entre nous et les Pakistanais lors d'une réunion interministérielle à Islamabad qui manqua faire tout capoter. Mohammadi parvint à résoudre tous les contentieux avec ses homologues. Il voulait ce pipeline à tout prix.* » Selon l'homme, qui fut le concurrent de Karzaï pour la présidence lors de la Loya Jirga afghane en juin 2002, la raison est simple. « *Washington a placé ses hommes dans notre gouvernement pour une bonne raison ; les Américains ne sont pas venus en Asie centrale uniquement pour les terroristes.* »

Fin février 2003, Mohammadi, de retour d'une série de pourparlers sur le pipeline avec le gouvernement pakistanais à Islamabad, trouva la mort dans un mystérieux accident d'avion au Pakistan. Un diplomate américain en poste à Kaboul et que j'appellerai Bill minimise les liens entre la politique et le pétrole. « *Pour l'Amérique, l'Afghanistan n'a pas vraiment de valeur en soi. Il ne possède pas de matières premières et même comme route de transit pour un pipeline, il n'est pas particulièrement approprié.* » Bill balaie l'idée selon laquelle les conclusions d'Unocal seraient fort différentes : « *À l'époque, les plans d'Unocal étaient basés sur une analyse totalement erronée de la situation politique et sociale en Afghanistan. Prenez les risques de sécurité, par exemple ; il faudrait une armée entière pour protéger ce pipeline.* » Le seul but poursuivi par la coalition

---

\* The Washington Post, 7 octobre 1996.
† *www.rand.org*

militaire emmenée par les États-Unis, soutient le diplomate, est de déloger les terroristes de leur sanctuaire afghan. « *Le reste n'est que baliverne ; il n'y a pas de grand dessein et il n'y en a jamais eu. Aucun Américain n'aurait cru, le 10 septembre, que nos troupes seraient un jour ici.* »

Le diplomate ajoute que les forces américaines n'ont aucunement l'intention d'établir des bases militaires permanentes dans le pays. « *Si nous restions ici après avoir détruit les talibans et Al-Qaida, les Afghans nous considéreraient rapidement comme des occupants et non plus comme des invités. Il y a une bonne raison pour laquelle notre attaché à la défense est en train de lire un livre sur le Vietnam*, dit-il avant d'ajouter aussi vite : *Bien sûr, nous garderons quelques conseillers et instructeurs ici pour l'armée afghane, comme nous l'avons fait en Iran dans les années 1950 et 1960, lorsque nous avions besoin du pétrole qui s'y trouve. Il est évident que les Iraniens ont été choqués de se réveiller un beau matin de novembre avec nos troupes soudainement massées le long de leur frontière.* » Bill mentionne certains rapports selon lesquels des combattants d'Al-Qaida auraient trouvé refuge en Iran. Le diplomate estime que si Téhéran envoie des armes à Ismaël Khan, c'est dans le but d'installer une satrapie à Hérat. « *Mais cela ne réussira pas. Nous ne considérons pas l'Afghanistan comme faisant partie de la sphère d'influence iranienne.* » Bill estime que les relations irano-afghanes sont en piteux état en raison du manque d'intérêt de la part de Kaboul. Ses paroles font écho au Grand Jeu du XIXe siècle. « *Oh, le Grand Jeu n'a jamais vraiment cessé ici* », avoue-t-il.

Un autre diplomate américain en poste en Asie centrale, que j'interviewe peu après, insiste sur le fait que Washington ne poursuit aucun intérêt économique en Afghanistan. « *Nous avons été attaqués. Jusque là, nous n'avions jamais pensé un seul moment à l'Afghanistan.* » Le diplomate, dont les responsabilités comprennent les questions énergétiques de la Caspienne, m'assure qu'il ne s'est jamais préoccupé un seul instant d'un pipeline nord-sud traversant l'Afghanistan. « *Mes collègues et moi n'avons écrit aucun rapport à ce sujet. Nous nous sommes toujours concentrés sur les tracés est-ouest.* »

Sa déclaration contredit un rapport du département américain à l'énergie rendu public quelques jours avant les attaques de septembre 2001 et selon lequel « *l'importance énergétique de l'Afghanistan découle de sa position géographique, qui fait du pays une route de transit potentielle pour les exportations de pétrole et de gaz naturel d'Asie centrale vers la mer d'Arabie* \* ». Le diplomate américain reconnaît cependant que Washington commence sérieusement à considérer l'option d'un pipeline afghan. « *Le gouvernement américain est prêt à collaborer avec les compagnies américaines qui auraient de tels projets. Après tout, Unocal a démontré que le pipeline est faisable et rentable.* »

La base aérienne de Bagram, quartier général des troupes anti-terroristes américaines et alliées en Afghanistan, est située à une cinquantaine de kilomètres au

---

\* The Guardian, 23 octobre 2001.

nord de Kaboul, dans la plaine de Chamali. La route macadamisée qui mène à la base est étonnement bonne, compte tenu des innombrables mouvements de troupes et de tanks qu'elle a vus passer depuis des années. C'est sur cette route que les forces anti-talibanes pénétrèrent dans Kaboul en novembre 2001, aux côtés de leurs alliés américains et britanniques, ne rencontrant aucune opposition puisque les talibans avaient déjà fui vers Kandahar. Ce n'est pas la première fois que Kaboul tombait aux mains d'une force armée sans combattre. Lorsque le général Sir John Keane entra dans Kaboul à la tête d'une armée de 15 000 hommes le 30 juin 1839, pas un seul coup de feu ne fut tiré. Le dirigeant de l'époque, l'émir Dost Mohammed, avait fui et s'était finalement rendu en novembre 1840. Sir William Macnaghten, agent politique à Kaboul, écrivit dans un rapport au gouverneur-général des Indes que, *« de Dan à Bersabée »*, tout était calme en Afghanistan [*].

Moins d'une année plus tard, pourtant, l'Empire britannique connaissait la défaite militaire la plus cinglante de son histoire. Menés par le fils de Dost Mohammed, les mutins afghans obligèrent les troupes britanniques et leurs familles à fuir Kaboul. Poursuivis par les rebelles, Britanniques et Indiens tentèrent de rejoindre le fort de Djalalabad, dans l'est du pays, pour se mettre à l'abri, mais seul le docteur militaire William Bryden y parvint une semaine plus tard. Il était le seul survivant, les Afghans n'avaient montré aucune pitié. Le massacre inspira à Rudyard Kipling son poème *The Young British Soldier*, qu'il conclut par ces vers : *« Si tu es abandonné sur les plaines d'Afghanistan, blessé / Et que les femmes arrivent pour t'achever / Retourne ton fusil et fais-toi sauter la cervelle / Et rejoins ton Seigneur comme un soldat »*.

La dernière armée qui envahit l'Afghanistan et – détail important – parvint à se retirer plus ou moins indemne fut celle d'Alexandre le Grand. Tous les conquérants qui marchèrent dans ses pas rencontrèrent une résistance acharnée. *« L'Afghan tolère la pauvreté et l'insécurité, mais jamais la mainmise étrangère »*, écrivait Sir John Lawrence, alors vice-roi britannique des Indes, à la fin des années 1860. *« Dès que l'occasion se présente, il se rebelle* [†]. *»*

Les mesures de sécurité à la base aérienne de Bagram sont extrêmement drastiques. Les visiteurs doivent passer par deux « portes afghanes » gardées par des soldats locaux. Je me dirige ensuite vers la porte américaine, où un officier de presse m'invite à bord de son Humvee couleur sable. Nous traversons un immense enchevêtrement de baraquements en bois et d'installations militaires. La base aérienne de Bagram est si grande qu'elle est constituée de quatre « villes » différentes ; l'une d'elles a été appelée « la ville vipère » en raison du grand nombre de serpents que les forces américaines ont trouvés lors de leur arrivée en décembre 2001. La base compte plus de 3 500 soldats américains et alliés.

Quelques jours avant ma visite, la 82e Division aéroportée de Caroline du Nord a remplacé la 10e Division de montagne de New York, qui formait jusqu'alors le

---

[*] P. Hopkirk, *op. cit.*, p. 258.
[†] K. Meyer, *op. cit.*, p. 156.

contingent principal. Chaque minute ou presque, un avion de transport C-17, transportant troupes et matériel, atterrit ou décolle de la piste construite par les Soviétiques. Des hélicoptères Chinook amènent les soldats américains vers les théâtres d'opération reculés, situés dans les montagnes proches de la frontière pakistanaise. J'aperçois, en bout de piste, un groupe d'hélicoptères de combat Apache et Black Hawk.

C'est l'heure du souper. J'ai reçu l'autorisation de me rendre à la cantine sans escorte militaire. En chemin, des soldats me dépassent à toute vitesse sur leur *gator*, véhicule ressemblant à un tracteur-tondeuse et moyen de transport le plus répandu à Bagram. Pour se protéger de la poussière et des cailloux, les chauffeurs portent des lunettes sombres. D'autres soldats, pas le moins du monde incommodés par l'air vicié, profitent de leur temps libre pour faire du jogging. Un groupe d'Afghans vêtus de haillons se presse vers la sortie ; ce sont des habitants des alentours employés sur la base. Surveillés de près par plusieurs GI américains, ils ont l'air de condamnés enchaînés. Peu après, j'interpelle une attachée de presse à ce sujet. *« Nous ne voulons pas qu'ils s'approchent de l'équipement sensible que nous avons sur la base »*, me confie-t-elle.

En passant devant les tentes de distribution de carburant après le souper, j'aperçois deux pancartes en bois qui marquent l'intersection entre Exxon Street et Petro Boulevard. Je jette un œil dans la « tente pour le moral », où des soldats sont occupés à regarder des films d'horreur ou à jouer au billard. Dans la tente de presse, spartiate mais équipée d'un générateur, baptisée Pressmenistan, les reporters des diverses agences installées à Bagram tuent le temps en attendant de pouvoir écrire un article digne de publication. Dans la mesure où l'opération Liberté immuable touche à sa fin et que tous les esprits sont désormais tournés vers l'Irak, ce n'est pas vraiment là un job de rêve. *« Les militaires ne nous donnent aucune information »*, se plaint un reporter de l'Associated Press arrivé d'Afrique de l'Est il y a deux semaines. *« S'ils ne se montrent pas plus coopératifs, je ferai un papier sur les Afghans qui s'introduisent dans le camp pour vendre du hachich aux soldats. »*

Ayant entendu que nous parlions de substances illicites, Jim, un caméraman travaillant pour une chaîne d'information en continu, sort une bouteille de vodka ouzbèke, qu'il dit avoir achetée à des gardes afghans à l'entrée du camp. Ce trentenaire est en poste à Bagram depuis six mois mais assure que cela ne le dérange pas. *« J'ai moi-même été soldat pendant onze ans ; je suis habitué à la vie de camp. »* Histoire de se divertir, lui et ses collègues gardent les scorpions qu'ils capturent sur la base dans un terrarium, à l'intérieur de la tente de presse. *« On leur donne des noms ; le plus marrant, c'est de les affamer et de les regarder se bouffer entre eux. »* Sur la bâche à l'arrière du terrarium, les journalistes ont peint des tombes portant des inscriptions telles que *« Paix à Charlie, mort l'épée à la main »*.

Cette nuit-là, j'ai du mal à m'endormir sur mon lit de camp. Une forte tempête de sable fait rage sur la plaine de Chamali et le trafic des avions militaires ne s'interrompt à aucun moment. Une mine explose au loin. Au réveil, le lendemain, la tempête de sable fait toujours rage, réduisant parfois la visibilité à quelques mètres.

Quittant la tente pour aller me promener, je recouvre mon visage d'un foulard. Dans un recoin de la base séparé par du fil de fer barbelé, j'entrevois de solides gaillards qui se sont adaptés à l'environnement afghan, portant barbe et patou. Ils font partie des quelques centaines de combattants des forces spéciales américaines stationnées ici. La plupart de ces commandos reprennent des forces à Bagram après des semaines passées dans les montagnes en mission spéciale, et portent les traces d'une campagne militaire qui s'est transformée peu à peu en guérilla de contre-insurrection.

Opérant en équipes de dix à vingt hommes, ils déterminent les lieux présumés dangereux, achètent les services d'alliés locaux et s'installent dans une maison sûre, d'où ils fouillent les villages alentours à la recherche de combattants d'Al-Qaida et de talibans, ou de leurs sympathisants. Ceux-ci sont ensuite ramenés à la base ou à Guantanamo, sur l'île de Cuba, afin d'être interrogés. Étant donné la vitesse avec laquelle la situation peut changer, la reconnaissance est vitale. Jusqu'à présent, pourtant, le bilan de ces missions est plutôt mitigé. Observateurs et autochtones critiquent les méthodes de fouille brutales utilisées par certaines unités trop enthousiastes. À plusieurs reprises, des habitants innocents ont été maltraités par les soldats américains et des femmes afghanes interrogées et fouillées dans leur demeure, une ignominie aux yeux des Pachtounes ultraconservateurs. L'armée mène également une enquête sur la mort d'au moins deux Afghans détenus à Bagram. Conséquence de tout cela, l'hostilité à laquelle font face les soldats est croissante et ils essuient souvent des tirs ennemis. Le nombre de victimes est en augmentation constante.

Au début de l'été 2002, l'armée américaine provoqua un tollé international lorsque ses avions de combat bombardèrent plusieurs cérémonies de mariage dans différents villages, tuant des dizaines de civils afghans sans armes. Les pilotes prétendirent qu'ils avaient pris pour une attaque la coutume afghane qui consiste à tirer en l'air lors des mariages. Dans un cas précis, le commandement militaire avait agi sur dénonciation d'un allié afghan qui avait affirmé que des terroristes se cachaient dans un village. Il s'avéra ensuite que l'homme s'était servi de la machine de guerre américaine pour régler ses comptes avec des rivaux locaux.

« *Nous avons commis des erreurs* », concède le colonel Roger King, porte-parole à Bagram des forces américaines en poste en Afghanistan. « *Nous ne lançons désormais plus d'attaques sur base d'un seul témoignage car les gens peuvent nous dire ce qu'ils veulent.* » King se rend bien compte du risque d'accroissement des sentiments antiaméricains. « *On n'observe aujourd'hui aucune vague de sentiments antiaméricains mais nous essayons de minimiser les incidents qui pourraient les provoquer.* »

King est également au courant des accusations lancées par le gouvernement Karzaï à l'encontre des forces américaines selon lesquelles celles-ci fragmenteraient l'Afghanistan en persistant à vouloir s'associer avec des potentats locaux dans la lutte contre les poches de résistance d'Al-Qaida et des talibans. Fournis en armes et en dollars par la CIA, ces chefs de guerre se sont constitué de puissantes armées privées et sont souvent impliqués dans le trafic florissant de la drogue. Depuis l'arrivée des troupes américaines en Afghanistan, la production d'opium a multiplié par vingt, passant de 185 tonnes en 2001 à 3 400 tonnes en 2002.

Malgré les sanctions draconiennes imposées aux cultivateurs d'opium par le gouvernement Karzaï, l'exploitation du pavot est passée de 8 000 hectares en 2001 à 74 000 hectares l'année suivante. Avant la guerre, le régime des talibans avait réussi à imposer et faire respecter, jusqu'en juillet 2000, une interdiction de cultiver du pavot.

*« Nous recherchons les terroristes,* explique King, *nous ne poursuivons par les trafiquants de drogue, ils ne font pas partie de notre mission. Il y a plusieurs sortes de mauvais types dans cette guerre : les trafiquants de drogue en sont une mais les talibans le sont plus encore. »* Il admet que les forces spéciales américaines ont reçu l'ordre de ne pas s'occuper du trafic de drogue. *« Nous n'intervenons que si les trafiquants de drogue sont des talibans ou fomentent des actions terroristes. »* Le colonel admet que de nombreux alliés des États-Unis dans le pays ont du sang sur la conscience. *« Beaucoup de gens sont impliqués dans le trafic de la drogue mais en ce qui nous concerne, c'est un autre problème. »* Il souligne que les chefs de guerre n'ont pas été recrutés par les forces régulières mais bien par la CIA, et que l'armée n'a aucun contrôle sur les activités de l'organisation secrète. Selon lui, l'armée américaine tente de persuader ses alliés locaux d'abandonner le trafic de drogue. *« Nous nous asseyons avec eux, buvons du thé vert et leur montrons qu'il y a d'autres façons de gagner de l'argent. »* Par exemple ? *« Eh bien, nous les payons »,* déclare-t-il sans sourciller.

Partout à Bagram, des bâtiments en bois et en béton sont venus remplacer des centaines de tentes. *« On essaie toujours d'améliorer son petit nid »,* déclare le colonel King en souriant. Les activités de construction reflètent un changement important dans la politique américaine. À l'automne 2002, des officiels de haut rang de l'administration Bush commencèrent à manifester leur désir de voir les troupes américaines rester en Afghanistan pendant plus de dix ans. Lorsqu'on lui avait demandé combien de temps encore les soldats américains comptaient rester en Afghanistan, le général Tommy Franks, chef du Commandement central américain, avait répondu : *« Encore très longtemps* * ».* Auparavant, les fonctionnaires fédéraux avaient garanti au public un retrait immédiat après la défaite des combattants talibans et d'Al-Qaida. Le président Bush lui-même avait plaisanté en disant qu'il *« ne s'occupait pas de nation-building ».*

Le colonel King explique qu' *« après le 11 septembre, nous sommes venus ici dans le seul et unique but de déposer le gouvernement qui avait permis les attaques et de poursuivre les gens qui les avaient perpétrées. Mais maintenant, nous tentons également d'améliorer l'existence des Afghans et d'assurer leur indépendance ».* Cette nouvelle politique inclut le soutien au

---

* International Herald Tribune, 29 août 2002.

gouvernement central de Kaboul et la mise sur pied d'une armée nationale. L'administration Bush semble reconnaître que la lutte contre le terrorisme ne pourra être remportée uniquement à l'aide de moyens militaires mais également, comme les diplomates européens et les experts régionaux n'ont cessé de le répéter, en l'accompagnant de mesures civiles destinées à garantir la stabilité qui empêchera l'émergence du terrorisme. « *Il est bon d'être présent dans le monde*, déclare King. *Cela n'a rien à voir avec l'impérialisme. Auparavant, notre erreur était de ne pas prêter attention à ceux qui nous ont blessés au cours du 11 septembre. Notre engagement nous donne aujourd'hui une plus grande conscience.* »

King regarde en direction de la piste d'aviation, où deux hélicoptères de combat Apache sont sur le point de décoller dans la tempête. « *Nous devons remettre un pays entier sur pied, cela prend du temps. Après tout, chez McDonalds, vous ne pouvez pas non plus passer du micro au comptoir en trente secondes.* »

Mon entretien avec le colonel King terminé, un soldat me reconduit aux portes de la base. Tim est réserviste, originaire de Géorgie, et sa femme lui manque terriblement. Comme j'ai oublié de prévoir un moyen de transport pour regagner Kaboul, il accepte de me conduire jusqu'au poste de contrôle afghan, là où se rassemblent les chauffeurs de taxis locaux. Alors que nous nous arrêtons, un groupe d'enfants afghans encerclent la jeep en riant et en criant ; certains se mettent à frapper les portes et les fenêtres du véhicule avec les mains. Tim me demande de sortir en vitesse. Soudain, les garçonnets parviennent à ouvrir le coffre du véhicule et à s'emparer d'une boîte à outils et d'autres menus objets.

« *Foutez le camp d'ici !* », hurle Tim. Serrant le frein à main, il s'empare de son fusil M-16 et saute de la voiture. Pris de peur, les enfants s'enfuient en abandonnant quelques-uns des objets volés. Le militaire s'arrête et, par réflexe, pointe le canon de son fusil d'assaut en direction des garçons qui s'enfuient. Au moment où je sors enfin de la voiture, il abaisse son fusil, se rendant sans doute compte de la mauvaise image de son geste. Hormis le ronflement du moteur de la jeep, tout n'est que silence autour de nous. Des dizaines d'Afghans, témoins de la scène, regardent Tim remonter dans sa voiture en jurant et démarrer en direction de la base.

Que les troupes américaines sortent gagnantes de leur lutte antiterroriste ou subissent au contraire le même sort que les envahisseurs soviétiques dépendra en grande mesure d'un des plus importants acteurs régionaux du Grand Jeu, le Pakistan, voisin de l'Afghanistan et destination finale de mon long périple.

# Le Berceau de la terreur

Arrivés au poste de contrôle de Michni, nous quittons notre véhicule pour escalader une colline rocheuse. En dessous de nous se trouve le poste-frontière pakistano-afghan de Torkham et sa file ininterrompue de camions remontant la route de montagne qui serpente sur les flancs arides où pas un seul arbre ne pousse. On aperçoit également plusieurs bus de passagers, des réfugiés afghans rentrant au pays, avec les bagages empilés sur le toit. Deux garçons d'un village tout proche nous accostent et nous donnent une rapide leçon de géographie. « *La montagne qui se trouve là est en Afghanistan, celle à droite aussi ; mais cette montagne-ci, c'est déjà le Pakistan.* » Je ne remarque aucune barrière ou signe de démarcation ; les piliers qui, dit-on, délimitaient autrefois cette frontière ont disparu depuis longtemps. L'Afghanistan et le Pakistan ne sont pas vraiment séparés ; ils se confondent l'un avec l'autre.

Nous sommes au col de Khyber, célèbre point de passage entre l'Asie centrale et le sous-continent indien. Pendant des milliers d'années, les marchands l'empruntèrent, à la tête de leurs caravanes de chameaux, pour relier la Chine à l'Europe. Les Montagnes blanches servirent également de route d'invasion à de nombreuses armées, d'Alexandre le Grand aux Britanniques, et ce dans les deux sens. Les généraux du Grand Jeu passèrent de nombreuses nuits blanches à tenter de trouver le moyen de protéger ou de conquérir ce point de passage stratégique. Le nouveau Grand Jeu ne s'arrête cependant pas au col de Khyber, et les catalyseurs de la lutte pour le pouvoir et les oléoducs en Asie centrale se trouvent ici, au Pakistan, dont la puissance s'appuie sur ses 148 millions d'habitants, qui font de lui le septième pays le plus peuplé au monde, ainsi que la puissance la plus peuplée aux abords de l'Asie centrale.

Pendant des siècles, les guerriers de la tribu des Afridis, descendants présumés d'Alexandre le Grand, renommés pour leur penchant au trafic et leur amour de la guerre, furent les seigneurs du col de Khyber. Même après la partition de 1947 consécutive à l'indépendance de la colonie de la Couronne britannique des Indes, les Afridis, imités par d'autres tribus pachtounes, proclamèrent leur autonomie face à l'État pakistanais. Aujourd'hui encore, aucun policier pakistanais n'est autorisé à pénétrer dans les « territoires tribaux » de l'ouest du Pakistan, où les lois tribales traditionnelles sont les seules en vigueur. Le seul représentant des intérêts gouvernementaux auprès des tribus est l'agent politique basé à Peshawar. Il n'est donc guère étonnant que l'anarchie qui règne dans les régions tribales représente un paradis pour les bandits, les producteurs d'héroïne et les trafiquants d'armes. L'accès est généralement strictement interdit aux étrangers et c'est seulement après avoir obtenu une permission spéciale et une escorte armée du clan des Afridis que je reçois l'autorisation de voyager à travers l'agence de Khyber jusqu'à Peshawar, sur le dernier tronçon de la Grand Trunk Road en provenance de Kaboul.

Mon garde s'appelle Rasoul. Il porte une barbe noire, a un large sourire et l'air à la fois naïf et extrêmement sérieux. Il porte un AK-47 sur l'épaule et deux magasins de rechange attachés avec du papier collant. « *Assez de munitions pour une journée* », dit-il en riant. L'homme a trente ans et travaille comme garde pour l'agence de Khyber depuis sa jeunesse. Son maigre salaire lui permet de subvenir aux besoins de sa femme et de ses huit enfants, dont le plus âgé vient juste d'avoir quatorze ans.

« *Mon fusil me sert dans les affrontements avec les autres tribus* », m'explique-t-il. Ces conflits tuent des centaines de personnes chaque année dans les zones tribales, souvent du fait de vendettas ou de tensions religieuses entre sunnites et chiites. Ils ont également pour origine le *pachtounwali*, code de conduite qui oblige tout Pachtoune à se venger par le sang (*badal*) si lui-même, sa famille ou sa tribu ont été insultés ou maltraités. La plupart des disputes ont pour cause l'or (*zar*), les femmes (*zan*) ou la terre (*zamin*). « *Nous essayons le plus souvent de restaurer l'honneur (nang) d'une famille*, m'explique Rasoul. *Surtout si les femmes sont concernées.* »

Nous remontons en voiture et nous rendons dans la petite ville de Landi Kotal, repaire notoire de brigands. Le long de la route, dans une rangée de bâtisses en terre cuite à deux étages, on trouve des magasins vendant des objets électroniques tels que stéréos ou postes de télévision. Dans l'une de ces échoppes s'entassent des armes à feu, pour la plupart de kalachnikovs de contrefaçon en parfait état de marche, fabriquées dans toute la région par les Afridis et d'autres tribus du coin. Ce commerce connait une croissance constante depuis des décennies en raison de la forte demande en provenance de l'autre côté de la frontière. Ici aussi, la plupart des hommes, et parfois des jeunes garçons, se promènent le plus naturellement du monde avec un fusil automatique. Comme en Afghanistan, les hommes sont barbus, portent le turban et le shalwar kamiz – pantalon bouffant avec tunique –, le tout recouvert parfois d'une veste à poches foncée. Les rares femmes que l'on croise en rue sont recouvertes d'une burqa de soie bleu pâle.

Durant la campagne militaire américaine en Afghanistan, les populations des zones tribales se rangèrent en masse derrière les talibans. Selon les estimations, quelque 9 000 hommes, armés parfois de simples *jezails*, traversèrent spontanément la frontière pour mener le djihad contre les envahisseurs. Nombre d'entre eux languissent aujourd'hui dans des prisons afghanes.

Je demande au chauffeur de s'arrêter mais Rasoul me conseille de ne pas quitter la voiture. « *N'oubliez pas que les lois pakistanaises ne valent rien ici ! De nombreux criminels pakistanais viennent se réfugier ici et ces gens-là ne rigolent pas vraiment, croyez-moi !* » Je sors néanmoins pour acheter quelques fruits dans un magasin. Le commerçant est sympathique et une forte odeur de haschisch flotte dans l'air. Son AK-47 en main, Rasoul ne me quitte pas un instant et me fait bientôt remonter en voiture. Alors que nous quittons la ville, j'aperçois un graffiti sur un mur proclamant en anglais : « Longue vie à Oussama Ben Laden ! » En dessous, des enfants jouent au football avec une boîte de conserve en aluminium.

C'est quelque part dans les montagnes arides proches de Landi Kotal que la trace de Ben Laden s'est perdue. La plupart des agences de renseignement occidentales s'accordent à penser qu'en décembre 2001, Ben Laden et ses combattants fuirent la forteresse montagneuse de Tora Bora, dans l'est de l'Afghanistan, pour venir se réfugier dans un endroit secret et inaccessible situé quelque part dans les zones tribales pachtounes. Les B-52 américains bombardèrent les mauvaises voies d'évasion et les chasseurs des Forces spéciales se fièrent trop à leurs alliés afghans, inefficaces. Des témoignages rapportent que plusieurs groupes de combattants de haut rang d'Al-Qaida et des talibans traversèrent les montagnes en provenance d'Afghanistan lors des dernières journées de l'opération Liberté immuable. Je demande à Rasoul ce qui a bien pu leur arriver d'après lui. *« Si ce sont de bons musulmans, ils sont les bienvenus chez nous ; nous leur donnons de la nourriture et un abri. »* Ainsi l'exige l'hospitalité pachtoune (*melmastia*).

Il est interdit de refuser l'hospitalité à qui que ce soit, même à un criminel, et, si nécessaire, l'hôte se fera un point d'honneur de sacrifier sa vie pour ses invités. *« Cela fait partie de nos traditions,* explique Rasoul. *De toute façon, Oussama n'est pas un criminel mais un héros. Les Américains ont tué beaucoup d'innocents en Afghanistan. »* C'est seulement au terme de longues négociations avec les chefs de tribus que l'armée pakistanaise fut enfin autorisée, fin 2001, à déployer ses troupes le long des 2 400 kilomètres de frontière commune avec l'Afghanistan. Quelque 60 000 soldats, équipés par le Pentagone d'hélicoptères et de véhicules militaires, y sont aujourd'hui déployés. Appuyés par les Forces spéciales US, ils patrouillent la frontière et fouillent les villages à la recherche de suspects. La tension avec les autochtones est palpable, nombre d'entre eux ayant pris fait et cause pour Hekmatyar, l'ancien leader moudjahid, vraisemblablement réfugié en zone tribale lui aussi, et qui a appelé au djihad contre le gouvernement afghan et les troupes américaines.

Nous quittons l'agence de Khyber par une porte en pierre et atteignons Peshawar, capitale de la Province de la frontière du Nord-Ouest (NWFP), dont le nom, qui date de l'époque moghole, signifie « ville-frontière », ce qu'elle est encore de nos jours. Au cours du djihad en Afghanistan financé par la CIA contre les envahisseurs soviétiques dans les années 1980, la ville devint un repaire de moudjahidins, d'agents secrets, de journalistes et d'organisations humanitaires s'occupant des millions de réfugiés afghans. À son arrivée à Peshawar, Tom Carew, agent secret britannique et ancien soldat de la SAS, fut dégoûté. *« La ville entière pullulait de mendiants amputés, terreux, répugnants, exhibant croûtes et plaies, et plongés jusqu'aux genoux dans la poussière et le crottin d'âne.* \* »

Aujourd'hui, Peshawar respire une exubérance toute centre-asiatique. Les ruelles entourant la forteresse du Bala Hissar constituent en réalité un gigantesque marché pachtoune. Vélos, chars à bœuf, motos, carrioles à cheval, rickshaws motorisés et voitures déglinguées disputent la rue à des camions aux couleurs criardes et aux riches décorations. L'énorme camp de réfugiés qui se trouvait autrefois à l'est de la ville a été démantelé et ses occupants sont repartis chez eux, en Afghanistan.

L'ancien cantonnement colonial britannique est situé dans un quartier calme de la ville, aux boulevards bordés d'arbres et aux villas de briques rouges, où se trouvent également les baraquements militaires. C'est là qu'habite le journaliste Rahimollah Youssoufzaï, qui en sait plus que quiconque sur les talibans et Al-Qaida. Ce Pachtoune d'âge moyen fut le premier à interviewer le mollah Omar, leader des talibans, au printemps 1995. Youssoufzaï rencontra ensuite Oussama Ben Laden à deux reprises, dans ses camps d'entraînement afghans, pour des interviews publiées dans le monde entier. En mai 1998, Ben Laden l'invita, ainsi que quelques autres journalistes, dans son camp près de Kandahar pour une conférence de presse improvisée marquant le lancement de son djihad contre les États-Unis. « *Il était très gentil et modeste, presque timide même* », se souvient Youssoufzaï, évoquant les mains douces de Ben Laden qui trahissaient la vie aisée et dépourvue de labeur physique de ce fils de millionnaire.

Youssoufzaï se souvient que la conférence de presse avait enragé le mollah Omar, chef des talibans. Le lendemain, il convoqua Ben Laden à Kandahar et le réprimanda sévèrement : « *Il n'y a qu'un seul chef en Afghanistan et c'est moi ! Vous êtes notre invité mais ne nous attirez pas d'ennuis avec les Américains !* », lui hurla-t-il. Il serait faux de penser qu'Al-Qaida avait les mains libres en Afghanistan, estime le journaliste, ajoutant que Ben Laden dépendait des talibans et ne pouvait prendre aucune initiative d'envergure sans l'assentiment d'Omar. La seconde interview de Ben Laden avec Youssoufzaï requit l'accord express de Kandahar. « *Les Occidentaux ne s'en rendent pas bien compte mais Ben Laden n'était guère qu'un simple réfugié flanqué de quelques combattants ; les talibans se moquaient éperdument de son prône pour le djihad.* » L'homme est convaincu que Ben Laden a survécu aux attaques américaines et est bien vivant aujourd'hui † et estime qu' « *un jour, il sortira de sa cachette, pour la simple raison qu'il recherche la publicité à tout prix.* »

L'Afghanistan et le Pakistan ne sont pas simplement inséparables géographiquement ou ethniquement, mais également historiquement. C'est en partie la faute de la ligne Durand, frontière arbitraire dessinée par les Britanniques

---

\* T. Carew, *Djihad: The Secret War in Afghanistan*, Mainstream Publishing, 2001, p. 49.
† Oussama Ben Laden fut finalement assassiné par un commando américain à Abbottabad, au Pakistan, le 2 mai 2011

en 1893 pour séparer officiellement les Indes britanniques de l'Afghanistan. Cette ligne de démarcation qui fractionne les régions pachtounes fut adoptée par le Pakistan suite à l'indépendance de la colonie de la Couronne en 1947. Le gouvernement afghan ne l'a jamais reconnue et aujourd'hui encore, nombreux sont les Pachtounes qui rêvent d'un Grand Pachtounistan s'étendant des deux côtés de la ligne Durand. Mais si les politiciens pakistanais ont les yeux rivés sur leur voisin occidental, ce n'est pas seulement en raison de l'irrédentisme afghan ; le berceau des musulmans du sous-continent se sent également menacé par la puissance indienne. Les deux nations se sont déjà livré trois guerres dans la province contestée du Cachemire, que toutes deux revendiquent. Le conflit gagna en intensité en 1990, suite aux ravages provoqués par une rébellion musulmane dans la zone du Cachemire sous administration indienne. Les attaques terroristes, et les représailles brutales que celles-ci déclenchèrent de la part des forces de sécurité indiennes, coûtèrent la vie à plusieurs dizaines de milliers de personnes. New Delhi accuse Islamabad de financer l'insurrection et d'entraîner des militants islamistes dans le but de les faire passer en Inde.

Le conflit au Cachemire est inextricablement lié à la politique afghane du Pakistan. Ce petit pays cunéiforme ne peut courir le risque de s'attirer également l'hostilité de son voisin occidental, et d'être ainsi pris en tenaille entre deux zones d'instabilité. Soucieux de gagner en « profondeur stratégique », Islamabad tente dès lors depuis plus de trente ans de peser sur le cours des choses en Afghanistan, une politique qui s'est rarement faite au profit des habitants de l'Hindou Kouch.

Le général Naseerullah Babar est l'homme qui, pendant trente années, tira dans l'ombre les ficelles en Afghanistan. Né en 1928 et éduqué dans un internat britannique, cet ancien ministre pakistanais de l'intérieur est considéré comme le « parrain des talibans ». Sans son soutien, ceux-ci ne seraient jamais parvenus à remporter une victoire aussi éclatante au milieu des années 1990.

Babar s'immisça pour la première fois dans les affaires afghanes en 1973, après le renversement, à Kaboul, du roi Zahir Chah par son cousin Mohammed Daoud et la mise en place d'un régime gauchiste et anti-islamique. Eu égard aux revendications de plus en plus pressantes pour la création d'un Grand Pachtounistan, le régime de Daoud représentait un danger potentiel pour le Pakistan. Aussi, dans le but de le déstabiliser, Babar, qui était alors gouverneur de la NWFP, fit-il venir à Peshawar le professeur coranique afghan Burhanuddin Rabbani, accompagné de deux de ses meilleurs élèves, Ahmed Chah Massoud et Gulbuddin Hekmatyar. Afin d'entraîner ces derniers, ainsi que des dizaines d'autres Afghans, aux tactiques de guérilla, il mit sur pied des camps d'entraînement secrets, connus seulement d'une poignée de conspirateurs, dont Zulfikar Ali Bhutto, président de l'époque. C'est dans ces camps que Massoud et Hekmatyar, qui étaient alors encore amis, apprirent le maniement des armes et les tactiques de combat. Babar envoya ensuite le talentueux Massoud dans la vallée du Panchir, d'où il lança une guérilla sanglante contre les forces gouvernementales afghanes. Daoud comprit le message et entreprit de se montrer plus accommodant.

Auréolé de son triomphe, Babar fit ensuite secrètement venir ses jeunes moudjahidins à Islamabad pour les présenter à l'ambassadeur américain, scellant ainsi une alliance victorieuse mais qui devait au final se révéler tragique. Lorsque les Soviétiques envahirent l'Afghanistan en 1979, les Américains surent directement qui ils enverraient combattre l'Armée rouge. Babar avait créé les moudjahidins mais ne reçut aucun contrôle sur l'opération secrète de 3 milliards de dollars montée par la CIA, et son ami de longue date, le général Mohammed Zia ul-Haq, prit le pouvoir lors d'un coup d'État, faisant exécuter Bhutto et envoyant Babar en prison pour six ans. Le Pakistan était devenu un État de première ligne dans la guerre froide et l'installation d'une dictature militaire impitoyable n'était pas pour déranger le gouvernement américain. Washington autorisa le panislamiste Zia et ses services secrets, l'Inter-Services Intelligence (ISI), à favoriser les djihadistes les plus radicaux, Hekmatyar en particulier, en les arrosant d'armes et de dollars américains. Lorsque les troupes soviétiques entamèrent leur retraite en 1988, Zia disparut dans un mystérieux accident d'avion qui coûta également la vie au patron de l'ISI, à quatre généraux et à l'ambassadeur américain, à savoir tous ceux qui étaient au fait des activités de la CIA en Afghanistan.

Zia mort, le Pakistan reprit le chemin de la démocratie, et Benazir Bhutto, fille du héros national, devint la première femme élue à la tête d'un pays musulman. L'armée et les services secrets gardèrent néanmoins le gros du pouvoir au cours des mandats de Bhutto et de son rival, Nawaz Sharif, de plus en plus entachés par des problèmes de corruption. Après la chute de l'Union soviétique, les généraux, qui comptaient dans leurs rangs de nombreux panislamistes, cherchèrent à étendre l'influence pakistanaise aux nouvelles républiques musulmanes indépendantes d'Asie centrale. Outre les évidentes opportunités commerciales qu'ils offraient, ces États possédaient également d'énormes réserves en hydrocarbures dont le Pakistan, pauvre en énergie, avait grand besoin. Tout comme au XIXe siècle, l'Afghanistan, alors plongé dans le chaos et la guerre civile, était le seul pays offrant accès aux steppes centre-asiatiques. Puisque son serviteur Hekmatyar semblait de moins en moins capable d'écraser ses adversaires et de stabiliser le pays, le Pakistan se mit à la recherche de nouveaux alliés. C'est au printemps 1994 que Babar, alors ministre de l'intérieur de Bhutto, entendit pour la première fois parler des talibans.

*« Il est faux de dire que le Pakistan a créé les talibans ; ceux-ci étaient un phénomène typiquement afghan »*, me déclare le général Babar, aujourd'hui à la retraite, alors que nous dînons ensemble à Peshawar. *« Bien sûr, nous leur avons offert notre soutien lorsqu'ils gagnèrent en puissance. »* L'homme, un Pachtoune de 75 ans que sa grande taille rend imposant, dégage un air marqué d'autorité. Il tient dans sa main droite une canne d'officier en bambou tandis que son épaule gauche tombe légèrement en raison d'une blessure causée en 1971 par un éclat d'obus au cours de la guerre contre l'Inde. Babar reconnaît être à l'origine de la série impressionnante de victoires militaires remportées par les talibans au milieu des années 1990, une idée que la plupart de ses collègues du gouvernement trouvaient alors insensée. Avec l'aide de plusieurs officiers de l'ISI, il mit sur pied un convoi de soutien de trente camions

qui devaient quitter la ville de Quetta, dans le sud du Pakistan, pour gagner Kandahar et Herat, traversant des zones contrôlées par les milices sanguinaires des moudjahidins, pour finalement atteindre Achgabat, la capitale turkmène. Bhutto, alors première ministre, fut séduite par le projet et se rendit au Turkménistan pour y rencontrer le chef de guerre ouzbek Rachid Dostoum. Sans prévenir le gouvernement afghan de Kaboul, Babar s'envola pour Herat en compagnie de l'ambassadeur américain et de cinq autres diplomates occidentaux afin de gagner Ismaël Khan, le commandant des moudjahidins locaux, à la cause du convoi d'aide. Ignorant tout des conséquences, Khan et Dostoum acceptèrent de laisser passer le convoi sur leurs terres.

Fin octobre 1994, les camions débarquèrent, avec à leur bord plusieurs officiers de l'ISI et deux jeunes commandants talibans. Non loin de Kandahar, les chefs de la milice locale leur bloquèrent le chemin, réclamant de l'argent. Pressé par Babar, le mollah Omar, chef des talibans, dont les combattants contrôlaient quelques villages à peine, résolut de recourir à la force pour libérer le convoi. Au cours de la bataille qui s'ensuivit, les talibans prirent le contrôle de Kandahar. Surpris de leur succès et de l'immense popularité rencontrée auprès de la population, ils prirent la direction de Kaboul, avec l'appui total du Pakistan.

*« Notre soutien était purement moral et diplomatique*, insiste Babar en mangeant son bol de soupe au mouton. *Nous n'avons pas entraîné les talibans ; ils n'en avaient d'ailleurs pas besoin. Nous ne leur avons donné ni armes, ni équipement ; ils ont reçu tout cela des chefs de guerre qui se sont joints à eux. »* Babar évite soigneusement d'aborder l'aspect financier, la plupart des chefs de guerre n'ayant en effet accepté de se joindre aux talibans qu'en raison des généreux bakchichs versés par le Pakistan et l'Arabie saoudite. De nombreux témoins afghans rapportent également que certains officiers de l'armée et des services secrets qui parlaient l'ourdou prirent part aux campagnes talibanes.

Face à ces déclarations compromettantes, Babar concède que la Pakistan a également apporté un soutien logistique. *« Nous leur avons donné des téléphones-satellites et mis sur pied un réseau téléphonique pour leur permettre de communiquer et de coordonner leurs actions. »* À la même époque, les jeunes réfugiés afghans qui, par dizaines de milliers, étudiaient dans les madrasas islamistes radicales au Pakistan furent incités à regagner leur pays et à rejoindre les rangs talibans. La plupart de ces madrasas étaient dirigées par la Jamiat Ulema-e-Islami, parti extrémiste dont le chef, Maulana Fazlur Rahman, avait formé une coalition gouvernementale avec Babar et Bhutto. De cette manière, le régime d'Islamabad solutionnait également les difficultés sociales grandissantes causées par la présence des militants au Pakistan.

*« J'étais chargé de toute l'opération*, affirme Babar, la fierté de son succès l'emportant sur ses efforts pour camoufler tout méfait. *J'ai souvent rencontré le mollah Omar ; c'était un homme bon. »* Je demande alors à Babar – qui avait parfois l'habitude dans les années 1990 de parler des talibans comme de « ses gars » – s'il n'a jamais eu l'impression que leurs opinions et leur politique étaient par trop extrêmes. *« Non,*

*pas du tout. Ce sont de bonnes gens qui ont amené la paix et la stabilité. L'Afghanistan est un pays tribal, il faut donc des lois et des chefs tribaux. »*

Je lui demande alors ce que, outre une certaine « profondeur stratégique », il espérait gagner en soutenant les talibans. *« Cette histoire de profondeur stratégique n'a aucun sens*, répond-il agacé. *Tout ce que nous voulions, c'est un voisin occidental stable et pacifique. Nous savions que l'Afghanistan était un couloir idéal pour les biens en provenance d'Asie centrale. Ces pays avaient besoin d'un exutoire asiatique, en matière d'hydrocarbures principalement. Nous cherchions tout simplement à en tirer profit. »* Et d'expliquer à quel point le Pakistan a besoin de ressources énergétiques et quel profit il pourrait tirer en accueillant un gazoduc vers l'Inde. *« Le pipeline turkmène aurait été une aubaine pour la région mais pour cela, il fallait la paix. »* Selon Babar, les États-Unis ont, dès le début, soutenu pleinement la politique talibane du Pakistan. Peu avant la chute de Kaboul en septembre 1996, il emmena l'ambassadeur américain Tom Simmons en visite à Kandahar et Herat afin d'y rencontrer les leaders talibans. Bien que le caractère extrême des politiques mises en place par les dirigeants, concernant les femmes principalement, ait été connu depuis longtemps, Babar se souvient que *« l'ambassadeur était enchanté de ce qu'il voyait ; je l'ai même emmené faire du shopping à Herat ».*

Le pipeline afghan qui devait acheminer le gaz turkmène vers le Pakistan posait cependant un problème : les talibans et le gouvernement Bhutto penchaient en faveur de la compagnie argentine Bridas, concurrente d'Unocal. Bridas semblait un partenaire plus intéressant pour construire le pipeline car elle n'avait pas besoin de crédits des institutions financières internationales, dont la première exigence serait la reconnaissance internationale du régime taliban. L'ambassadeur américain Simmons exerça une forte pression en faveur d'Unocal, ce qui lui valut de violentes disputes avec Bhutto. Début novembre 1996, la présidente pakistanaise limogea son gouvernement pour faits de corruption, une décision que beaucoup au Pakistan expliquèrent par les pressions américaines. Emmené par Nawaz Sharif, le nouveau gouvernement tourna le dos à Bridas, lui préférant Unocal. La reconnaissance officielle du régime taliban par Islamabad suivit peu après.

Trois ans plus tard, Sharif fut renversé par son chef des armées, le général Pervez Moucharraf, qui prit la tête de l'exécutif. Habitués aux dictatures militaires et fatigués de la corruption larvée sous la démocratie, la majorité des Pakistanais, y compris les partis politiques, accueillirent favorablement la prise de pouvoir de Moucharraf, qui promit d'organiser au plus tôt des élections démocratiques. Il ne tarda cependant pas à renforcer son contrôle sur le pays avant de s'autoproclamer président. Déjà sous le coup de sanctions américaines pour son programme nucléaire, le Pakistan s'isola encore plus de la scène internationale.

Le 11 septembre 2001 changea la donne. Le Pakistan devint une fois de plus un pays en première ligne, cette fois-ci dans le cadre de la lutte contre le terrorisme. En quelques jours, l'administration Bush fit pression sur Moucharraf pour qu'il retire son soutien au régime taliban et rejoigne le camp des États-Unis. La célèbre maxime de Bush – « *ceux qui ne sont pas avec nous sont contre nous* » – ne laissait guère de place à la neutralité. Du jour au lendemain, Moucharraf chassa les généraux les plus pro-talibans de son armée et de l'ISI.

« *Les Américains ont fait chanter Moucharraf. Il n'avait pas d'autre choix que de laisser tomber les talibans* », explique Babar, dont la politique afghane s'effondrait du même coup. « *Moucharraf n'était encore que commandant lorsque je suis devenu général ; c'est un soldat fort médiocre. Voyez dans quel état est l'Afghanistan aujourd'hui ! Le gouvernement est faible et les chefs de guerre à nouveau tout puissants. C'était mieux sous les talibans* », ajoute-t-il d'un ton amer avant de signifier la fin de notre entretien.

Dans leur quête de « profondeur stratégique », Babar et les autres stratèges islamistes laissent derrière eux un héritage sanglant en Afghanistan et la pagaille dans leur propre pays. L'Inde a accru son influence à Kaboul et le nouveau gouvernement afghan, dominé par les Tadjiks, se méfie de toute nouvelle ingérence d'Islamabad. Le Pakistan est lui-même la proie de militants islamistes qui menacent de rendre le pays pratiquement ingouvernable. Furieux de voir Moucharraf abandonner par opportunisme ses frères musulmans d'Afghanistan – son nouveau surnom *becharraf* signifie « homme sans honneur » en pachtou –, les activistes ont juré sa mort.

Des organisations secrètes offrirent abri au commandement taliban et, selon certains services de renseignements, Al-Qaida posséderait au Pakistan de nombreuses cellules auxquelles son attribuées plusieurs attaques terroristes mortelles sur des étrangers et des chrétiens pakistanais après la guerre en Afghanistan. Dans la ville méridionale de Karachi, capitale économique du pays et véritable brasier social, des bombes furent lancées sur le consulat américain et sur un bus transportant des ingénieurs français, occasionnant la mort de dizaines de personnes. Le journaliste américain Daniel Pearl fut enlevé et brutalement assassiné. Quelques terroristes d'Al-Qaida tels que Khalid Cheikh Mohammed, cerveau des attentats du 11 septembre, ont bien été arrêtés mais d'autres courent toujours. Moucharraf a réagi en interdisant plusieurs groupements islamistes radicaux, emprisonnant leurs leaders ou les plaçant sous résidence surveillée. Il a en outre promis d'endiguer les militants islamistes dans la zone du Cachemire sous contrôle pakistanais et de les empêcher de gagner la zone administrée par l'Inde afin d'y perpétrer des attaques.

Moucharraf ne se résolut cependant à agir de la sorte qu'en raison de la pression intense exercée par l'administration Bush suite à un attentat perpétré le 13 décembre 2001 par des terroristes islamistes contre le parlement indien à New Delhi. Furieux, le gouvernement indien massa près d'un million de soldats le long de la ligne de démarcation qui traverse le Cachemire. Le régime de Moucharraf fit de même, ce qui entraîna de violents échanges de tirs d'artillerie et des menaces réciproques d'anéantissement nucléaire. Ce n'est qu'au milieu de l'année 2002 que les belligérants mirent leurs rodomontades en sourdine et retirèrent quelques-uns de leurs régiments.

Une visite dans l'idyllique *Azad Kashmir* (Cachemire libre), la zone administrée par le Pakistan, me permit de constater que l'armée avait manifestement fait tout ce qui était en son pouvoir pour sceller la ligne de démarcation et ainsi empêcher les incursions de militants dans le pays voisin. Plusieurs djihadistes clandestins que je rencontrai sur place se plaignirent de ce que le régime de Moucharraf les obligeait à suspendre leurs incursions dans le secteur indien et confirmèrent que les camps d'entraînement avaient été démantelés et que leurs chefs leurs avaient ordonné de se faire discrets. *« Mais la guerre sainte n'est jamais finie,* m'avait raconté un des militants. *Dès que notre commandant nous demandera de reprendre le combat, nous traverserons de nouveau la frontière pour nous battre. »*

Dès l'entame de la lutte contre le terrorisme, les États-Unis ont consolidé le régime de Moucharraf en levant les sanctions à son encontre et en lui accordant des aides financières substantielles. Alors qu'en 2001, le pays avait reçu moins de 5 millions de dollars pour lutter contre le trafic de la drogue, un an plus tard, cette somme s'élevait à un montant astronomique de 701 millions de dollars. La majeure partie de cette somme, puisée dans le Fonds d'intervention d'urgence, fut dépensée en mesures militaires et pour le contrôle des frontières. Quelque 305 millions de dollars ont d'ores et déjà été alloués au Pakistan pour l'année 2003, un montant qui devrait encore augmenter en cours d'année. Washington est également parvenu à convaincre la Banque mondiale et le Fonds monétaire international de retrancher 1,3 milliard de dollars de la dette pakistanaise et de postposer la date limite de paiement de prêts additionnels portant sur 12,5 milliards de dollars *.

Les États-Unis ne se sont guère embarrassés des carences démocratiques du régime Moucharraf, de son programme nucléaire ou des atteintes aux droits de l'homme, mais d'autres voix se sont élevées. L'ambassadeur Peter Tomsen, envoyé spécial en Afghanistan de 1989 à 1992, supervisa la dernière phase de l'opération secrète financée par la CIA contre l'armée soviétique et le régime communiste de Kaboul. Avant mon voyage au Pakistan, je le rencontrai dans le faubourg de McLean en Virginie, près de Washington D.C., un bastion républicain qui compte des poids lourds tels que Donald Rumsfeld, Colin Powell, et, jusqu'il y a peu, Dick Cheney. *« Ce quartier vote républicain mais en tant que diplomate, il faut se montrer conciliant »*, déclare-t-il en riant.

*« J'ai participé au Grand Jeu dans la région pendant trente-deux ans,* annonce Tomsen, le sourire espiègle. *Il n'a jamais pris fin, seuls les joueurs évoluent. Les États-Unis s'y sont de nouveau intéressés récemment. »* Lorsque les Soviétiques envahirent l'Afghanistan en 1979, Tomsen travaillait au service politique de l'ambassade américaine à Moscou. *« Nous avons bien prévenu les Russes qu'ils ne devaient pas attaquer le pays mais en réalité, nous ne demandions pas mieux qu'ils tombent dans le piège. »* Durant les années 1980, Tomsen fut basé à l'ambassade américaine à Pékin et chargé d'acheter des armes chinoises pour les moudjahidins afghans. *« Nous achetions des entrepôts d'armes complets et les*

---

* US Department of State Account Tables – prévision budgétaire pour l'année fiscale 2003.

*envoyions par bateau à Karachi.* » En 1989, ce natif de Pennsylvanie coordonna, en tant qu'envoyé spécial du président Bush en Afghanistan, tout le soutien clandestin aux moudjahidins, une opération qui coûta au contribuable américain une somme estimée à plus de 3 milliards de dollars. Dans le cadre de sa nouvelle fonction, Tomsen ne mit pas une seule fois les pieds en Afghanistan mais effectua vingt et un voyages au Pakistan et dix-sept en Arabie Saoudite. Il y rencontra le prince Turki Al-Fayçal, chef des services secrets saoudiens, qui joua un rôle clé dans le financement de moudjahidins arabes tels qu'Oussama Ben Laden et, ensuite, dans la création des talibans.

« *Lors de mon premier voyage au Pakistan, je me suis rendu compte que nous soutenions les mauvaises personnes, à savoir les militants islamistes,* évoque le diplomate. *L'ISI et les Saoudiens ne transmettaient nos armes et notre argent qu'aux groupes les plus extrémistes, comme celui d'Hekmatyar, sans que la CIA n'y voie aucun inconvénient. Je voulais cesser les livraisons d'armes mais l'Union soviétique semblait à cette époque être le pire parti.* » Fin 1991, le gouvernement américain et l'administration Gorbatchev, en phase terminale, signèrent un accord stipulant que les deux parties cesseraient de soutenir les factions rivales afghanes. Ironiquement, celui-ci entra en vigueur le 1 janvier 1992, le jour où l'Union soviétique cessa d'exister.

Une fois le régime de Najibullah renversé, Tomsen fut chargé de la réouverture de l'ambassade américaine à Kaboul. « *Avant que le département d'État ne décide finalement de battre en retraite et de tout bonnement quitter l'Afghanistan,* se souvient-il. *Nous avons alors mis un terme à toute forme d'aide, y compris l'assistance humanitaire.* » La chute de l'Union soviétique marqua la fin de la guerre froide et le peuple afghan, qui n'était plus d'aucune utilité à Washington, fut laissé à la merci des diverses factions de moudjahidins radicaux que la CIA avait mises sur pied et déchaînées. Leurs querelles intestines devaient finalement conduire à l'essor des talibans et d'Al-Qaida. « *Nous n'aurions pas du partir de la sorte et les abandonner ainsi, c'était une erreur* », admet Tomsen.

L'homme devint ensuite ambassadeur en Arménie, tout en restant impliqué dans les affaires afghanes. En juin 2001, il fut l'un des derniers étrangers à rendre visite à Ahmed Chah Massoud dans son quartier général au Badakhshan. Depuis le début de l'opération Liberté immuable, Tomsen est régulièrement retourné à Kaboul, où, selon lui, Washington mise de nouveau sur le mauvais cheval. « *Ces chefs de guerre véreux que nous avons utilisés contre les talibans sont des malfrats, nous aurions dû cesser de les payer après l'arrêt des bombardements. Mais il en a été autrement et à quoi donc cela nous a-t-il servi ?* » Rappelant que les forces alliées n'ont pas réussi à attraper ou tuer un nombre satisfaisant de talibans ou de membres influents d'Al-Qaida, l'ambassadeur accuse les alliés des Américains de travailler pour le compte des services secrets pakistanais. « *L'ISI continue de soutenir les factions talibanes. Ils connaissent le moindre recoin de la zone frontalière et je suis persuadé qu'ils sont au courant des moindres déplacements d'Oussama.* » Tomsen considère l'armée pakistanaise et l'ISI comme « *des institutions nuisibles* » et accuse Moucharraf de jouer double jeu dans le but d'assurer sa survie politique. « *Tout comme Saddam Hussein, Moucharraf nous ment.*

*Il nous a certifié qu'il éliminerait les militants islamistes au Cachemire mais il n'a pas tenu parole. »*

Une promesse bel et bien tenue par Moucharraf au bout de trois années est celle d'organiser des élections en vue de déléguer une partie limitée de son pouvoir à un nouveau gouvernement civil. Les jours précédant les élections du 10 octobre 2002, l'atmosphère à Peshawar est chargée. Chaque soir, les meetings politiques rassemblent une foule nombreuse d'hommes barbus qui défilent dans les rues au son des tambours, agitant des drapeaux et tenant banderoles et flambeaux. Ces rassemblements de campagne sont cependant loin d'être aussi excessifs que ceux des années 1990, car l'ambiance générale est au scepticisme. La plupart des personnes ne croient pas que Moucharraf soit prêt à déléguer ne fût-ce qu'une petite partie de son pouvoir. Celui-ci organisa en avril un référendum controversé le confortant dans sa fonction de président pour les cinq prochaines années. Aucun autre candidat n'avait été autorisé à y participer. Bien que les autorités mettent en avant un taux de participation de 60 pourcent et un vote de confiance de 97 pourcent, les associations des droits de l'homme et de surveillance ont accusé Moucharraf d'avoir truqué le suffrage. Peu perturbé par des critiques de plus en plus acerbes, ce dernier consolida son pouvoir en août par une modification unilatérale de la constitution de 1973 : un nouveau Conseil de sécurité nationale dominé par l'armée superviserait désormais tout gouvernement élu. Les amendements permettent également à Moucharraf de dissoudre le parlement et de nommer les juges de la Cour suprême.

Ces mesures renforcèrent encore le rôle dominant joué par l'armée au Pakistan. Les hommes en uniforme ont régné sur le pays durant la majeure partie des 56 ans de son histoire tumultueuse et, chaque année, les forces armées engloutissent près de 2,5 milliards de dollars, soit près d'un cinquième du budget national. L'armée jouit en outre de nombreux avantages et privilèges institutionnels qui la placent hors de portée de la juridiction des tribunaux civils. Elle détient également quelques-unes des plus grandes entreprises industrielles du pays ainsi que les meilleures terres agricoles de la vallée de l'Indus. Ce sont des officiers militaires, en retraite ou encore en fonction, qui sont à la tête de la plupart des actifs économiques publics, tels que les ports maritimes, les services postaux, les chemins de fer et les sociétés de télécommunication. Profitant de ce qu'elle ne doit rendre de comptes à aucune autorité civile, l'armée a de fait créé un État dans l'État où la corruption est endémique.

Afin d'éviter à son régime toute contestation sérieuse, Moucharraf a ensuite neutralisé les principaux partis démocratiques, la Ligue musulmane (Pakistan Muslim League, PML) et le Parti du peuple pakistanais (Pakistan People's Party, PPP), en menaçant d'arrêter leurs présidents respectifs, Nawaz Sharif et Benazir Bhutto, si ceux-ci venaient à rentrer d'exil et à se porter candidats aux élections. Près de 40 % des candidats furent en outre exclus par une nouvelle législation qui les oblige à détenir un diplôme universitaire, une règle qui écarte de facto 98 % de la population. Les services secrets exercèrent en outre des pressions secrètes sur certains politiciens pour qu'ils forment un « Parti du roi » pro-Moucharraf qui devait permettre à un parlement fantoche de légaliser le coup d'État militaire et servir d'écran de fumée vis-à-vis de l'Occident.

Le seul autre parti politique autorisé à participer librement à la campagne est la Coalition pour l'action (Muttahida Majlis-e-Amal, MMA), alliance de six partis islamistes. Unis pour la première fois, ceux-ci ont fait cause commune autour d'une plate-forme ouvertement antiaméricaine. *« À bas Bush ! »* s'écria ainsi Maulana Sami ul-Haq, un des chefs de la coalition, lors d'un rassemblement politique. *« Il s'agit d'une guerre entre l'islam et les infidèles américains ! \**»* Turban noir sur la tête, Haq est à la tête de la madrasa Dar-ul-Ulum Haqqania, où plusieurs chefs talibans et des milliers d'autres djihadistes afghans et pakistanais étudièrent le Coran. Un autre chef du MMA, Maulana Fazlur Rehman, est lui président du parti Jamiat-e Ulema Islam (JUI), qui est à l'origine de la plupart des dix mille madrasas que comptent, dit-on, les provinces pachtounes. Près du tiers des enfants pakistanais, la plupart provenant de familles pauvres, fréquentent ces écoles coraniques, où ils sont logés et nourris gratuitement. Ils y reçoivent une éducation strictement religieuse et parfois aussi un entraînement militaire donné par des mollahs influencés pour la plupart par un mélange de wahhabisme saoudien et de déobandisme indien tout aussi orthodoxe et panislamique.

Les étudiants ayant fréquenté ces madrasas font ensuite leur entrée dans la société pakistanaise avec une vision du monde radicalement différente de celle des écoliers des misérables établissements publics et des collèges de type britannique destinés aux classes aisées. Il y a fort à parier que le pays, où seulement 15 % des 148 millions d'habitants savent lire et écrire, soit un jour la proie d'intenses confrontations sociales. Le gouvernement, s'il veut éviter les conflits latents, pourrait par exemple rendre obligatoire l'enseignement séculaire dans les madrasas. Moucharraf, soucieux de s'attirer les faveurs des islamistes, qui le méprisent pour son volte-face en matière de politique afghane, a cependant refusé d'emprunter cette voie.

Les élections se déroulent sans encombre. Le taux de participation est certes faible mais les actes de violence aux alentours des bureaux de vote que craignaient de nombreux observateurs sont finalement limités. Tandis que l'armée reste cantonnée dans ses baraquements, les observateurs internationaux montrent du doigt les machinations sournoises du gouvernement, qui ne sont pas loin de ressembler à de la fraude électorale. À Peshawar, plusieurs copies d'une lettre ouverte sont distribuées dans le bazar et dans les camps de réfugiés. Écrite en ourdou et en anglais, elle proclame : *« Le Pakistan, bastion de l'islam, est devenu une base américaine où les musulmans sont tués. Moucharraf soutient Bush dans sa croisade contre l'islam. Sans son concours, l'Amérique n'aurait pas osé mettre un pied en Afghanistan. Je vous conjure de vous lever et de vous débarrasser de lui ».* La lettre est signée par *« votre frère, Oussama Ben*

---

\* Newsweek, 21 octobre 2002, p. 39.

*Mohammed Ben Laden »*, mais la mention *« merci de bien vouloir photocopier et distribuer [cette lettre] »* écrite en bas de page semble indiquer qu'il s'agit d'un faux.

Le lendemain matin, Iftikhar, mon interprète, me téléphone dans ma chambre d'hôtel pour me réveiller. *« Levez-vous ! »*, crie-t-il à l'autre bout de la ligne. *« Les islamistes ont gagné les élections ! »* Jamais dans l'histoire du Pakistan les partis qui composent MMA n'ont récolté plus de 5 % des votes. Confinés dans la NWFP et le Baloutchistan, ce parti en marge ne pouvait guère escompter que deux ou trois sièges au parlement national. Il vient pourtant de remporter 52 des 342 sièges, ce qui fait de lui la troisième force politique du Pakistan. Plus impressionnant encore, MMA a remporté la majorité des sièges dans les assemblées provinciales de la NWFP et du Baloutchistan.

Après un rapide petit déjeuner, Iftikhar et moi sautons dans un taxi en direction de Nowshera, petite bourgade à l'est de Peshawar où, selon les rumeurs, des sympathisants du MMA entendent organiser une importante manifestation pour fêter la victoire. En route, nous croisons des centaines de voitures décorées des drapeaux verts de la coalition. Les conducteurs klaxonnent et s'échangent des signes de solidarité. À Nowshera, bourg désordonné où quelques anciennes bâtisses coloniales dilapidées longent la route qui mène à Islamabad, quelque 5 000 sympathisants se sont rassemblés dans un champ immense. Qazi Hussain Ahmad, sans doute le plus puissant des leaders du MMA, leur adresse la parole. Son parti, le Jamaat-e-Islami, joue depuis des décennies un rôle majeur dans la politique pakistanaise, établissant des liens étroits avec l'ISI durant le djihad en Afghanistan. Ce professeur de géographie à la barbe blanche est considéré comme l'un des dirigeants les plus modérés du MMA mais cela ne se voit guère aujourd'hui. *« C'est la révolution ! »*, clame-t-il. La foule en délire lui répond aux cris exaltés de *« Allahu Akbar ! »* Je demande à un groupe de Pachtounes se trouvant à mes côtés pourquoi ils ont voté pour le MMA. *« Parce que nous détestons l'Amérique !* me répondent-ils à l'unisson. *L'Amérique est mauvaise ; nous voulons que ses troupes quittent notre pays. »*

Après la manifestation, Ahmad se rend à la mosquée avec son entourage pour les prières de la mi-journée. Le sermon de l'imam est retransmis par haut-parleurs dans les rues, où des centaines de fidèles s'agenouillent en rangs, s'abaissant et se relevant au rythme des prières. À la recherche d'un verre de ce délicieux jus de grenade que les marchands de rue vendent à cette époque de l'année, je tombe sur un magasin d'armes. La boutique est remplie de kalachnikovs et de M-16 de contrebande, fabriqués par des armuriers dans les ateliers des zones tribales. *« En dix jours, un armurier afridi est capable de reproduire un fusil qu'il n'a jamais vu auparavant »*, me déclare le tenancier, qui se prélasse sur un lit de corde. Il ajoute ensuite qu'il est prêt à me vendre un AK-47 pour 4 000 roupies, soit à peu près 90 dollars, le prix pratiqué pour les étrangers. Comment vont les affaires maintenant que la guerre civile en Afghanistan est finie ? *« Nous vendons très peu d'armes aux Afghans,* me répond-il, *il y a assez de Pakistanais pour les acheter. »*

Les haut-parleurs se taisent. La prière est finie. Devant la mosquée, je m'approche d'Ahmad, chef du MMA, et lui demande une interview, qu'il accepte. Il me prie de suivre sa Toyota Land Cruiser jusque chez lui, non loin de Nowshera. Nous arrivons en vue d'une villa somptueuse entourée de hauts murs et surveillée par la milice du parti, des jeunes hommes en tenue de camouflage qui ne semblent pas armés. Dans le jardin, une tente soutenue par des étais de bambou et recouverte de tapis orientaux jaunes a été érigée à l'attention des partisans. Alors que nous pénétrons dans la propriété, des dizaines d'hommes, d'adolescents et de paysans grisonnants s'avancent pour saluer et embrasser leur idole. Des garçons, la tête entourée de bandanas verts décorés de versets du Coran, scandent des slogans en jetant leurs poings serrés en l'air. Un homme place une couronne de fleurs en plastique autour de la tête d'Ahmad. Celui-ci répond aux embrassades et aux nombreux *« Salaam aleikum ! »* (« La paix soit avec vous »), et prend la peine de saluer chacun de ses admirateurs, du va-nu-pieds le plus déguenillé au dignitaire le plus impeccable, réajustant de temps en temps son caractéristique chapeau de feutre *karakur* et sa veste noire.

Devant une tasse de thé et des gâteaux sucrés, je demande à Ahmad de me décrire le programme de la coalition du MMA. Il me répond dans un anglais impeccable qui trahit sa formation académique. *« Notre programme est très simple. Ce pays a pour base l'idéologie islamique, son gouvernement doit donc travailler selon les préceptes islamiques. »* Cela implique-t-il d'imposer la sharia ? *« Ah, encore un de ces journalistes occidentaux qui rêvent d'écrire que la seule chose qui nous intéresse, c'est de couper les mains des femmes. Écoutez, j'ai beaucoup voyagé en Occident et je sais à quel point vous interprétez mal la sharia. Elle n'a d'autre but que de préserver la dignité humaine. »* Le dirigeant explique qu'il ne faut pas comparer son parti aux talibans, dont la politique de discrimination des femmes et l'interdiction de la télévision à l'échelle nationale étaient trop extrêmes. *« Et pourtant, nous les avons soutenus car ils étaient justes et sincères, et ont apporté la paix à l'Afghanistan. »* Ironie du sort, l'opposant d'Ahmad dans la circonscription de Nowshera n'était autre que le mentor taliban et ancien ministre de l'intérieur Naseerullah Babar, présent sur la liste du parti de Benazir Bhutto, et à qui il a fait subir une cuisante défaite.

*« Beaucoup au Pakistan estiment que les États-Unis ont troublé la paix et ciblé des personnes innocentes en Afghanistan,* enchaîne Ahmad. *Le gouvernement américain n'avait aucune preuve d'une quelconque implication des talibans dans les attaques new-yorkaises du 11 septembre 2001. »* L'homme prit la tête de protestations violentes contre les bombardements américains et contre Moucharraf, ce qui lui valut quatre mois de prison. *« Les Américains ont une attitude hégémoniste ; ils tentent de nous imposer leurs valeurs culturelles. En fait, les États-Unis mènent une guerre contre l'islam. »*

Aujourd'hui âgé d'une soixantaine d'années, le politicien se souvient que durant la guerre d'indépendance de l'Inde contre les Britanniques, la population cherchait inspiration et soutien auprès des États-Unis. *« Pour nous, ce pays était un havre de libéralisme et d'anticolonialisme. Mais ils sont aujourd'hui aussi impérialistes que les Britanniques ; ils ne cherchent même pas à connaître les raisons pour lesquelles ils sont haïs à ce point. Les États-Unis devraient changer de politique étrangère car elle ne sert pas leurs intérêts, comme les attentats du 11 septembre l'ont bien démontré.* » Sur le chemin du retour vers Peshawar, je ne peux m'empêcher de penser au fait qu'Ahmad est sans doute un des islamistes les plus modérés au Pakistan.

La victoire de Moucharraf s'est retournée contre lui. Les partis opposés à son régime ayant obtenu la plupart des votes, le scrutin a eu pour effet d'éroder plus encore le pouvoir du dictateur. Pourtant, la victoire des islamistes renforce paradoxalement sa marge de manœuvre vis-à-vis de Washington, en lui permettant de se présenter comme un rempart séculaire contre la menace islamiste. Dans le but avoué de limiter les dégâts dans son propre pays, le chef d'État retarda la convocation du gouvernement de cinq semaines afin de permettre à ses agents de persuader certains parlementaires de rejoindre les rangs du Parti du Roi, et parvint, début décembre, à rassembler une coalition majoritaire sous la conduite d'un premier ministre favorable à l'armée, Mir Zafrullah Khan Jamali. Dans son discours inaugural, ce politicien de 58 ans promit de poursuivre la politique de Moucharraf. Ce dernier s'accroche ainsi au pouvoir et l'armée reste le parti le plus puissant du pays.

La situation est différente dans la NWFP et au Baloutchistan, où c'est au MMA qu'incombe la tâche de former les gouvernements provinciaux. Son pouvoir se limite à interdire les indécences sur la télévision par câble, dans les journaux locaux et sur les affiches de cinéma notoirement osées à Peshawar. Les extrémistes pourraient également interdire la vente, fort répandue, de cartes postales à l'effigie des voluptueuses stars de cinéma de Bollywood, et obliger les fonctionnaires à respecter les prières. Plus important encore, les dirigeants locaux pourraient entraver en douce les activités antiterroristes des forces spéciales américaines le long de la frontière afghane et il ne serait guère étonnant que les forces de sécurité locales soient aujourd'hui plus enclines à fermer l'œil sur la présence et le regroupement possible entre les combattants talibans et ceux d'Al-Qaida et d'Hekmatyar.

Fin 2002, une dispute de taille éclatait entre Washington et Islamabad suite à l'interdiction par le gouvernement pakistanais de laisser les forces américaines en Afghanistan traverser la frontière pour poursuivre des militants suspectés ayant fui en direction des zones tribales. Cette décision faisait suite au bombardement par des avions de guerre américains d'un village pakistanais dans lequel des tireurs pachtounes se seraient réfugiés après une attaque sur une patrouille de l'armée US du côté afghan de la frontière. Quelques jours plus tard, au cours d'un incident similaire, les forces pakistanaises et américaines échangeaient des tirs de mitrailleuse dans la zone tribale du Waziristan.

Ce ne sont là que les premiers signes tangibles du fait que l'image de libérateurs dont les troupes américaines se sont affublées est loin d'être partagée par tous dans la région. L'hostilité croissante envers la présence américaine en Asie centrale pourrait en fin de compte décider de l'issue du Grand Jeu.

# La Colère des jeunes hommes

Il y a quelques années, bien avant de me rendre en Asie centrale pour la première fois, je rencontrai en Sierra Leone, État d'Afrique occidentale, un garçon surnommé Major Black Man. Ce jeune homme imposant, de mon âge, était un combattant du Front révolutionnaire uni (RUF), une des factions rebelles les plus craintes du continent, célèbre pour avoir démembré des milliers de civils pendant les dix années de guerre civile que connut le pays. J'avais alors, en qualité de reporter pour le Daily Telegraph de Londres, traversé la ligne de front dans l'espoir d'atteindre les avant-postes rebelles, situés dans la brousse. Le commandant du RUF me donna, après un certain temps, l'autorisation de continuer jusqu'aux mines de diamants contrôlées par les rebelles, enjeu principal de la guerre civile. Durant les dix heures que dura le trajet en voiture, sur des sentiers boueux en pleine brousse, je discutai avec Major Black Man, un des membres de mon escorte, des raisons qui le poussaient à combattre pour le RUF. Il me parla de la pauvreté abjecte dans laquelle il avait grandi, de la faim et de la maladie, ajoutant qu'il n'avait jamais eu la chance d'aller à l'école. « *Je n'avais aucun espoir et j'étais en colère*, me confia-t-il. *Ma vie était merdique et ne serait de toute façon pas longue. Alors, n'ayant plus rien à perdre, j'ai pris une arme, histoire de m'amuser un peu avant de mourir.* »

Qu'est-ce qui pousse un homme à devenir un terroriste ? Au cours des voyages effectués pour la rédaction de ce livre, j'ai souvent repensé aux paroles de Major Black Man lorsque je rencontrais d'autres jeunes gens qui, n'ayant comme lui rien d'autre à perdre qu'une vie apparemment sans valeur, étaient prêts à se battre pour une cause dont leurs chefs leur affirmaient qu'elle était juste. Ahmed, jeune homme de vingt ans rencontré dans un cybercafé de Tachkent, capitale de l'Ouzbékistan, était l'un d'eux. Islam Karimov, le despote à la tête du pays, se trouvait être le dernier allié en date de l'administration Bush dans le Grand Jeu pour le pouvoir et les pipelines en Asie centrale. Entre deux gorgées de thé, Ahmed me raconta qu'il venait à peine d'être libéré de prison après avoir purgé une peine de trois ans pour appartenance supposée à une organisation islamiste terroriste. « *Les gardiens me tabassaient tous les jours*, expliqua-t-il. *C'était horrible mais je n'ai jamais cessé de prier Allah.* » Le groupement auquel appartenait le jeune homme était un ordre religieux soufi qui, insista-t-il, n'avait aucun lien avec le terrorisme. « *Mais il est possible qu'à l'avenir, mes frères et moi n'aurons d'autre choix que de nous défendre et de nous battre.* » Que pense Ahmed de l'arrivée des troupes antiterroristes américaines en Ouzbékistan ?

*« Elles ne font qu'aggraver la situation. Elles ne sont pas ici pour nous aider, seulement pour défendre le gouvernement. Je hais les États-Unis. »*

Les paroles d'Ahmed, emplies de colère, reflètent une tendance dangereuse en Asie centrale, qui pourrait fort bien décider de l'issue du nouveau Grand Jeu. Les populations de la région, pauvres et dégoûtées par les liens qu'entretiennent les États-Unis avec leurs dirigeants corrompus et despotiques, trouvent de plus en plus refuge dans un islamisme militant et un antiaméricanisme virulent. L'attitude des nombreuses personnes qui, en dehors des États-Unis, considèrent la politique menée par l'administration Bush en réponse aux attentats du 11 septembre comme arrogante, agressive et clairement impérialiste, a changé de façon considérable. À la fin de la guerre froide, en 1989, les peuples d'Europe de l'Est ayant vécu sous le joug soviétique admiraient et appréciaient les États-Unis non seulement pour leur rôle de chefs de file de l'Occident mais également en tant qu'apôtres de la démocratie, des libertés civiles et du progrès culturel. Cette attractivité culturelle était au demeurant une arme aussi efficace - et sans doute infiniment plus subtile - dans le combat contre l'Union soviétique que le simple poids militaire de l'OTAN. Les jeunes Tchèques, Polonais et Hongrois, s'ils n'avaient jamais entendu parler du Bill of Rights, n'en rêvaient pas moins de rock américain et de blue-jeans.

Aujourd'hui pourtant, les États-Unis ont non seulement perdu une grande partie de leur force d'attraction culturelle auprès des anciennes nations soviétiques d'Asie centrale et de leurs voisins, mais leurs politiques font en outre l'objet d'une haine féroce. Ce ressentiment est sans doute motivé en partie par une forme de jalousie envers la richesse américaine, et bon nombre de jeunes gens de la région rêvent, il est vrai, d'obtenir un visa et une *green card* pour les États-Unis ; toujours est-il que les restrictions imposées par l'administration Bush aux libertés civiles après le 11 septembre, particulièrement celles qui concernent les immigrants musulmans, en effraient plus d'un. Pis encore, de nombreuses personnes dans la région se sont vite rendu compte que les valeurs démocratiques et libérales dont jouissent les Américains chez eux font souvent défaut à la politique étrangère de Washington, et se sentent offensés par l'opportunisme immoral avec lequel leur pays courtise les dictateurs de la région, qu'il s'agisse d'Aliev en Azerbaïdjan, de Nazarbaïev au Kazakhstan ou de Moucharraf au Pakistan. De nombreux musulmans, à tort ou à raison, ne voient également dans la lutte antiterroriste de Bush rien moins qu'une scandaleuse croisade culturelle contre l'islam.

Si la lutte contre le terrorisme menée par l'administration Bush a permis à l'Amérique d'étendre son influence en Asie centrale, celle-ci est néanmoins trop souvent basée sur un simple étalage de force. Les actions de renseignements ou à caractère militaire permettent certes, à court terme, de vaincre des mouvements terroristes reconnus tels qu'Al-Qaida et dissuadent sans doute les « États voyous » de leur offrir protection, mais elles ne peuvent en aucun cas éradiquer les racines du terrorisme et rendent à vrai dire la tâche de recrutement des organisations terroristes plus simple encore. Les interventions militaires seules ne permettront pas de remporter une fois pour toutes la guerre contre le terrorisme, elles devront au contraire s'accompagner d'une série de mesures politiques et économiques s'attaquant également aux origines sociales du phénomène. Les B-52 et les missiles Cruise inspirent peut-être la crainte et la haine, mais la construction de routes, d'écoles et d'hôpitaux permet, elle, de gagner les cœurs et les esprits de la population. Pourquoi le gouvernement Bush n'a-t-il pas engagé les fonds nécessaires à une telle entreprise d'édification nationale en Afghanistan mais a, au contraire, continué à soutenir les chefs de guerre locaux qui divisent le pays et prennent part au trafic d'héroïne ? Pourquoi donc n'a-t-il pas aidé le régime de Moucharraf au Pakistan à séculariser les dizaines de milliers d'écoles coraniques du pays qui accouchent sans relâche de militants islamistes antiaméricains ? Il ne s'agit là que de deux exemples choisis au hasard parmi les nombreuses politiques irréfléchies des États-Unis dans la région et qui finiront immanquablement par se retourner contre eux, à l'instar de l'armement par la CIA de moudjahidins islamistes comme Oussama Ben Laden en Afghanistan dans les années 1980.

Pourquoi tant de personnes haïssent-elles donc à ce point l'Amérique ? Ceux qui tentent d'éradiquer le terrorisme antiaméricain ne peuvent se permettre le luxe de faire l'impasse sur cette question cruciale. Les quelques débats portant sur le sujet depuis les atrocités du 11 septembre n'ont, malheureusement, guère apporté de réponses franches. *« Ils détestent notre liberté et notre démocratie »*, n'a cessé de répéter le président Bush dans un bel élan manichéiste. Si tel est sans doute le cas pour quelques-uns des hauts dignitaires d'Al-Qaida, la plupart des détracteurs des États-Unis ont, eux, de bien meilleures raisons.

Fin mars 2003, les forces américaines envahissaient l'Irak, amorçant ainsi le dernier conflit en date du nouveau Grand Jeu pour le pétrole. Sans tarder, l'armée prenait le contrôle des énormes champs pétrolifères du sud du pays avant d'entamer une remontée vers le nord en direction de Bagdad et de faire tomber le régime de Saddam Hussein. Indépendamment de son dénouement final, la guerre en Irak aura d'immenses répercussions sur la région entière et compromettra fortement les espoirs américains de victoire dans la lutte contre le terrorisme. L'opération Libération de l'Irak, ostensiblement destinée à confisquer au pays ses supposées armes de destruction massive, a davantage souligné le fait que le nouveau Grand Jeu pour les champs pétroliers et les oléoducs en Asie centrale ne fait que donner un avant-goût des conflits énergétiques à venir pour les réserves en hydrocarbures restantes que recèle la planète.

L'administration Bush a, en Irak, mis en pratique pour la première fois sa nouvelle doctrine d' « auto-défense préventive » contre les pays qui pourraient, un jour, faire peser sur les États-Unis une menace terroriste supposée. La majorité des avocats de la planète considèrent l'invasion de l'Irak, une nation arabe souveraine, comme une violation de la charte des Nations unies de 1945, qui interdit toute agression militaire non provoquée par une attaque ou non autorisée par le Conseil de sécurité de l'ONU. Washington, n'étant pas en mesure de fournir des preuves concluantes des liens entre l'Irak et Al-Qaida, n'a pu compter sur le soutien de l'ONU ou de l'OTAN. Les États-Unis, suivis uniquement par leur allié britannique et une modeste *coalition of the willing*, ont envahi l'Irak de façon plus ou moins unilatérale et ce au mépris de l'opinion publique de la majorité des pays de la planète. En jouant cavalier seul contre l'avis formel de nombreux États, particulièrement la Russie, la Chine, la France et l'Allemagne, l'administration Bush est ainsi parvenue à s'attirer l'animosité d'alliés de longue date et à dilapider les derniers vestiges de solidarité mondiale que lui avait apportés le 11 septembre. En qualifiant les Nations unies – et, partant, tous ses États-membres - d' *« inutiles »*, le gouvernement Bush a consolidé plus encore le nouvel ordre mondial né après la guerre froide et que l'on peut difficilement qualifier autrement que d' « Imperium Americanum ».

Si la nature tyrannique du régime de Saddam Hussein ne fait aucun doute, son éviction manu militari au prix de milliers de vies a tout d'une réaction démesurée. Loin de propager miraculeusement la démocratie au Moyen-Orient, comme l'administration Bush entend le faire croire, la guerre aura plutôt comme conséquence de déstabiliser encore plus la région. Furieux de la collaboration affichée entre leurs dirigeants despotiques et les États-Unis, des groupes islamistes pourraient tenter de se révolter en Égypte, en Jordanie et en Arabie Saoudite. Alors qu'en Afghanistan, les combattants talibans prêtent main-forte aux moudjahidins du chef de guerre Hekmatyar pour mener le djihad contre l'Amérique, le Pakistan et l'Afghanistan pourraient être la proie de nouvelles violences. Comme le président égyptien Hosni Moubarak le dit un jour de façon laconique : *« Avant la guerre en Irak, il y avait un Oussama Ben Laden ; maintenant, il y en a cent »*.

En ouvrant la boîte de Pandore irakienne, l'administration Bush compromet également ses maigres réussites dans la lutte contre le terrorisme. L'invasion et l'occupation vraisemblable d'un pays musulman, ressenties comme une nouvelle attaque contre l'islam et une manœuvre impérialiste de contrôle des réserves pétrolières indigènes, ne manqueront pas de gonfler les rangs d'Al-Qaida dans la région, augmentant plutôt qu'elles ne les diminuent, aux États-Unis et en Europe, les risques d'attaques terroristes telles que celles du 11 septembre. La soif de pouvoir des États-Unis ne manquera pas non plus d'affecter les relations entre l'Amérique et ses principaux rivaux du nouveau Grand Jeu, à savoir la Russie, la Chine et l'Iran. Bien avant leurs querelles diplomatiques au sujet de l'Irak, ces pays soupçonnaient déjà l'administration Bush d'instrumentaliser la lutte contre le terrorisme en Asie centrale dans le but de cimenter la victoire américaine contre la Russie dans la guerre froide, de contenir l'influence chinoise et de resserrer l'étau autour de l'Iran. Face aux déclarations de Bush selon lesquelles *« ceux qui ne sont pas avec nous sont contre nous »*, les régimes de Moscou, de Pékin et de Téhéran s'inquiètent de plus en plus de ce qu'ils considèrent comme une politique étrangère américaine agressive et visant la « domination absolue », c'est-à-dire le contrôle à l'échelle mondiale de toutes les avancées politiques, économiques et militaires. En écho à la célèbre formule de l' « échiquier » lancée par Lord Curzon, Zbigniew Brzezinski, conseiller à la sécurité nationale du président Jimmy Carter, déclarait dès 1997 que *« l'Amérique joue désormais le rôle d'arbitre en Eurasie, et aucun problème d'importance ne saurait trouver de solution sans sa participation ou d'issue contraire à ses intérêts. La longévité et la stabilité de la suprématie américaine sur le monde dépendront entièrement de la façon dont ils manipuleront ou sauront satisfaire les principaux acteurs géostratégiques présents sur l'échiquier eurasien et dont ils parviendront à gérer les pivots géopolitiques clés de cette région* \* ».

L'arrogance et la prétention affichées dans un tel discours enragent les milieux conservateurs moscovites, furieux à l'idée d'une présence américaine à long terme dans l'arrière-cour stratégique russe. Pour eux, le « partenariat stratégique » entre les États-Unis et la Russie, tant vanté après le 11 septembre, n'est guère qu'un accommodement tactique trouvant sa justification dans leur lutte commune contre le terrorisme. Le « salto occidentale » pragmatique de Poutine, ancien officier du KGB, ne semble être, de prime abord, qu'une manœuvre désespérée dans un jeu dont la Russie ne maîtrise plus les règles, et vise avant tout à attirer les investissements occidentaux en attendant de pouvoir se permettre, une fois l'économie russe de nouveau suffisamment revigorée, une politique étrangère plus assertive. La coopération affichée de la Russie avec l'Irak de Saddam Hussein et les deux autres pays de l' « axe du Mal », la Corée du Nord et l'Iran, démontre clairement l'habile double jeu auquel se livre Moscou.

Le tracé des oléoducs continue certes à diviser la Russie et les États-Unis mais cela ne signifie pas pour autant que la victoire de l'un dans le nouveau Grand Jeu doive se faire au détriment de l'autre. Washington serait en réalité bien avisé de coopérer avec Moscou dans le domaine énergétique, la Russie étant à même, avec ses cinquante milliards de barils de pétrole et ses réserves de gaz, les plus importantes au monde, d'aider l'Amérique à atténuer sa dépendance pétrolière au Moyen-Orient. Mais face au refus caractérisé de l'administration Bush de prêter l'oreille aux objections formulées par le Kremlin à l'encontre de l'invasion de l'Irak, il est plus que probable que la Russie se tourne maintenant vers la Chine pour ébranler la suprématie mondiale américaine. La Chine en particulier, dont l'économie dépend de plus en plus des importations de pétrole en provenance du Moyen-Orient et d'Asie centrale, ne manquera pas de faire valoir plus vigoureusement encore ses intérêts dans la région. L'Iran, un autre adversaire du Grand Jeu que les faucons de Washington ont d'ores et déjà désigné comme leur prochaine cible dans la lutte préventive contre le terrorisme, n'hésitera pas non plus à durcir ses actions contre les intérêts - et projets de pipelines - américains dans la région caspienne, en Afghanistan et sans doute également en Irak. Contrairement aux espoirs formulés par le gouvernement Bush de voir l'Opération libération de l'Irak dissuader les « États voyous » d'acquérir des armes de destruction massive, l'Iran - et la Corée du Nord - pourraient au contraire considérer la possession de bombes nucléaires comme la seule garantie efficace contre une possible attaque américaine.

---

\* Z. Brzezinski, *op. cit.*, p. 249.

En débordant des frontières de l'Asie centrale vers l'Irak, le nouveau Grand Jeu pour le pétrole est entré dans une phase cruciale. Malgré ses démentis véhéments, les véritables intentions de l'administration Bush en Irak ne sont autres que de faire de ce pays un fournisseur pétrolier stratégique pour l'économie américaine ainsi qu'un nouvel allié au Moyen-Orient en lieu et place de l'Arabie Saoudite. Ce qui se joue, derrière les beaux discours sur le désarmement et les droits de l'homme, n'est rien moins que le contrôle des réserves fossiles restantes de la planète, ainsi que l'envisageait en mai 2001 le rapport de Dick Cheney sur la politique nationale énergétique des États-Unis. Les réserves pétrolières astronomiques de l'Irak, les deuxièmes en importance de la planète, s'élèvent à 112 milliards de barils de brut. Avant la guerre, l'Irak exportait tout à fait légalement deux millions de barils par jour dans le cadre du programme « pétrole contre nourriture » des Nations unies. La majeure partie de ses installations ont un besoin urgent de modernisation technique mais les sanctions de l'ONU empêchaient l'arrivée d'investisseurs étrangers. Les sociétés avides de concessions de forage se précipiteront dans le pays dès que les troupes américaines l'auront placé fermement sous leur contrôle. La qualité du pétrole irakien, léger et pauvre en soufre, est considérée comme excellente ; en outre, celui-ci repose bien souvent juste sous la surface et permet d'obtenir des coûts de production d'à peine deux dollars le baril.

Grâce aux 20 milliards de dollars d'investissements injectés dans les facilités existantes et nouvelles, la production irakienne de pétrole pourrait dans quelques années s'élever à sept millions de barils par jour, soit près du dixième de la consommation mondiale. Un approvisionnement aussi important des marchés mondiaux provoquerait une chute durable du prix du pétrole, pour le plus grand bien d'économies occidentales en manque de souffle. En septembre 2002, Larry Lindsey, alors conseiller économique du président Bush, déclarait qu' *« un changement de régime en Irak permettrait d'augmenter la production mondiale de trois à cinq millions de barils supplémentaires [par jour]. »* Il exposait ainsi sans équivoque possible les objectifs poursuivis par les Américains dans cette guerre. *« Gagner la guerre ferait le plus grand bien à notre économie* \*. *»*

L'Irak, seul producteur résiduel en dehors de l'Arabie saoudite, est ainsi devenu le pilier de la stratégie américaine de contrôle et de diversification de l'offre pétrolière à bas prix, qui vise également à briser l'influence du cartel pétrolier de l'OPEP, dominé par les Arabes. Il n'est pas non plus impossible qu'afin d'éviter aux investisseurs étrangers d'éventuelles limites de production, le nouveau gouvernement mis en place à Bagdad par les Américains ne décide tout simplement de retirer l'Irak de l'OPEP. Le front des producteurs non-membres, qui comprend la Russie et les pays caspiens, aurait alors une production pétrolière suffisante que pour saper la politique de prix élevés pratiquée par l'organisation.

---

\* The Observer, 3 novembre 2002.

Les compagnies pétrolières tentent, dans le sillage de ces manœuvres géopolitiques, d'obtenir les meilleurs deals dans l'Irak d'après Saddam Hussein. Même s'il est absurde de penser que le président Bush se lancerait dans une campagne militaire aussi coûteuse dans le seul et unique but d'obtenir quelques contrats juteux pour ses amis pétroliers texans, il n'est pas impossible d'imaginer qu'un régime post-Hussein bombardé au pouvoir par des B-52 favoriserait les candidats américains dans la course aux puits de pétrole irakiens. Après avoir rencontré des managers d'ExxonMobil et de ChevronTexaco, Ahmed Chalabi, chef de file de la douteuse opposition irakienne soutenue par Washington, a ainsi promis que *« les compagnies américaines se partageraient le gros du pétrole irakien* [*] ».

Quelques jours plus tard, Lord John Browne, PDG de British Petroleum, première société à avoir découvert du pétrole en Irak au début du XXᵉ siècle, avertissait publiquement le gouvernement Blair que les compagnies pétrolières britanniques n'auraient aucune chance face à leurs concurrents américains si Londres ne participait pas à la guerre en Irak [†].

Les intérêts pétroliers expliquent également les prises de position pacifistes de la France, de la Chine et particulièrement de la Russie. Les sociétés énergétiques de ces trois États ayant en effet conclu des contrats pétroliers de plusieurs millions de dollars avec le régime de Saddam Hussein, ceux-ci craignent qu'un nouveau gouvernement irakien à la botte de Washington ne les déclare nuls et non avenus afin de faire le jeu des sociétés américaines. Considération d'ordre plus stratégique, le gouvernement russe ne peut tolérer l'idée qu'un Irak « libéré » inonde les marchés mondiaux de pétrole à bas prix et réduise ainsi la quote-part du pétrole sibérien. Le budget national russe, presque exclusivement financé par les revenus tirés de l'exportation des hydrocarbures, a été calculé sur base d'un baril de pétrole à 23 dollars. Pis encore, les coûts de production élevés en Sibérie pourraient pousser les compagnies pétrolières occidentales - que Moscou tente d'attirer dans son giron - à réinvestir dans un Irak redevenu accessible. *« Notre budget s'effondrerait »*, expliquait ainsi Aleksei Arbatov, vice-président du comité de défense de la Douma.

Quel que soit le nombre de soldats et de civils morts en Irak et sur les autres champs de bataille du Grand Jeu au nom d'un impérialisme énergétique éhonté, ils ne seront pas les derniers. Le monde industriel étant de plus en plus dépendant du pétrole, il ne fait guère de doute que le nombre de conflits énergétiques ira en augmentant. Et dans la mesure où les réserves pétrolières de la planète seront épuisées d'ici quelques décennies, la course à l'approvisionnement et aux profits que se livrent les États et les sociétés multinationales devient chaque jour plus acharnée et se déroule même au sein des sociétés des nations riches en hydrocarbures. Au Kazakhstan, au Nigéria, au Venezuela, au Soudan, en Angola,

---

[*] Washington Post, 15 septembre 2002.
[†] The Guardian, 30 octobre 2002.

dans les émirats arabes et de nombreux autres pays, la découverte de richesses pétrolières a eu pour corollaires la corruption, le déclin économique, l'oppression politique, les révolutions ou les guerres civiles. *« Nous baignons dans la fiente du diable »*, déclara un jour Juan Alfonzo, fondateur vénézuélien de l'OPEP, à propos des terribles effets secondaires qui accompagnent tout boom pétrolier [*].

Les retombées de l'impérialisme énergétique se feront également ressentir aux États-Unis et en Europe sous la forme de flots de réfugiés et de chocs pétroliers qui obligeront les gouvernements à accroître encore plus leurs dépenses dans des opérations militaires extérieures coûteuses. À long terme, cependant, la vulnérabilité des infrastructures pétrolières dans les zones à risque rend quasiment impossible la tâche de sécurisation des approvisionnements énergétiques par des moyens uniquement militaires. S'ils veulent mettre en œuvre des politiques sécuritaires avisées, les dirigeants politiques feraient bien de diminuer notre dépendance néfaste au pétrole en promouvant les énergies renouvelables, que la lutte contre le réchauffement climatique rend de toute façon indispensables.

Il y a près de cent ans, le 31 août 1907, le premier Grand Jeu prenait fin par la signature, à Saint-Pétersbourg, d'un traité secret entre le ministre russe des affaires étrangères, le comte Alexandre Izvolsky, et l'ambassadeur britannique Sir Arthur Nicholson, traité par lequel les deux nations délimitaient leurs objectifs impériaux en Asie centrale. Le gouvernement russe acceptait de placer l'Afghanistan dans la sphère d'influence britannique tandis qu'en retour, Londres promettait de ne plus contester la domination tsariste dans les autres régions d'Asie centrale. Il est aujourd'hui difficile de prédire combien de temps encore le nouveau Grand Jeu occupera les stratèges de ce début de XXI$^e$ siècle et s'il sera possible d'y mettre fin de façon tout aussi pacifique. Alors que j'écris ces lignes, les images des « dégâts collatéraux » causés par l'explosion d'un missile Cruise à Bagdad défilent sur CNN ; un Irakien, le regard épouvanté, tient dans ses bras le corps ensanglanté d'un petit garçon. Quelques secondes plus tard, le reportage est interrompu par des messages publicitaires vantant grosses cylindrées et antidouleurs.

---

[*] D. Hoffmann, *op. cit.*, p. 67.

# Bibliographie

ANDERSON Jon Lee, *The Lion's Grave: Dispatches from Afghanistan*, New York, Grove, 2002.

BARUDIO Günter, *Tränen des Teufels: Eine Weltgeschichte des Erdöls*, Stuttgart, Klett-Cotta, 2001.

BRZEZINSKI Zbigniew, *Le Grand Echiquier*, Paris, Hachette, 2000.

CAREW Tom, *Djihad: The Secret War in Afghanistan*, Londres, Mainstream Publishing, 2001.

CROISSANT Michael P. et BÜLENT Aras, *Oil and Geopolitics in the Caspian Sea Region*, Westport, Praeger Publishers, 1999.

DEKMEJIAN Hrair et SIMONIAN Hovann H., *Troubled Waters: The Geopolitics of the Caspian Region*, New York, Palgrave MacMillan, 2001.

DUMAS Alexandre, *Voyage au Caucase*, Paris, Hermann, 2002.

EBEL Robert et MENON Rajan, *Energy and Conflict in Central Asia and the Caucasus*, Oxford, Rowman & Littlefield, 2000.

ELLIOT Jason, *An Unexpected Light: Travels in Afghanistan*, Londres, MacMillan, 1999.

ENGDAHL F. William, *Pétrole, une Guerre d'un siècle*, Paris, J. C. Godefroy, 2007.

GALL Carlotta et DE WAAL Thomas, *Chechnya: A Small Victorious War*, Londres, MacMillan, 1997.

GOLTZ Thomas, *Azerbaijan Diary: A Rogue Reporter's Adventures in an Oil-Rich, War-Torn, Post-Soviet Republic*, New York, M. E. Sharpe, 1999.

HOPKIRK Peter, *Le Grand Jeu : Officiers et espions en Asie centrale*, Bruxelles, Nevicata, 2011.

KAPLAN Robert D., *Eastward to Tartary: Travels in the Balkans, the Middle East and the Caucasus*, New York, Random House, 2000.

KAPLAN Robert D., *Soldiers of God: With Islamic Warriors in Afghanistan and Pakistan*, New York, Vintage Books, 2002.

KAPLAN Robert D., *The Ends of the Earth: From Togo to Turkmenistan, from Iran to Cambodia, a Journey to the Frontiers of Anarchy*, New York, Vintage Books, 1997.

KIPLING Rudyard, *Kim*, Paris, Gallimard, 2005.

MACLEAN Fitzroy, *Diplomate et Franc-Tireur*, Paris, Gallimard, 1952.

MEHDI Parvizi Amineh, *Towards the Control of Oil Resources in the Caspian Region*, New York, Palgrave MacMillan, 2000.

MEYER Karl et BRYSAC Shareen, Tournament of Shadows: The Great Game and the Race for Empire in Asia, Londres, Counterpoint Press, 1999.

PLEITGEN Fritz F., *Durch den wilden Kaukasus*, Cologne, Kiepenhuer & Witsch, 2000.

ROY Olivier, La Nouvelle Asie centrale ou la Fabrication des nations, Paris, Seuil, 1997.

SCHOLL-LATOUR Peter, Das Schlachtfeld der Zukunft: Zwischen Kaukasus und Pamir, München, Goldmann, 1994.

RASHID Ahmed, *L'ombre des talibans*, Paris, Autrement, 2001.

RASHID Ahmed, *Asie centrale, champ de guerres*, Paris, Autrement, 2002.

YERGIN Daniel, *Les hommes du Pétrole*, Paris, Stock, 1991.

## Table des Matières

| | |
|---|---|
| Introduction | 7 |
| Question de conduites | 15 |
| L'héritage de Staline | 31 |
| Bandits et pétrobarons | 49 |
| Verdict à Villa Petrolea | 61 |
| La Nouvelle terre des promesses | 69 |
| Le Réveil du géant | 87 |
| Atouts perses | 105 |
| Le Disneyland de Staline | 127 |
| Les Yankees arrivent | 143 |
| Conduites de rêve | 171 |
| Le Berceau de la terreur | 199 |
| La Colère des jeunes hommes | 215 |

# Index

« axe du Mal », *14, 27, 219*
Abachidze, Aslan, *36*
Abkhazie, *14, 28, 32, 35, 40-45*
Abraham, Spencer, *65*
Achimovsk, *138*
Adjarie, *32, 36, 37, 40*
Afghanistan, *7, 8, 13, 14, 34, 35, 58, 70, 81, 88, 91, 92, 98, 102, 109, 114, 115, 120, 123, 124, 132, 139-146, 148, 150-154, 159, 161, 165-169, 171-176, 178-182, 184-193, 195-197, 199-204, 206-209, 211-214*
Agaev, Jamil, *66*
Agip, *69, 71, 73*
Ahmad, Qazi Hussain, *212*
Ahmed, Zia, *174*
Akaïev, Askar, *161*
Alberson, Michael, *156*
Alboukarov, Beslan, *49, 50*
Alekperov, Vagit, *65*
Aleskerov, Valeh, *62-64*
Aliev, Gueïdar, *15, 23, 63*
Almaty, *79, 80, 83, 87, 102, 105, 109, 119, 157, 161*
Al-Qaida, *7, 8, 33, 34, 59, 97, 114, 142, 148, 150, 159, 160, 171, 172, 180, 182-185, 192, 195, 196, 201, 202, 207, 209, 214, 216-218*
Amerhan, *53-55*
*Amoco*, *24, 25, 27, 40, 60-62, 64, 128, 130*
Androuchkine, général, *173*
Anglo-Iranian Oil Company, *106*
Annan, Kofi, *142*
Apchéron, péninsule d', *9, 18, 130*

Arabie saoudite, *9, 70, 80, 114, 140, 146, 205*
Arbatov, Aleksei, *221*
Arménie, *7, 209*
Arméniens, *20, 28, 29, 31, 66, 67, 181*
Asadoullah, *152, 153*
Ashimbaïev, Maulen, *83*
Astân-e Qods-e Razavi, *117*
*atashgah*, *18*
Atyrau, *69, 71-73, 76, 77*
*Azad Kashmir* (Cachemire libre), *208*
Azerbaïdjan, *7, 9, 10, 13, 51, 60, 61, 63, 66, 81, 109, 124, 126, 128-130, 136, 163, 191*
Azerbaijan International Operating Company (AIOC), *25, 61*
Azerbaijan News Service (ANS), *28*
Azeri-Chirag-Gounechli, champ pétrolier (ACG), *62, 65*
Azéris, *20, 24, 27, 29, 61, 128, 130, 139, 181*

Babar, Naseerullah, *203, 213*
Badakhchan, *167*
Bagram, base aérienne de, *192-196*
Bakou, *13, 16-21, 24-26, 28, 29, 31, 36, 40, 51, 53, 60, 61, 63-67, 81, 109, 120, 123, 124, 126-128, 130, 139, 191*
Bakou-Ceyhan, pipeline (BTC), *31, 36, 40, 62, 70, 82, 85*
Bakou-Novorossisk, pipeline, *53*
Baqi, *187*
Baraïev, Movsar, *59*
Bassaïev, Chamil, *33, 44*
Batoumi, *20, 36, 37*

Beg, Ibrahim, *173*
Ben Laden, Oussama, *12, 82, 97, 142, 148, 158, 163, 171, 189, 201, 202, 209, 212*
*bespredel*, *57*
Bhutto, Benazir, *139, 203-206, 210, 213*
Bichkek, *7, 156, 157, 160*
Bickley, Chad, *155-157*
Black City, *19*
Blue Stream (oléoduc), *137*
Bon, Bertrand, *160*
Booth, Neil, *69- 71*
Boukhara, *136, 151-154, 178*
Bridas, *139, 206*
*British Petroleum (BP)*, *24, 25, 106, 221*
Browne, John, *221*
Bryden, William, *193*
Brzezinski, Zbigniew, *26, 218, 219, 223*
burqa, *92, 171, 178, 179, 182, 185, 200*
Bush, George William, *10, 11, 13, 14, 58, 65, 78, 83-85, 97, 114, 115, 124, 145, 146, 149, 150, 172, 183, 184, 189-191, 196, 197, 206, 207, 209, 211*

Cachemire, *13, 203, 207, 208, 210*
Cagienard, Pius, *137*
Canada, *11*
Carew, Tom, *201, 202, 223*
Caspienne, mer, *7, 12, 14, 15, 17, 22, 25-27, 67, 69-72, 82, 105, 123, 127, 128, 131*
caspienne, région, *8, 9, 13, 21-23, 26, 39, 70, 81, 84, 120, 162, 163, 190, 219*
Central Intelligence Agency (CIA), *106, 171, 177, 180, 181, 196, 201, 204, 208, 209, 217*
Ceyhan, *13, 26-29, 54, 61, 63, 81, 82, 109, 120, 123*
Chamba, Serguei, *43*

Cheney, *10, 75, 83, 208*
Chenghu, Zheng, *102, 103*
Chevardnadze, Edouard, *31-36, 38, 41, 42, 44, 65*
Chevron, *54, 74, 76, 77, 84, 85, 108*
ChevronTexaco, *84, 119, 221*
chiites, *116, 117, 200*
China National Petroleum Corporation (CNPC), *82, 101-103*
Chine, *7, 8, 11, 14, 82, 86-91, 94-98, 100-103, 138, 146, 152, 165, 167, 199*
Chirag, *62, 64, 65, 130*
Clinton, Bill, *12, 13, 121, 140, 149, 190*
CNOOC, *103*
Communauté des États indépendants (CEI), *32, 41*
Conseil des gardiens, *111*
Corée du Nord, *27, 114, 132, 219*
crise pétrolière de 1973, *10*
crise pétrolière de 1974, *106*
Croix-Rouge, *33, 57, 177*
Curzon, Lord George Nathaniel, 8, 150, 152

D'Amato, loi, *108*
Daoud, Mohammed, *203*
Darband, *112*
déportations de peuples, *39, 54*
derricks, *19, 130*
Desmarest, Thierry, *120*
djihad, *172, 185, 187, 200-202, 212, 218*
Dost Mohammed, émir, *193*
Dostoum, Rachid, *205*
Doudaïev, Djokhar, *50-52*
droits de l'homme, *57, 145-147, 149, 208, 210, 220*
Droujba (oléoduc), *137*

échanges pétroliers, *107, 108, 119, 120*
Elf Aquitaine, *142*

Elizabeth, *132,-136*
Eltsine, Boris, *25, 42, 50-52, 74, 163*
environnement, *23, 72, 73, 195*
éruption pétrolière, *64, 73*
Essary, Richard, *157-161*
États-Unis, *7, 8, 10-14, 24-27, 31, 34, 39, 54, 62, 64, 65, 70, 78, 81-84, 86, 97, 101-103, 105, 107-110, 114, 115, 118, 120, 121, 123, 124, 129, 137, 142, 144, 145, 147, 149, 157, 158, 161, 163, 164, 187, 189-192, 196, 202, 206, 208, 213, 216-219, 220, 222*
Etudes massoudiennes, conférence internationale sur les, *187*
ExxonMobil, *63, 70, 119, 190, 221*

Fahim, Qasim, *185-188*
Farhang, Amin, *188-190*
Ferdowsi, *110*
Finn, Robert, *191*
Force internationale d'assistance à la sécurité (FIAS), *171, 183, 185*
Foreign Corrupt Practices Act (FCPA), *74*
Franks, Tommy, *159, 196*
Front révolutionnaire uni (RUF), *215*
Frounze, Mikhaïl, *160*

Gali, base de, *46*
Gamsakhourdia, Zviad, *32, 39*
Ganci, base Peter J., *157, 159*
Gayazova, Fatima, *161*
gaz naturel, *9, 18, 192*
Gazprom, *120, 136-138, 141*
Géorgie, *7, 13, 31-38, 40-43, 57, 62, 65, 82, 164, 197*
Giffen, James, *75, 76*
Giorgadze, Igor, *33*
Giorgi, *36, 37, 38*
golfe Persique, *9, 70, 108, 120, 121, 129, 142, 189*
Golfe, guerre du, *12*

Gorbatchev, Michaïl, *31, 33, 38, 50, 74, 154, 209*
Gori, *39*
Gousseinov, Vagif, *15-17, 23*
Griboïedov, Alexandre, *123*
Gromchevsky, capitaine, *99*
Grozny, *49, 51-54, 56-59*
Gueïdar, *67*
Guerre mondiale, première, *20*
Guerre mondiale, seconde, *21, 22*
Gwadar, port de, *189*

HALO Trust, *46*
Haut-commissariat des Nations unies aux réfugiés (UNHCR), *49*
Hekmatyar, Gulbuddin, *181, 185, 187, 188, 201, 203, 204, 209, 214, 218*
hélicoptères russes, *40*
Herat, *205, 206*
héroïne, *89, 166-168, 200, 217*
Heslin, Sheila, *108*
Hitler, Adolf, *21, 40, 122*
Homayoun, *125*
Honarvar, Hamid, *105-109, 113, 118, 119*
Hussein, Saddam, *11, 115, 119, 209, 217-219, 221*

impérialisme énergétique, *221, 222*
Inde, *8, 9, 11, 81, 90, 115, 138, 141, 203, 204, 206, 207, 213*
Indépendance azerbaïdjanaise, pétrole et, *23*
inflation, *80*
Ingouchie, *49, 51, 54, 57-59*
Inter-Services Intelligence (ISI), *204*
Irak, *11, 27, 101, 110, 113, 114, 191, 194, 217-221*
Iran, *8, 12, 14, 62, 63, 70, 80, 81, 83, 103, 105-110, 112-116, 118, 120-124, 126, 128-130, 136, 137, 140, 141, 153, 163, 166, 172-177, 179, 181, 182, 189, 191, 192*

Iran-Libya Sanctions Act, *27*
Islamabad, *189, 191, 203-207, 212, 214*
Ismaël Khan, *171, 174, 176-179, 181, 182, 192, 205*
Itera, *137, 138, 139*
Ivanov, Igor, *65*

Jamali, Mir Zafrullah Khan, *214*
Jamiat Ulema-e-Islami, *205*
Jiang Zemin, *91, 96*
Jorosé, *42*
Jospin, Lionel, *121*

Kaboul, *140-142, 171-173, 175, 177, 178, 181-193, 197, 200, 203, 205-209*
Kachgar, *87, 89-93, 95, 98, 100*
Kalioujny, Victor, *162-164*
Karaban, Elena, *79*
Karachi, *142, 207, 209*
Karaganov, Sergei, *25*
Karimov, Islam, *146-150, 153, 155, 165, 215*
Karzaï, Hamid, *142, 171, 172, 175, 184-186, 189, 191, 196*
Kashagan, *9, 69-73, 77, 81, 82, 102, 103*
Kazakhstan, *7, 9, 10, 14, 51, 54, 60, 70, 72, 74, 76-78, 80-84, 87, 91, 101-103, 105, 108, 109, 119, 120, 128, 136, 144, 145, 147, 166*
Kelly, Christopher, *7, 159*
KGB, *8, 35, 131, 136, 169*
Khalilzad, Zalmay, *190, 191*
Khamenei, Ali, *110, 111, 117, 118*
Khanabad, *143, 149, 155, 156*
Khatami, Mohammed, *83, 111-114, 118, 121*
Khomeiny, Ruhollah, *106, 107, 110, 113, 118, 123, 175*
Khorog, *167, 168*
Khristenko, Victor, *65*
Khrouchtchev, Nikita, *39, 55, 82*

Khyber, agence de, *200, 201*
Khyber, col de, *199*
King, Roger, *195*
Kipling, Rudyard, *8, 14, 193*
Kirghizstan, *7, 14, 87, 88, 91, 102, 144, 145, 148, 155-157, 159, 160, 162-165*
Kissinger, Henry, *139*
Kotcharian, Robert, *29*
Koweït, *11, 131*

Landi Kotal, *200, 201*
Lawrence, Sir John, *193*
Lebed, Alexandre, *52*
Lénine, Vladimir Ilitch, *20, 21, 45, 71, 86, 93, 146, 160, 167*
Li Lanqing, *95*
Lindsey, Larry, *220*
Loghmany, Amir, *112-115, 125*
Lomadze, Nia, *37-39*
Loudmira, *88*
Ludendorff, Erich von, *20, 21*
Lukoil, *16, 65*

Macartney, George, *93*
Machhad, *115-117, 174, 177, 183*
Maclean, Fitzroy, *17, 89, 154*
madrasas, *91, 98, 116, 153, 154, 205, 211*
mafia russe, *51*
Mahsoum, Hassan, *97*
Makarov, Igor, *137, 138*
Malekzade, Jan, *176, 177*
Mamtimyn, *93-98*
Manas, *7, 155, 157, 159-161, 165*
Mann, Steven, *84*
Manstein, Erich von, *21*
Mao Zedong, *82, 93, 96*
Markus, *58*
Martynenko, Vladimir, *138, 139*
Maryasov, Alexandre, *122-124*
Maskhadov, Aslan, *52, 59*
Massoud, Ahmed, *182, 185*

Massoud, Ahmed Chah, *141, 203, 209*
Massoud, Wali, *185*
Mazar-e-Charif, *141, 148, 151, 155*
Médecins sans frontières (MSF), *177*
*melmastia, 201*
Mexique, *11, 85, 164*
Mikhaïl M., *56*
Miller, Marty, *140*
Mir-Arab, madrasa, *152, 153*
Mohammadi, Juma, *191*
mollahs, *27, 83, 97, 98, 108, 110, 111, 113, 115-118, 121, 125, 129, 140, 153, 176, 211*
Moltenskoï, Vladimir, *53*
Moscou, *8, 12, 17, 23-25, 27, 29, 31-36, 38, 41, 43-45, 50-56, 58, 59, 62, 63, 70, 71, 74, 79, 81, 91, 101, 121-123, 129, 135-139, 141, 144, 145, 147, 154, 161-165, 168, 173, 208, 218, 219, 221*
Mossadegh, Mohammed, *106*
Moucharraf, Pervez, *146, 189, 206-211, 213, 214, 216, 217*
moudjahidins, *56, 59, 115, 123, 141, 154, 155, 171, 173-175, 180, 182, 188, 201, 204, 205, 208, 209, 217, 218*
Moustafaïev, Vahid, *28, 29*
Mouvement islamique d'Ouzbékistan (MIO), *148*
Mouvement islamique du Turkestan oriental (MITO), *97*
Mouvement national massoudiste d'Afghanistan, *186*
Muttahida Majlis-e-Amal (MMA), *211*

Nagorno-Karabakh, *23, 28*
Namangani, Juma, *148*
Namonov, mollah Mouhiddin, *153*
National Iranian Oil Company (NIOC), *105, 118*

Nations unies, *35, 40-42, 44, 45, 49, 57, 129, 132, 140, 142, 174, 176, 179, 182, 185-187, 189, 217, 220*
Nazarbaïev, Noursoultan, *74-77, 79, 81, 83, 85, 108, 216*
Nazdianov, Gozchmourad, *140-142*
Nazran, *49, 53-55, 57, 58*
Nedaï, Mahfouz, *191*
Neftciler prospekt, *17, 21*
Nesselrode, Karl Robert, *9*
Niazov, Saparmourad, *84, 189*
Nigéria, *13, 80, 221*
Nobel Brothers Petroleum Producing Company, *19*
Nobel, Ludwig, *18*
Nobel, Robert, *18*
Nord, Alliance du, *115, 140, 141, 148, 151, 172, 181, 183*
Nord, mer du, *10, 63, 70, 81*
Norouz, *171, 178*
Noto, Lucio, *74*
Novorossiisk, *26, 74, 81*
Nowshera, *212, 213*

Oleg, capitaine, *168, 169*
Omar, mollah, *141, 148, 171, 202, 205*
Onze septembre, attentats du, *7, 11, 33, 58, 59, 83, 97, 102, 109, 115, 144, 145, 148, 153, 157, 163, 184, 185, 189, 197, 206, 207, 213, 214, 216-219*
Opération bleue, *21*
Opération Liberté immuable, *159, 177, 194, 201, 209*
opium, *89, 148, 166, 196*
Organisation de coopération de Shanghaï (OCS), *91*
Organisation des pays exportateurs de pétrole (OPEP), *10, 11, 70, 80, 85, 220, 222*
Organisation pour la sécurité et la coopération en Europe (OSCE), *32, 35*

Osh, *87, 166*
Ossétie, *28, 32, 55, 58*
OTAN, *145, 157, 216, 217*
Ouïgours, *91, 92, 94-96, 98, 99*
Ouzbékistan, *7, 14, 102, 143-151, 155, 156, 163, 166*
Ozod Jaloulov, *154*

Pakistan, *8, 14, 91, 98, 99, 114, 139, 140, 142, 146, 153, 166, 167, 177, 179, 181, 182, 188-191, 197, 199, 202-214*
Pakistan, régions tribales du, *200*
Pamir, *7, 87, 89, 93, 98, 150, 165, 167, 224*
Pankissi, gorges du, *33-36, 65*
Peshawar, *199, 201-204, 210, 211, 212, 214*
Petrovski, Nikolaï, *93*
phoques de la Caspienne, *72, 73*
Piotrovitch, Piotr, *166, 167*
pipeline persan, *83*
Polo, Marco, *18*
Pouchkine, Alexandre, *123*
Poutine, Vladimir, *34, 35, 52, 58, 59, 62, 124, 139, 144, 145, 162-164, 219*
Powell, Colin, *10, 83, 208*
Preston, David, *73*
Prjevalski, Nikolaï, *90*
Professeur Gül, *127, 130*
Province de la frontière du Nord-Ouest (NWFP), *201, 203, 212, 214*

Rachid, Ahmed, *150*
Rafsandjani, Ali Akbar Hachémi, *108, 113*
*Rahman, Maulana Fazlur*, *83, 205*
Rakhmonov, Imamali, *165*
Raphael, Robin, *140*
Rasoul, *200, 201*
Rearick, Andrew, *80, 81*
Rehman, Maulana Fazlur, *211*

ressources énergétiques, diversification des, *12, 220*
révolution islamique, *80, 110, 111, 115, 117, 123*
révolution russe, *20*
Richardson, Bill, *12*
Roches Huileuses, *22*
Rockefellers, *19*
Romvari, Zsolt, *45, 46*
Rothschilds, *19, 20, 36*
Rouslan, *33, 52-55, 167, 168*
Ruhnama, *134, 135, 136*
Rumsfeld, Donald, *144, 208*
Russie, *8, 9, 12, 19, 20, 25-29, 31-33, 35, 40, 41, 43, 44, 50-52, 58, 59, 63, 65, 70, 74, 79, 81, 86, 89, 90, 110, 120-124, 128, 135-139, 141, 144, 145, 147, 161, 163, 164, 166-168, 173, 181, 186, 218-221*

Sami ul-Haq, Maulana, *211*
Sandy Island, *15-17, 130*
Schrader, Todd, *155*
sécurité énergétique, *10, 12, 65*
Seleznev, Gennady, *161, 162*
*Sepah-e Pasdaran*, *173, 176*
Sernovodsk, *55*
*sharia*, *98, 213*
Sharif, Nawaz, *204, 206, 210*
Shaw, Robert, *90*
Simmons, Tom, *206*
Smolenskaïa, place, *162, 164*
Socar, *15, 21, 23, 27, 62, 63*
soufre, *85, 108, 220*
Soukhoumi, *41-46*
Staline, Joseph, *20, 21, 31, 39, 40, 54, 55, 60, 122, 127, 136, 153, 175, 225*
Sumgaït, *66, 67*
sunnites, *114*
syndrome hollandais, *80*

Tachkent, *144, 147, 148, 150, 151, 155, 215*

Tachkurgan, *98, 99*
Tadjikistan, *7, 14, 144, 148, 156, 165-168, 176, 183*
Talbott, Strobe, *13*
talibans, *7, 8, 12-14, 27, 81, 83, 91, 97, 98, 102, 114, 115, 132, 140-142, 146-148, 151, 153, 155, 159, 171, 173, 174, 176, 178-182, 184-186, 188-193, 195, 196, 200-207, 209, 211, 213, 214, 218, 224*
Tamerlan, *90, 146, 177*
Taylor, Frank, *97*
Tbilissi, *29, 31-33, 36-41, 46, 54*
Tcherdabaïev, Boris, *76-78*
Tchernova, Galina, *72, 73*
Tchétchènes, *31, 33, 44, 53-56, 59*
Téhéran, *27, 105, 106, 108-112, 114-116, 118, 119, 121-125, 128, 129, 142, 172, 173, 175, 177, 192, 218*
Tenguiz, *54, 73-77, 81, 84, 108, 119*
Tenguizchevroil (TCO), *74, 76*
Termez, *150, 151*
terrorisme, *13, 14, 27, 35, 58, 82, 91, 97, 108, 115, 121, 145, 158, 159, 163, 164, 169, 197, 206, 208, 215-219*
Tiananmen, place, *100*
Tomsen, Peter, *208, 209*
trafic de drogue, *66, 145, 153, 166-168, 196*
Tso, général, *90*
Turcs, *20, 90*
Turki Al-Fayçal, *209*
Turkmenbachi, *130-136, 142*
Turkménistan, *7, 13, 14, 81, 84, 91, 115, 119, 120, 126-128, 130-134, 136-140, 142, 147, 172, 181, 189, 191, 205*

Turquie, *8, 13, 36, 37, 57, 81, 106, 137*

Ukraine, *20, 138*
Union soviétique, *7, 33, 34, 40, 42, 45, 50, 53, 54, 66, 74, 75, 85, 91, 100, 110, 121, 129, 136, 143, 144, 153, 156, 159, 166, 167, 169, 204, 209*
Unocal, *13, 139-142, 190-192, 206*

Venezuela, *11, 80, 101*
Villa Petrolea, *61, 62, 225*

Wan, *89*
Wari, Sar, *180*
Wilson, Ross, *26*
Winterton, Tom, *76*
Woodward, David, *61*
*www.kavkaz.org, 56*

Xinjiang, *14, 82, 87, 89-91, 93, 94, 96-98, 100-102, 166*
Yakoub Beg, *90*
Yanar Dag, *18*
Yanov, colonel, *99, 100*
Yessimbekov, Sabr, *82*
Younghusband, Francis, *93, 99, 100*
Youssefzadeh, Khochbakht, *21-25*
Youssoufi, Sahid, *180*
Youssoufzaï, Rahimollah, *202*
Yovid, *178, 180*

*zachistka, 57*
Zadeh, Sayed Reza Kasaei, *118*
Zahir Shah, *172, 188*
Zakheim, Dov, *158*
Zia ul-Haq, Mohammed, *204*
Zuo Zongdang, *90*

# L'Asie centrale
# aux éditions L'Harmattan

## Dernières parutions

**NOUVEAU (LE) GRAND JEU EN ASIE CENTRALE**
**Enjeux et stratégies géopolitiques**
*Voloshin Georgiy*
Dotée de vastes ressources énergétiques et située au carrefour des civilisations, l'Asie centrale est devenue un enjeu de premier plan dans le «nouveau Grand jeu», compétition géopolitique entre grandes puissances (Russie, Chine, Etats-Unis...). Cette étude s'appuie particulièrement sur le Kazakhstan, pays le plus riche et le plus développé de la région. A bien des égards, le futur de l'Eurasie se joue ici.
*(21.00 euros, 212 p.)*     *ISBN : 978-2-336-00127-2, ISBN EBOOK : 978-2-296-51113-2*

**ANALYSE DE LA REPRÉSENTATION AFGHANE**
*Asas Abdul Naim - Préface d'Emmanuel Caulier*
L'identité afghane a été forgée par les luttes nombreuses d'un pays ayant toujours su préserver son unité. Exaltée par la résistance, glorifiée par le courage et la bravoure, cette identité s'est petit à petit cristallisée pour faire de l'image de l'homme afghan un phénomène culturel.
*(Coll. Diplomatie et stratégie, 19.00 euros, 178 p.)*
*ISBN : 978-2-336-00558-4, ISBN EBOOK : 978-2-296-50862-0*

**HAUT-KARABAGH : LA GUERRE OUBLIÉE DU MONDE**
*Van der Leeuw Charles*
La période la plus dramatique dans la lutte pour le Haut-Karabagh, ancienne province autonome dans la république soviétique d'Azerbaïdjan, s'est déroulée en 1992-1993. Depuis lors, la « guerre silencieuse » est restée dans l'ombre. Afin de mieux comprendre les dimensions historiques comme actuelles des sentiments partagés en Azerbaïdjan, des chapitres apportent une large information sur l'histoire du pays, de son peuple, sur sa culture et son économie.
*(19.50 euros, 194 p.)*     *ISBN : 978-2-296-99317-4*

**PARLONS LAK**
**Caucase, Daghestan**
*Tchalaev Kamil*
La monographie de Kamil Tchalaev représente une description ethnolinguistique de cette langue pratiquée au Daghestan. Y sont étudiées en détail sa structure grammaticale et ses particularités phonétiques, morphologiques et lexicales. Elle est destinée aux linguistes et à tous ceux qui s'intéressent aux processus ethnolinguistiques au Daghestan.
*(Coll. Parlons..., 26.00 euros, 260 p.)*     *ISBN : 978-2-296-99064-7*

**L'Harmattan, Italia**
Via Degli Artisti 15; 10124 Torino

**L'Harmattan Hongrie**
Könyvesbolt ; Kossuth L. u. 14-16
1053 Budapest

**Espace L'Harmattan Kinshasa**
Faculté des Sciences sociales,
politiques et administratives
BP243, KIN XI
Université de Kinshasa

**L'Harmattan Congo**
67, av. E. P. Lumumba
Bât. – Congo Pharmacie (Bib. Nat.)
BP2874 Brazzaville
harmattan.congo@yahoo.fr

**L'Harmattan Guinée**
Almamya Rue KA 028, en face du restaurant Le Cèdre
OKB agency BP 3470 Conakry
(00224) 60 20 85 08
harmattanguinee@yahoo.fr

**L'Harmattan Cameroun**
BP 11486
Face à la SNI, immeuble Don Bosco
Yaoundé
(00237) 99 76 61 66
harmattancam@yahoo.fr

**L'Harmattan Côte d'Ivoire**
Résidence Karl / cité des arts
Abidjan-Cocody 03 BP 1588 Abidjan 03
(00225) 05 77 87 31
etien_nda@yahoo.fr

**L'Harmattan Mauritanie**
Espace El Kettab du livre francophone
N° 472 avenue du Palais des Congrès
BP 316 Nouakchott
(00222) 63 25 980

**L'Harmattan Sénégal**
« Villa Rose », rue de Diourbel X G, Point E
BP 45034 Dakar FANN
(00221) 33 825 98 58 / 77 242 25 08
senharmattan@gmail.com

**L'Harmattan Togo**
1771, Bd du 13 janvier
BP 414 Lomé
Tél : 00 228 2201792
gerry@taama.net

643102 - Mars 2016
Achevé d'imprimer par